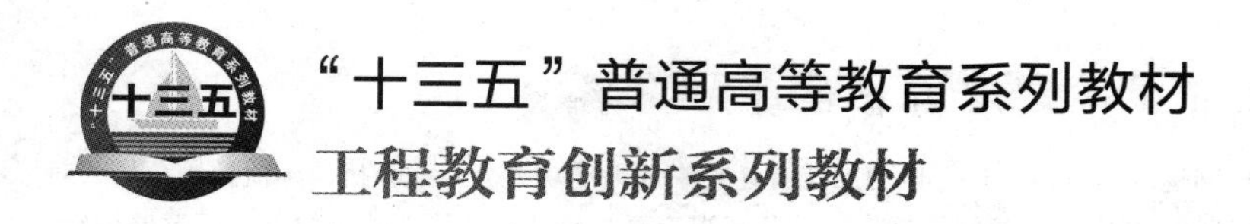

"十三五"普通高等教育系列教材
工程教育创新系列教材

电气工程综合实践

主　编　刘　峰
副主编　王雪杰
编　写　那　正　姜竹楠　乔国强　吴怀诚
主　审　官正强

中国电力出版社
CHINA ELECTRIC POWER PRESS

内 容 提 要

本书共四章，内容包括电网运行与事故处理、电力系统有功功率及无功功率分布与分析、潮流控制分析、对称及不对称故障计算与分析，变电站电气设备倒闸操作、设备巡视、事故处理，智能电能表检定、互感器检定，装表接电与用电检查，用电信息采集系统的应用，变压器、断路器、电力电缆、避雷器等主要变配电设备的预防性试验等。本书内容从实际出发，引用了大量的实际装置及相关操作技术，强化操作技能和综合能力的培养。

本书可作为普通高等院校电气信息类电气工程及其自动化专业、农业电气化、电气工程与智能控制专业的实训教材，也可作为高职高专电气类相关专业的实训教材，还可作为电力行业和各企事业技术人员的参考书。

为便于学生了解并实践各种操作，本书设置二维码链接丰富的拓展内容，如典型操作票、常见故障处理流程等，便于学生利用业余零散时间进行学习与训练。

图书在版编目（CIP）数据

电气工程综合实践 / 刘峰主编 . —北京：中国电力出版社，2019.2（2021.8 重印）
“十三五”普通高等教育本科规划教材 . 工程教育创新系列教材
ISBN 978-7-5198-2228-6

Ⅰ. ①电… Ⅱ. ①刘… Ⅲ. ①电工技术—高等学校—教材 Ⅳ. ①TM

中国版本图书馆 CIP 数据核字（2019）第 000610 号

出版发行：中国电力出版社
地　　址：北京市东城区北京站西街 19 号（邮政编码 100005）
网　　址：http://www.cepp.sgcc.com.cn
责任编辑：乔　莉
责任校对：黄　蓓　朱丽芳
装帧设计：郝晓燕
责任印制：钱兴根

印　　刷：北京天宇星印刷厂
版　　次：2019 年 2 月第一版
印　　次：2021 年 8 月北京第四次印刷
开　　本：787 毫米 ×1092 毫米　16 开本
印　　张：11.25
字　　数：272 千字
定　　价：35.00 元

序

近年来，计算机、通信、智能控制等前沿技术的日新月异为高等教育的发展注入了新活力，也带来了新挑战。而随着中国工程教育正式加入《华盛顿协议》，高等学校工程教育和人才培养模式开始了新一轮的变革。高校教材，作为教学改革成果和教学经验的结晶，也必须与时俱进、开拓创新，在内容质量和出版质量上有新的突破。

教育部高等学校电气类专业教学指导委员会按照教育部的要求，致力于制定专业规范或教学质量标准，组织师资培训、教学研讨和信息交流等工作，并且重视与出版社合作编著、审核和推荐高水平的电气类专业课程教材，特别是“电机学”、“电力电子技术”、“电气工程基础”、“继电保护”、“供用电技术”等一系列电气类专业核心课程教材和重要专业课程教材。

因此，2014 年教育部高等学校电气类专业教学指导委员会与中国电力出版社合作，成立了电气类专业工程教育创新课程研究与教材建设委员会，并在多轮委员会讨论后，确定了该套教材的组织、编写和出版工作。这套教材主要适用于以教学为主的工程型院校及应用技术型院校电气类专业的师生，按照工程教育认证和国家质量标准的要求编排内容，参照电网、化工、石油、煤矿、设备制造等一般企业对毕业生素质的实际需求选材，围绕“实、新、精、宽、全”的主旨来编写，力图引起学生学习、探索的兴趣，帮助其建立起完整的工程理论体系，引导其使用工程理念思考，培养其解决复杂工程问题的能力。

优秀的专业教材是培养高质量人才的基本保证之一。此次教材的尝试是大胆和富有创造力的，参与讨论、编写和审阅的专家和老师们均贡献出了自己的聪明才智和经验知识，引入了“互联网+”时代的数字化出版新技术，也希望最终的呈现效果能令大家耳目一新，实现宜教易学。

胡敏強

教育部高等学校电气类专业教学指导委员会主任委员

2018 年 1 月于南京师范大学

前　言

在全国地方性院校转型发展的大趋势下，各高校应主动适应我国经济发展新常态，主动融入产业转型升级和创新驱动发展的大环境中。为了贯彻落实学校的工程培养教育目标，提升学生能力素质，各高校积极开展相关技术技能培训教学改革，探索工程能力教育新模式，创新实践教学课程体系，充分发挥实训基地的作用，将新技术与规章制度作为培训重点，为学生提供更大的工程能力发展空间。

学习本书前需要具有电路基础、电力系统分析、电机学、电工基础、电能计量、电气运行等基本知识，各校可根据不同专业教学需要及自身实习条件选择开设实训项目。本书可与相关理论课程教材、音像制品等配套使用，应尽可能在实习场所授课，与校外实习联合培养，以便学生能更好地掌握所需知识。

本书由沈阳工程学院刘峰主编，其中第一章到第三章分别由沈阳工程学院王雪杰、那正、刘峰编写，第四章由沈阳工程学院姜竹楠、辽宁省政府电力管理所乔国强和辽宁电力有限公司检修分公司高级工程师吴怀诚编写，刘峰负责全书统稿。本书承蒙重庆科技学院官正强教授审阅，并提出了详尽而宝贵的意见与建议；沈阳工程学院王月志教授对教材的编写也提出了很好的建议；在编写过程中得到了中国电力出版社的大力支持，在此一并表示衷心的感谢。

由于时间紧迫，加之作者水平有限，书中难免有疏漏和不足之处，恳请专家和读者批评指正。

编　者

2019 年 1 月

目　录

第一章　电网运行仿真

第一节　概　　述

一、电网运行仿真的任务

通过对电网调度员仿真系统的学习，学生需掌握电网运行操作和事故处理的基本知识与技能，掌握编制电网操作票和处理电网事故的基本方法。具体知识与技能要求如下：

(1) 熟悉并掌握省调管辖的地区电网500、220kV变电站的一次接线图（包括并入地区电网运行的地方电厂、企业自备电厂、厂矿变电站和农电变电站）。

(2) 熟悉并掌握地调管辖的地区220、66kV电网的一次接线图。

(3) 掌握调度系统电网正常运行操作和电网事故处理的基本理论知识。

(4) 掌握调度系统的各类事故处理原则和方法。

电网调度员仿真系统能够帮助学员提高运行操作水平、事故处理能力及对调度员培训仿真系统的熟悉度。学员掌握仿真系统的模拟操作、模拟事故处理，可以全面提升学员的电网运行操作技能和事故处理的技能，进而提高学员的工程实践水平，为以后在电力系统的实际工作奠定良好的基础。

二、仿真软件简介

DTS（Dispatcher Training System）系统是新一代调度员培训仿真系统，它实现了与EMS（Energy Management System）的真正一体化，可以应用于调度员培训、电网安全稳定经济分析、事故重演和分析、运行计划研究和制订、EMS功能开发和研究、电力系统调度自动化的教学和科研等。DTS系统的原理图如图1-1所示。图形的右边表示实际的电网和调度系统，它通过远动设备采集电力系统中各电气设备的运行状态（如频率、潮流、电压、开关设备状态、继电保护信号和事故信号等），通过通信通道送到调度室的实时调度系统中，调度员坐在调度室中，面对由数据采集监控（SCADA）和EMS高级应用软件共同组成的EMS系统，完成对实际电力系统的实时监控和分析决策。图形的左边表示DTS系统，它就像实际电网及调度系统的“镜像系统”，学员坐在学员室中充当“调度员”，接受培训，学员室中配备与实际调度室一致（或接近）的EMS软硬件系统（学员台），让学员有一种身临其境的感觉；而教员一般由经验丰富的资深调度员充当，坐在教员室里，利用教员台，在培训前准备教案，在培训中控制培训过程、设置电网事故，并充当厂站值班员，执行由学员下达的“调度命令”，在培训结束后评价学员的调度能力。在培训过程中，学员与教员之间的通信采用电话进行，用于模拟调度时调度员和厂站值班员之间的通信。电力系统模型和远动设备模型分别是实际电力系统和远动设备的数字仿真。

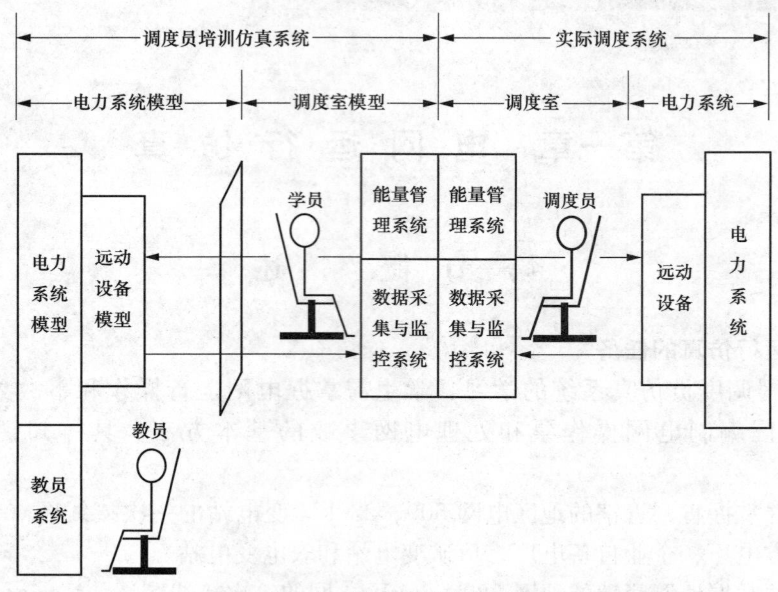

图 1-1　DTS系统原理图

（一）结构和功能

仿真范围包括所管辖电网内各电压等级的输电线路、发电机、变压器、负荷、母线、断路器、隔离开关、消弧线圈、电容器、电抗器、安全自动装置、继电保护、远动系统、SCADA/AGC/EMS等。

DTS软件系统的结构如图1-2所示。其中，“学员台”模拟了控制中心的EMS功能，它一般是由实际EMS软件系统的完整拷贝和模拟的EMS硬件系统所组成。“教员台”则具有实现仿真支持（包括教员操作台、教案的制作与管理、仿真过程控制、事件处理器、仿真时钟等功能）、电力系统模型、远动系统模型以及仿真运行评估等功能。其中，电力系统模型不仅可以用于模拟电力系统的稳态运行状况，还可以模拟系统丧失稳定时的动态过程状况，实现了从稳态到动态，再从动态返回稳态的平滑过渡，实现了稳态模型和动态模型的一体化。

在“教员台”上，电力系统仿真服务器负责对电力系统进行仿真，各种仿真功能的时间均严格统一在仿真时钟下。DTS启动初始化时，可在教案库中指定某一教案作为电力系统的运行工况，而电力系统模型按照指定在教案初始条件中的负荷/发电曲线以及指定在事件表中的操作事件等运行工况来运行。各种教案由教案制作与管理模块统一制作和管理，可直接取用EMS的实时状态估计结果作为在线教案，在线的EMS每15min自动为DTS生成一个完整的在线教案，也可通过人机界面由人工请求生成在线教案，在线教案全部保存在教案库中统一管理，能够自动生成丰富的真实的教案以满足各种仿真研究的应用要求。在仿真系统运行过程中，可以通过教员操作台实时地方便地对电力系统模型进行各种操作和事件设置，来灵活地改变电力系统的运行工况。

电力系统模型和事件处理器共同构成了电力系统仿真服务器。在正常情况下，事件处理器每隔5s周期性地驱动电力系统模型，来计算系统潮流和周期内的长期动态过程。当有操作或事故等事件发生时，事件处理器完成事件的接收、处理并负责立即驱动电力系统模型的仿真计算，以确保对事件响应的实时性。电力系统模型的仿真计算结果中给出电力系统的状态，主要包括频率、潮流、电压、断路器/隔离开关状态、事故信号等，以供运动系统模型使用。

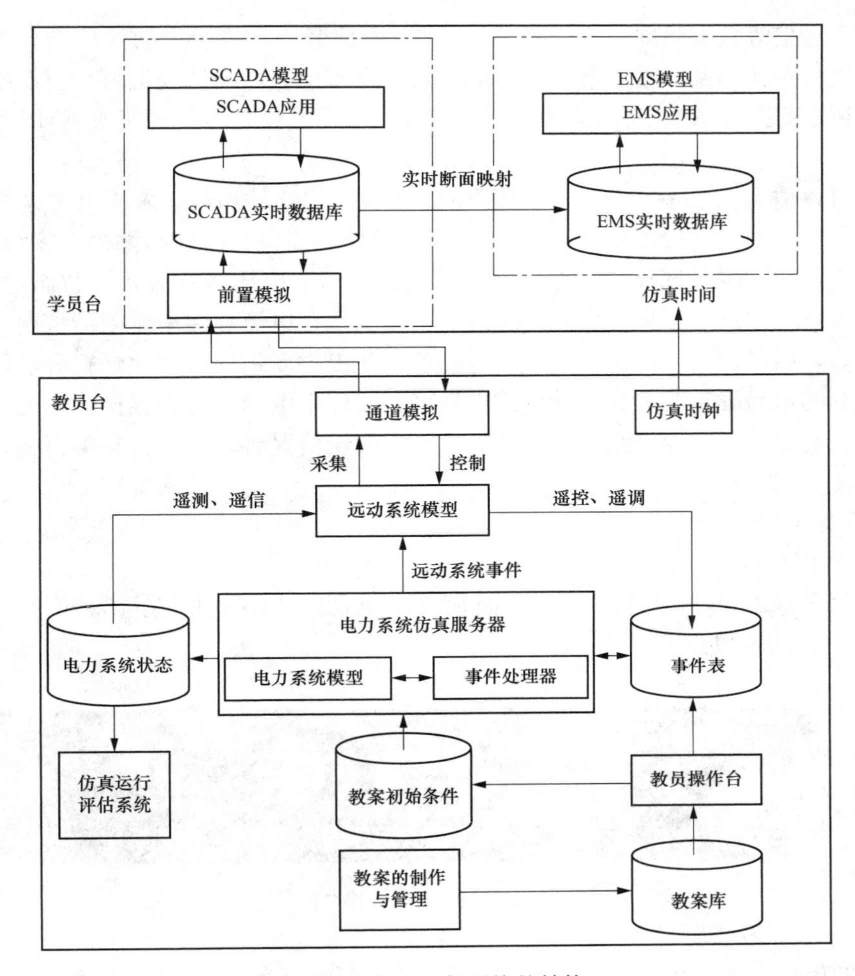

图 1-2　DTS 软件系统的结构

DTS 中的电力系统模型包括稳态模型和动态模型两部分。稳态模型考虑系统操作或调整后电网潮流的变化和系统频率变化，采用动态潮流算法来模拟，不考虑机电暂态过程，可用稳态电量来启动自动装置，并用逻辑方法来模拟继电保护。这种模型考虑了中长期动态过程，主要应用于调度员培训、运行方式安排和反事故演习等。动态模型考虑故障或操作后发电机的机电暂态变化过程，可用暂态变化过程中电量值来启动自动装置和继电保护，这种模型考虑了暂态过程，主要应用于运行方式研究、事故分析和继电保护校核等。

远动系统模型包括量测、RTU 和通道等环节。它根据电力系统中真实的测点分布和量测类型，以模拟的 RTU 结构，每隔 5s 从电力系统状态数据库中采集一次遥测、遥信等数据，逼真模拟运动系统各环节对数据采集结果的影响，并通过网络通信以死区传送或变位传送的方式向“学员台”发送采集数据，同时接收和处理由“学员台”下达的遥调/遥控命令，通过事件处理器，作用到电力系统模型上。其中，远动系统中可能发生的各种故障等事件由教员操作台设置，并由事件处理器执行。

“学员台”包括 SCADA 模型和 EMS 模型两部分。SCADA 模型采用了运用于实际系统的 SCADA 系统。其中前置模拟模块负责扫描接收和处理由“教员台”上远动系统模型发送过来的遥测、遥信等数据，并负责处理各种遥调/遥控命令，将合法的调控命令通过网络通信、远动系统模型作用到“教员台”上的电力系统模型上去，来实现遥调/遥控功能的仿真。SCADA应用实现了SCADA系统的各种后台功能。“学员台”还负责完成EMS系统的各种应用功能。

仿真运行评估系统：一方面，可利用EMS高级应用软件功能，采集电力系统模型的状态进行电网的安全经济运行评估。EMS高级应用软件功能包括研究态潮流、安全经济评估、校正对策分析、自动故障选择、灵敏度分析、最优潮流、电压稳定分析、暂态稳定分析等。另一方面，可以实现培训评估，报告系统的功率、电压、电流和频率越限的情况、失电情况和网损情况等，以供教员在评估学员水平时参考，并提供新颖的培训评估打分功能。教员可根据培训教案的难易确定基准分，计算机根据培训过程中电网运行的误操作情况、供电可靠性、安全性、电能质量、经济性等几个方面的调度失误情况自动地分门别类打分，并给出评估报告。

（二）仿真控制

1. 启动桌面窗口与登录

执行DESKTOP. exe，启动EMS桌面窗口（见图1-3），这时在屏幕出现一个类似于Windows任务栏的窗口。

图1-3 EMS桌面窗口

单击桌面窗口上的“用户登录”按钮，弹出TH2100系统登录对话框（见图1-4），选择用户名和登录时限，并输入正确的密码。

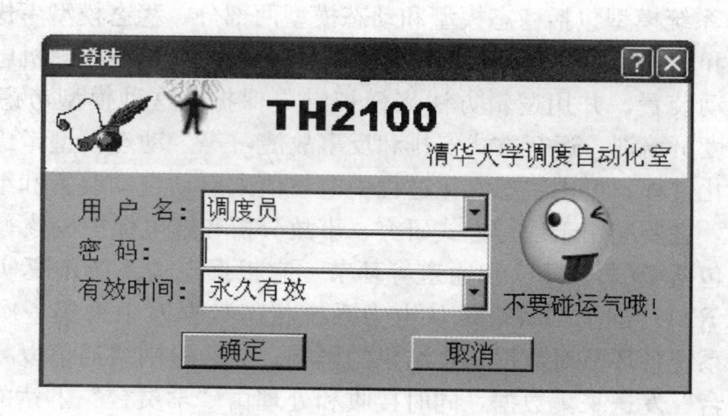

图1-4 系统登录对话框

2. 系统功能

教员桌面窗口的功能如图1-5所示。

图 1-5　教员桌面窗口的功能

“初始化系统”：选择仿真初始教案断面，装载仿真数据以及二次设备，同时启动仿真的后台进程。要进行仿真培训，必须先初始化。

初始化后“初始化系统”按钮会变为“清除系统”按钮。

“清除系统”：结束仿真。

“维护工具”：将展开“工作平台”和“系统设置”。

“用户退出”：取消登录，系统还原到登录前状态。系统并不退出。

“退出系统”：关闭桌面窗口，系统自动关闭 TH2100 相关进程。

“工作平台”：仿真控制的主窗口，显示接线图及提供操作命令。

“系统设置”：修改仿真控制的属性。

(1) 初始化系统。登录后，需要对 DTS 教员台进行初始化，单击“初始化系统”按钮，进入初始化系统对话框，如图 1-6 所示。

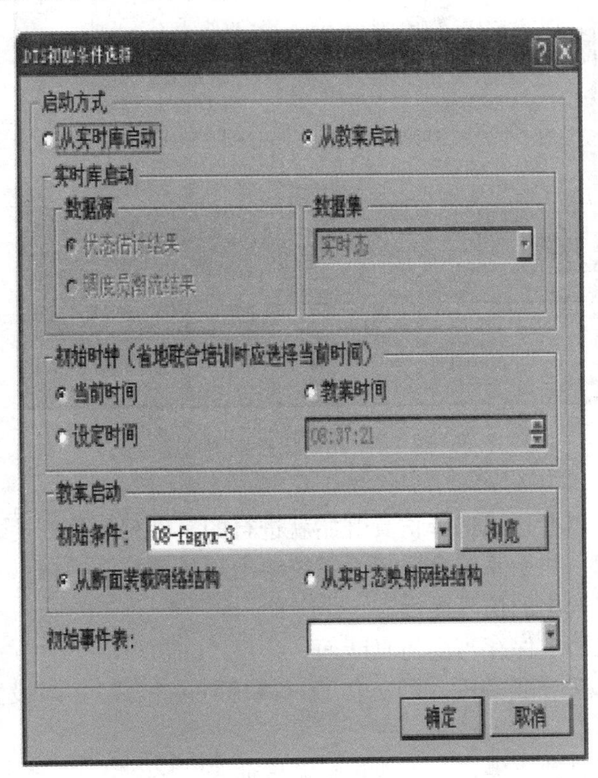

图 1-6　初始化系统

“启动方式”：选择启动方式，如果希望装载当前的实时断面作为 DTS 的初始教案，选择“从实时库”启动；如果希望装载一个定制过的初始教案，选择“从教案启动”。

“实时库启动”：如果选择“从实时库启动”，则此项变为可选，否则不可选。在这里可以选择以状态估计结果作为初始教案的数据或以调度员潮流的结果作为初始教案的数据，如果选择用调度员潮流的结果可以选择研究态 1 或者研究态 2 中的数据。

“初始时钟”：选择以哪个时间作为 DTS 教员台的初始时间。

“教案启动”：如果在“启动方式”中选择了“从教案启动”，则此项可选，否则不可选。选择以哪个教案作为 DTS 初始教案，单击右边的“浏览”按钮可以对所有的教案进行浏览和查找。选择完初始化教案（见图 1-7）后，可以选择使用当前的模型结构或者是制作教案时的模型结果。

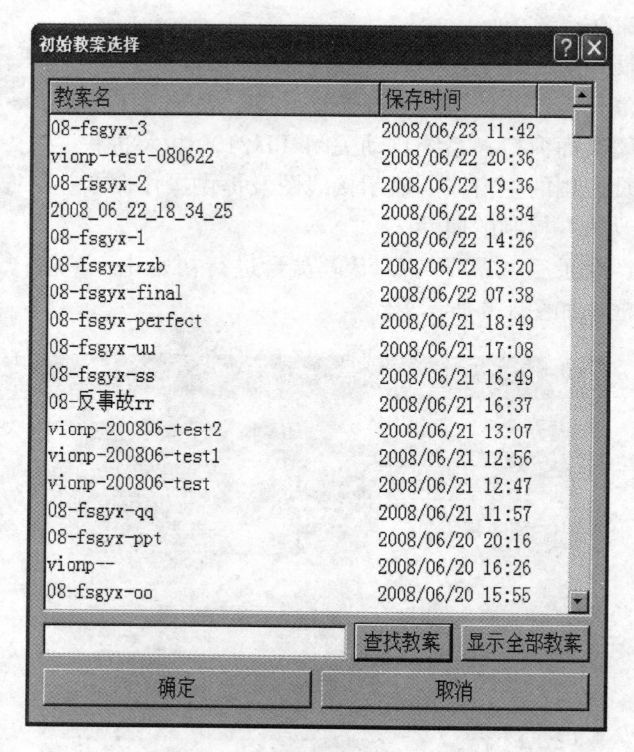

图 1-7 初始化教案浏览

“初始事件表”：可以在这里选择仿真开始就进行的事件列表。

（2）仿真过程控制。初始系统完成后，系统将出现仿真控制窗口（见图 1-8）。

“仿真重演”：重演选中的仿真断面。

“仿真快照”：人工请求保存当前仿真断面。

“进入暂态”：仿真系统准备进入动态仿真（故障计算模式）。当设置故障后，开始动态仿真。

“系统暂停”：仿真时钟暂停，且不能执行调度命令。

“时钟加速”：控制系统仿真速度，实际时钟和仿真时钟的比例可在 10∶1 到 1∶10 间任意调节。

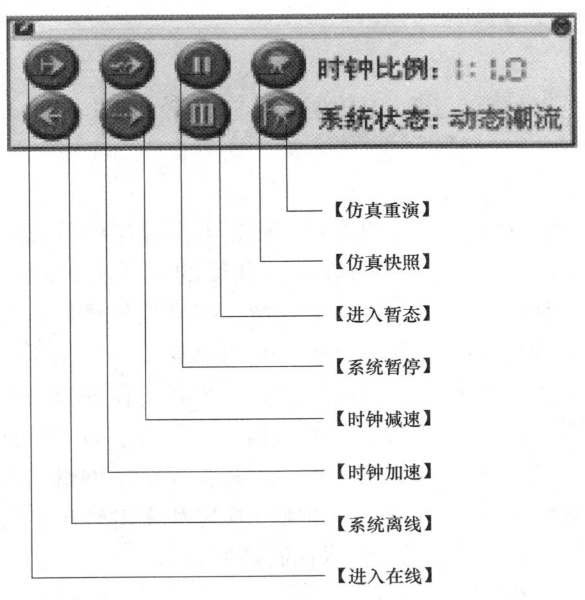

图 1-8　仿真控制窗口

"进入在线"：仿真系统进入潮流计算模式。

"系统离线"：仿真时钟暂停，但可执行调度命令。

（3）仿真属性控制。选择桌面窗口中"维护工具"的"系统设置"，将弹出仿真属性控制对话框（见图 1-9）。

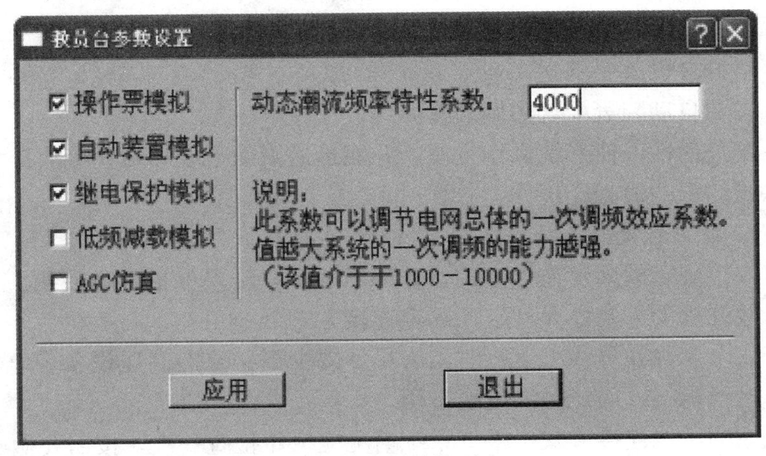

图 1-9　仿真属性控制窗口

1）"操作票模拟"：选中此复选框，非正常操作将引发三相永久故障，否则只警告非正常操作不能完成。

2）"自动装置模拟"：选中此复选框，自动装置在动作条件满足时动作，否则自动装置在任何条件下均不动作。

3）"继电保护模拟"：选中此复选框，继电保护装置在动作条件满足时动作，否则继电保护装置在任何条件下均不动作。

4）"低频减载模拟"：选中此复选框，低频减载装置在动作条件满足时动作，否则低频减载装置在任何条件下均不动作。

第二节 电网运行与事故处理

一、电网的调度管理

电力生产应遵循安全、优质、经济的原则。根据电网分层的特点，电网运行采用统一调度，分级管理，在各级电网调度机构中明确各级调度的责任和权限，可有效地实施统一调度。电力系统调度管理的任务是领导系统的运行操作和事故处理，以实现充分发挥系统内发供电设备的能力，合理平衡负荷，尽量满足用户的用电需要，使全系统安全运行、连续发供电，系统的频率和中枢点的电压质量符合规定标准，全系统在最经济方式下运行。统一调度的任务包括：统一组织全网调度计划的编制和执行，统一指挥全网的运行操作和事故处理，统一布置和指挥全网的调频、调峰和调压，统一协调和规定全网继电保护、自动装置、调度自动化系统和调度通信系统的运行，统一协调风电管理和水电管理；调度电网供需平衡及限电管理，按照规章制度统一协调有关电网运行的各种关系。

二、一次电网的正常操作

（一）系统的正常运行接线方式

1. 系统接线原则

为保证全系统和重要用户的连续可靠供电，电网的接线方式应具有较大的紧凑度，即并列运行的线路尽可能并列运行，环状系统尽可能环状并列运行，使网内设备最大限度互为备用，并提高重合闸的利用率，同时还应满足以下条件。

（1）必须保证系统电能质量，正常和事故时，潮流电压分布合理。

（2）短路容量符合设备要求。

（3）继电保护和自动装置配合协调。

（4）保证系统灵活性，使系统操作方便，并能迅速消除事故和防止事故扩大。

（5）保证系统运行的最大经济性。

2. 系统各厂、站母线接线原则

（1）正常时应按规定的固定连接方式，双母线运行，母差保护健全使用。只有当设备检修影响或为了事故处理的需要才允许破坏固定连接方式。

（2）当只有三个元件在母线上运行时，为尽量减少不必要的高压设备带电而增加事故概率，原则上应单母线运行，而让另一母线备用。

（3）各厂、站的母线连接方式，根据系统情况应每年检查一次，按需要做必要的改变。

3. 双母线固定接线方式的要求

（1）每条母线上的电源、负荷应基本平衡，使通过母联断路器的功率最小。

（2）任一母线故障（或母线送出的断路器因故障拒跳）停下后，余下运行母线及所连接的系统应尽可能满足较大的紧凑度，尽量减少对用户的影响。一般同一电源的双回线或同一变电站的双回线应分别接于不同母线，在负荷侧解列运行，并加装备用电源自动投入装置；如双回线必须并列运行，电源侧必须接于同一条母线。

（3）当母线的差动保护未投入或未装配时，其母线连接方式应满足母线故障继电保护的选择性要求。

4. 网络的接线原则

(1) 双回线尽可能并列运行。

(2) 同级电压环网尽可能环状运行。

(3) 电磁环网原则上应解列运行。

(4) 有小电源的受端系统应将负荷合理安排，合理选定解列点，力争自动解列后使地区负荷与电源基本上自行平衡，损失最小。

(二) 倒闸操作制度

1. 倒闸操作

倒闸操作是将电气设备由一种状态（一般分为“运行”“热备用”“冷备用”“检修”“试验”五种）转换到另一种状态。主要指拉开或合上某些断路器和隔离开关，投停某直流操作回路，改变继电保护或安全自动装置使用方式，拆除或挂接临时接地线及拉开或合上接地开关等。在倒闸操作过程中，要利用现有的调度自动化设备，随时检查开关位置及潮流变化，以验证操作的正确性。

2. 操作票制度

电力系统正常倒闸操作，均应使用操作票。调度端操作票分为系统操作票和综合操作票两种。系统操作票使用逐项操作指令，综合操作票使用综合操作指令，口头操作指令使用逐项操作指令或综合操作指令。填写操作票应使用正规的调度术语和设备双重名称。

3. 系统操作票的填写内容

断路器、隔离开关的操作；有功、无功电源及负荷的调整；保护装置的投入、停用，定值或方式的变更；中性点接地方式的改变及消弧线圈补偿度的调整；装设、拆除接地线；必要的检查项目和联系项目。

4. 电网并解列条件

(1) 相位、相序一致，设备由于检修（如导线拆接引）或新设备投运有可能引起相位紊乱，对单电源供电的负荷线路以及对两侧有电源的唯一联络线，在受电后或并列前，应试验相序；环状系统在并列前应试验相序。

(2) 频率相等，同期并列必须频率相同，无法调整时可以不超过±0.5周/s。如某系统电源不足，必要时允许降低较高系统的周波进行同期并列，但正常系统的周波不得低于49.5周/s。

(3) 电压相等，系统间并列无论是同期还是环状并列，应使电压差（绝对值）调至最小，最大允许电压差为20%，特殊情况下，环状并列最大电压差不得超过30%，或经过计算确定允许值。

(4) 电气角度引起的电压差系统环状并列时，应注意并列处两侧电压相量间的角度差，环路内变压器接线角度差必须为零。潮流分布造成的功率角，其允许数值根据环内设备容量，继电保护等限制情况而定。

(5) 系统间的解列操作，需将解列点处有功调整为零，无功近于零；当难以调整时，一般可以设法调整至使小容量系统向大容量系统送少量有功功率时再断开解列开关，避免解列后频率、电压显著波动。

(6) 环状回路并列或解列时，必须考虑环内潮流的变化及对继电保护、系统稳定、设备过载等方面的影响。

5. 线路停电、送电操作

（1）线路停电时，应依次断开断路器、线路侧隔离开关、母线侧隔离开关、线路上电压互感器隔离开关后，再在线路上验放电并装设接地线。

（2）线路送电时，应先拆除线路的接地线，再依次合上线路上电压互感器的隔离开关、母线侧的隔离开关、线路侧的隔离开关和断路器。

（3）线路停电、送电操作原则。

1）一般双电源线路停电时，应先在大电源侧解列，然后在小电源侧停电，送电时应先由小电源侧充电，大电源侧并列，以减小电压差和万一故障时对系统的影响。

2）线路负荷侧无断路器的线路，在停电前先将负荷倒出，线路电源侧停电，负荷侧拉隔离开关。送电时，对检修后的线路送电操作应从电源侧对线路充电一次，良好后电源侧拉开断路器，负荷侧合上隔离开关，再由电源侧送电（带变压器一起充电）。如线路无检修可由电源侧直接送电（带变压器一起充电）。

3）地方电厂及厂矿自备电厂与系统间的联络线路停电、送电，先由地方电厂及厂矿自备电厂侧解列、并列，后系统侧停电、送电。

（4）线路停电、送电操作前后，应注意掌握有关继电保护、自动装置的使用规定。当断路器断开或闭合后，应及时检查三相电流、有功及无功功率的指示情况，以验证断路器状态及操作的正确性。

（5）有通信设施的线路因故停运或检修时，应及时通知通信部门，以便采取措施保证通信畅通。

（6）线路重合闸投停或检定方式的改变应按调度指令执行。

（7）向线路充电前，应在现场自行将充电断路器的重合闸功能停用，断路器合上后，重合闸功能恢复到断路器停电前的方式（如果调度有要求则按调度指令执行）。

1）对于负荷线路应在带负荷前投入重合闸。

2）对于双回线或电源联络线应在并列后投入重合闸。

3）对于环形线路应在环并后投入相应的重合闸。

（8）符合下列情况之一的线路重合闸，应停用。

1）空充电线路。

2）试运行线路。

（三）电网事故处理

1. 电力系统事故处理原则

（1）事故处理的主要任务包括以下几点。

1）尽速限制事故发展，消除事故根源，并解除对人身和设备的安全威胁，防止系统稳定破坏或瓦解。

2）用一切可能的方法保持正常设备的继续运行，保持对用户的正常供电。

3）尽速对已停电的用户恢复供电，特别是对有保安电力的重要用户恢复供电。

4）尽可能恢复系统频率和电压。

5）调整系统运行方式，使其恢复正常。

（2）地调值班员是地区电力系统事故处理的指挥者，应对事故处理的正确性负责，管内各单位应树立全局观念，服从调度统一指挥。系统发生事故时，值班调度员要千方百计保持设备继续运行，尤其是要保证发电厂厂用电源和重要用户的供电。

（3）系统发生事故时，事故单位必须主动采取措施，消除对人身和设备安全的威胁，限制事故的扩展。同时应准确、迅速、清楚、简明、分阶段地将事故全面情况向值班调度员报告，在调度的统一指挥下迅速消除事故。

（4）事故单位报告的事故内容应包括以下内容。

1）故障设备名称及开关动作情况。

2）各类继电保护及自动装置动作情况。

3）系统频率、电压、潮流变化情况。

4）系统运行方式变更情况。

5）有关事故中的其他现象和情况。

6）事故发生的原因及事故处理过程。

（5）发生下列情况之一时，为防止事故扩大，拖延事故处理时间，无需联系调度即可进行下列操作，但事后应立即报告调度。

1）当人身和设备安全遭受直接威胁，非立即停电不能解除者。

2）设备有严重损伤并继续发展，应立即将该设备停电。

3）按规程明确规定的不经联系的事故处理。

4）发电厂和变电站的厂（站）用电全部或部分停电时恢复电源的操作。

2. 断路器异常的事故处理

（1）断路器在运行中出现异常，不能分闸操作需要停电处理时，可采取下列措施。

1）凡有旁路断路器的变电站，应采用旁路代方式使故障开关停电。

2）当无旁路断路器或其处在检修状态不能恢复时，应考虑用母联断路器串代故障断路器，故障断路器应加锁。

3）将断路器所带负荷转移或停电，如采用拉开对侧电源断路器的方法，将故障断路器停电。

4）对于母联断路器可将母线上某一元件的两母线隔离开关同时合上，再拉开母联断路器的两侧隔离开关。

（2）运行中的断路器出现分合闸闭锁、压力异常等紧急情况，现场值班员应立即将其改为非自动，并做好防慢分措施，再汇报调度。

（3）断路器在运行中出现分、合闸闭锁，应尽快将闭锁断路器从运行中隔离出来，可根据以下不同的情况采取相应措施：

1）凡有专用旁路断路器或母联兼旁路断路器的变电站，可采用旁路代方式使故障断路器脱离电网运行。

2）不可采用旁路代方式时，用母联断路器串代故障断路器，然后拉开对侧电源断路器，使故障断路器停电（需转移负荷后进行）。

3）对于母联断路器出现分、合闸闭锁时，可将某一元件的两条母线隔离开关同时合上，即双跨，再断开母联断路器的两侧隔离开关。

4）对于双电源且无旁路断路器的变电站，线路断路器泄压，必要时可将该变电站改成终端变（终端变压器）的方式，再处理泄压断路器的操动机构。

（4）断路器出现非全相运行时，应根据断路器发生的不同情况采取以下措施。

1）断路器单相自动跳闸，造成两相运行时，如断相保护启动的重合闸没动作，可立即指令现场手动合闸一次，合闸不成功则应切开其余两相断路器。

2）如果断路器是两相断开，应立即选择正确的方式将断路器断开。

3）母联断路器非全相运行时，应立即调整降低母联断路器电流，闭环母线倒为单母线方式运行，开环母线则应将一条母线停电。

4）非全相断路器所带元件为发电机时，应迅速降低该发电机有功功率和无功功率至零，再参照上述处理方法进行。

（5）遇到非全相断路器不能进行分、合闸操作时，应根据实际情况采取相应方法进行处理。

1）220kV 系统用侧路断路器与非全相断路器并联，将侧路断路器操作直流停用后，拉开非全相断路器的两侧隔离开关，使非全相断路器停电。

2）如果非全相断路器所带设备有条件停电且是双母线时，对侧先拉开线路断路器后，本侧将其他元件倒至另一条母线，用母联断路器与非全相断路器串联，再用母联断路器切断空载电流，线路及非全相断路器停电，最后拉开非全相断路器的两侧隔离开关。

3. 线路跳闸的事故处理

（1）遇有下列情况，现场值班人员可不等待调度指令，立即强送电一次，然后将结果汇报给调度。

1）单电源线路跳闸后，没有合闸或因重合闸装置回路故障已在停止状态的。

2）当线路跳闸时，无检定装置的普通重合闸装置拒动的。

（2）遇有下列情况，现场值班人员必须得到值班调度员的许可，方可强行送电。

1）两端均有电源的线路跳闸。

2）并列运行的双回线路任意一回线跳闸。

3）线路跳闸，重合闸动作不成功。

4）一个断路器带两回以上线路或具有分支线并含有分支断路器或隔离开关的线路故障跳闸。

5）自动装置动作后切除的断路器。

上述线路跳闸后，值班调度员可根据继电和自动装置动作情况，有权下令强送一次，必要时经公司总工程师批准可多于一次。

（3）发生下列情况之一者，线路跳闸后禁止强送电。

1）试运行线路、充电线路、纯电缆线路，带电作业重合闸停用的线路。

2）设备有明显故障现象，如有火光、声响等，威胁人身或设备安全的线路。

3）线路变压器组断路器跳闸，重合不成功。

4）线路跳闸后，经备用电源自动投入，已将负荷转移到其他线路受电，不影响供电的线路。

5）要求不加重合闸的线路或有特殊要求的线路，电源非环状线路。

6）线路作业完或限电完恢复送电时，跳闸的线路。

7）发现保护失灵，断路器拒动易造成越级跳闸的线路。

8）已经掌握有严重缺陷的线路，如水淹、杆塔严重倾斜、导线严重断股的线路。

9）在前一次故障跳闸原因未查明或虽查明原因缺陷尚未处理，再次发生跳闸的线路。

（4）线路强送电注意事项如下。

1）强送电断路器应选择离电源最远、继电保护完备的一侧。

2）线路跳闸时，伴随有严重的短路现象，跳闸后重合闸动作不成功或断路器遮断容量不足的断路器在强送电前，要对断路器的外部进行检查。

3）强送电后，无论情况如何都应对断路器进行外部检查。

4. 系统接地的事故处理

（1）系统发生单相接地故障时，现场值班人员应立即将接地时间、相别绝缘监视仪表指示、消弧线圈动作情况报告给值班调度员，并主动检查本厂（站）相关设备，值班调度员在确认几个中枢厂（站）内无接地故障时，即可根据现场汇报的接地情况寻找故障点，尽早切除故障，避免扩大为两点接地或相间故障，引起线路跳闸。

（2）在中性点不接地或经消弧线圈接地系统发生持续性接地故障时，进行系统接地选择的原则顺序如下。

1）空载充电线路。

2）利用母联断路器或分段断路器以改变运行方式或分离系统的办法判明故障地区和线路。

3）在不影响负荷的情况下，选择双回和环状线路。

4）选择分支多、线路长的次要负荷线路。

5）选择主要负荷线路。线路停电影响负荷时，尽量用重合闸装置进行瞬间接地选择。

（3）根据系统接地当时的实际情况（如用户报告或线路跳闸重合成功后发生的接地等），可以不按上述原则而临时变更选择顺序，以求迅速找出故障点。

（4）当系统三相电压同时升高或任一相电压超过运行线电压的10%时，接地应以手动进行选择，选出后不再试送。充电线路，未加重合闸线路及不影响负荷的双回或环状线路均以手动进行选择。

（5）有分支的线路选出后，再分别选择分支线。两个系统同时有接地时，不允许并列倒闸操作。所有线路选择后系统仍接地，应再详细检查站内设备，如确认站内设备接地，有条件的（接地相有保护、有备用开关）可做人工接地后将故障设备切除，无条件的可采取全停电处理。

（6）当接地线路已经选出后，值班调度员应立即采取相应措施进行处理。

1）接地线路选出后，停电前试送一次，良好则可以继续运行。

2）66kV线路按下列原则处理：①充电线路、农业线路、不影响负荷的联络线选出后即可停电；②所带负荷能够倒受备用电源的线路，待负荷转移后即可停电；③所带负荷无备用电源的线路，且突然停电可能造成人身、设备等重大损失时，应给予适当准备后再将故障线路切除；④电源联络线或电源设备接地，停电后将造成严重的功率缺额时，应待相关电厂增发或拉限部分负荷后再停电。

3）线路作业完（包括变电设备作业）送电时呈现100%接地，立即停下所送线路，然后再试送一次，如仍100%接地则立即停下所送线路。

5. 变压器的事故处理

（1）变压器跳闸时，应首先根据继电保护动作和事故跳闸当时的外部现象判断变压器事故情况（包括保护范围内的其他设备），并根据事故现象按规程进行检查和处理。

（2）变压器主保护（重瓦斯保护、差动保护）或仅有一组过电流保护动作跳闸，在未查明原因、消除故障前不得将变压器送电。

（3）若只有过电流保护（包括低压过电流）动作跳闸，不论重合闸是否动作，均可不经检查变压器联系调度后强送一次（但应事先断开二次有电源的线路）。当强送不良并判明为穿越性故障造成的越级跳闸时，可将故障设备断路器断开，将变压器恢复受电带负荷。

（4）仅有熔断器保护的变压器熔断器熔断时，只有一相熔丝熔断，经外部检查确认无问题后，更换熔丝后即可恢复送电；两相或三相同时熔断，如不是二次越级所致，经外部检查确认无问题后，拉开负荷侧断路器，可试送一次，良好后再带负荷。

（5）有备用电源或备用变压器的变电站，当运行变压器跳闸时，应首先启用备用电源或备用变压器，送出负荷后，再检查处理故障变压器。

（6）并列运行的两台变压器，当一台故障跳闸后，造成另一台严重过载时，值班员可不待调度命令自行按事先给定的限电顺位限电，直至过载消除为止，事后尽快报告调度。

（7）在正常情况下，变压器不允许过负荷运行（厂家另有规定者除外）。变压器的冷却系统故障，允许带的负荷量和允许运行时间按厂家规定执行，现场和调度必须切实掌握。

（8）在事故情况下，允许使用变压器的事故过负荷能力，按电力变压器运行规程及变压器负载导则掌握；应立即采取措施在规定时间内降低负荷；或投入备用变压器，倒负荷，改变运行接线，如需拉限负荷时，按有关事故处理规定或按调令执行。

（9）变压器有下列情况之一者，应立即停电处理。

1）局部声响很大，很不均匀，有爆裂声。

2）在正常负荷和冷却条件下，变压器温度不正常且不断上升。

3）储油柜或防爆管喷油。

4）漏油致使油面下降，低于油位指示计的指示限度。

5）油色变化过甚，油内出现碳质等。

6）套管有严重的破损和放电现象。

7）其他现场规程规定者。

6. 母线的事故处理

（1）当母线本身无保护装置，或其保护因故停用中，母线故障时，其所接线路断路器不会动作，而由对侧的断路器跳闸，经外部检查没发现故障点时，应联系调度按下列办法处理。

1）单母线运行时，选择适当电源由对侧强送一次。

2）双母线运行时，立即拉开母联断路器，分别由对侧用线路断路器对各母线强送一次。

（2）当母线由于母差保护动作而停电，无明显故障现象，经外部检查没发现故障点时，可按下列办法处理。

1）单母线运行时，联系调度选择主要电源线路断路器强送一次。

2）双母线运行又同时停电时，不待调度命令，立即拉开母联断路器，联系调度分别用线路断路器强送一次。

3）若为双母线中的一条母线停电时（母差保护有选择性切除），应立即联系调度用线路断路器对停电母线强送一次，必要时可使用母联断路器强送，但母联断路器必须具有完善的充电保护，强送不良则拉开故障母线各隔离开关，将故障母线各元件切至非故障母线运行。

（3）如发电厂母线故障，经外部检查没发现故障点，有条件时应选用一台机组对母线递升加压。

（4）母线保护动作跳闸时，同时伴有故障引起的声、光等现象，经外部检查发现明显故障点，发生上述故障后，值班人员应立即报告调度，同时应自行拉开停电母线上的全部断路器。

7. 变电站电源全停电的事故处理

（1）变电站全停电，一般是因为母线故障或断路器拒动造成的；也可能是因为外部电源全停电造成的，现场运行人员要根据仪表指示、继电保护动作、自动装置动作、开关信号及事故现象判明事故情况，且不可仅凭站用电源全停电或照明全停电而误认为变电站全停电。

(2) 变电站发生全停故障后，现场值班人员应立即向值班调度员汇报，并迅速检查站内设备和继电保护、自动装置动作情况，及时上报调度以便进行全面分析和判断。

(3) 对于单电源受电的变电站全停电，如检查本站无问题时，保持受电状态等受，如3min后仍不见来电，立即手动断开次要负荷线路，只保留站用电及有保安电力的线路等受，并速将情况上报调度或有关220kV变电站。来电后，立即联系地调，待地调同意后送出所停负荷线路。

(4) 对于多电源变电站全停电时，立即断开各电源联络断路器，双母线运行应首先拉开母联断路器，使每条母线保留一条主要电源线路，防止突然来电造成非同期并列，3min后应轮流试受，对有电压抽取装置的线路进行监视。

(5) 变电站全停电，如确认是本站线路越级跳闸造成的，应立即切除故障线路断路器，恢复其他设备运行，并及时报告调度；如确认是本站母线故障时，有备用母线（包括侧母线）的应立即改由备用母线供电，双母线的改由单母线供电。

(6) 对具有备用电源的变电站全停电时，在确认变电站内部无故障后，可切换到备用电源受电，如备用电源容量较小时，可先供出重要用户的保安电力，事后速将情况报告调度。

(7) 现场运行人员若确认是电源全停造成者（由对侧断路器跳闸，本侧断路器未动）应立即上报调度，查明原因，等待受电。

(8) 母线主断路器跳闸，在确认无越级线路并断开电源联络线断路器后可强送一次（装重合闸亦同）。

(9) 对具有全停电事故处理规定的变电站，全停电后按其规定执行。

8. 电网内部过电压的处理要点

(1) 中性点非接地系统或经消弧线圈接地系统，当向接有电磁式电压互感器的空载母线或空载线路合闸充电，而出现铁磁谐振过电压（三相电压不平衡，一相或两相电压升高超过相电压）时应立即按下述任一方法处理。

1) 切断充电电源断路器，改变操作方式。

2) 投入母线上的线路。

3) 投入母联断路器改变接线方式。

4) 投入母线上的备用变压器，最好是带有消弧线圈的变压器。

5) 有消谐装置的直接投入消谐装置，无消谐装置的，可将电压互感器开口三角绕组经电阻短接或直接短接。

(2) 中性点非接地系统或经消弧线圈接地系统，由于操作或事故，引起电网发生分频谐振过电压（三相电压同时升高并有节奏摆动）时应立即按下述任一方法处理。

1) 立即恢复原系统或用断路器投入备用消弧线圈。

2) 投入或切除空载线路，改变谐振条件。

3) 将电压互感器开口三角绕组经电阻短接或直接短接3～5s。

4) 手动或自动投入专用消谐装置。

5) 线路带重合闸瞬间停线路，线路无重合闸可手动短时停线路。

6) 将有关网络瞬间合环。

(3) 有并联电容的高压断路器，当断路器两侧隔离开关投入，而断路器在断开位置，有可能与空载母线上的电磁式电压互感器产生谐振过电压，此时应立即投入母线上的变压器或切除电源线路，之后在无电压情况下合上该断路器，即将断路器、母线与电源线路先行串联，再投入线路电源侧断路器充电。

（4）为防止高压断路器三相开合闸不同期可能产生过电压，中性点直接接地系统的变压器投切，必须将该变压器的中性点接地。

（5）当双卷变压器空载或三卷变压器低压侧轻载，由于高压或中压侧发生接地等原因，出现零序电压，经线圈间耦合电容，使低压侧出现零序传递过电压，应立即增加低压侧的对地电容（投入电缆或架空线路）或增加有功负荷。如低压侧电网中性点是经消弧线圈接地的，则应事先计算好补偿度。

9. 频率异常的处理要点

频率质量是电能质量的一个重要指标。在遵守国家有关法令、法规和政策的前提下，采取一切可行的技术手段保证电力系统频率在正常允许范围内是调度员的一项重要任务。电力系统的发电机输出的有功功率的总和，在任何时刻都与系统中消耗的有功功率相同（包括电网和各种电气设备有功损耗），仅当所有发电机的总有功功率和总有功负荷相等且保持不变时，频率才能保持在某一频点不变。由于电能不能储存，当总有功功率或总有功负荷发生变化时，原动机输入功率由于调速系统的相对迟缓无法适应发电机功率的瞬时变化，相应的系统频率就要发生变化，使得电力系统发电机总有功功率与系统总负荷过渡到新的频率点达到平衡。

电力系统的负荷是时刻变化的，任何一处负荷的变化，都要引起全系统有功功率的不平衡，导致频率的变化。同时电力系统中并网运行的发电机有功功率也会因各种原因发生变化（如锅炉缺陷或燃煤质量引起发电机出力降低，发电机或发电厂联络线故障跳闸，或发电机并网等）。电力系统运行中，要保持足够的备用容量（备用容量一般为系统预计最大负荷的2%且不小于系统中最大发电机容量），通过一、二次调频等手段，及时调节各发电机的功率，以保持频率的偏移在允许的范围之内。

（1）处理系统低频率事故的主要方法如下几种。

1）调出旋转备用。

2）迅速启动备用机组。

3）联网系统的事故支援。

4）必要时切除负荷（按事先制定的事故拉电序位表执行）。

（2）处理系统高频率运行的主要方法如下几种。

1）火电机组减出力至允许最小技术出力。

2）启动抽水蓄能机组抽水运行。

3）对弃水运行的水电机组减少出力直至停机。

4）火电机组停机备用。

（四）事故处理案例

以仿真系统内海立变电站（海立变）为例，设置运行方式及故障，介绍事故分析及处理步骤与方法。

海立变一次系统运行方式如图1-10所示。220kV双母线带旁路并列运行，海阳线025断路器、海科甲线023断路器、海海甲线029断路器、1号主变压器021断路器运行于220kV东母线；海科乙线028断路器、黄海线026断路器、求海线024断路器、2号主变压器022

断路器运行于 220kV 西母线。66kV 双母线带旁路并列运行。模拟设置西母线 A 相接地故障。作为调度员，看到以上现象，首先应如何处理？

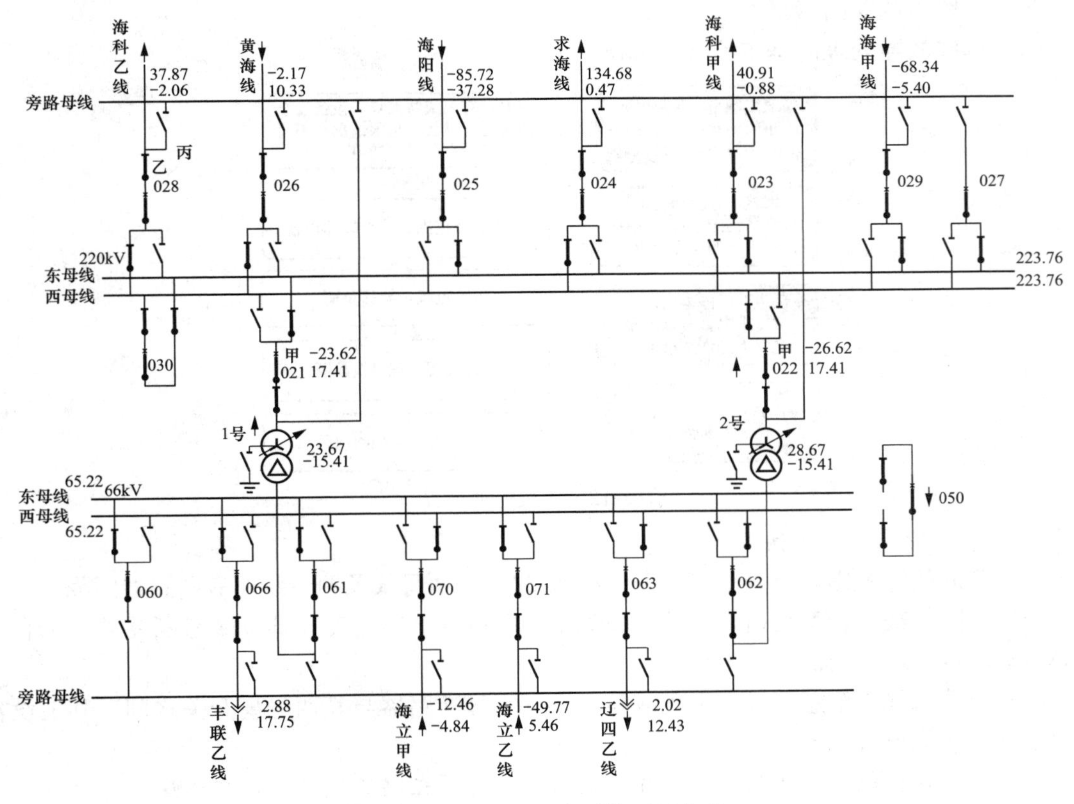

图 1-10　海立变一次系统运行方式

1. 事故分析

(1) 根据报警窗口界面（图 1-11）保护信息和设备动作情况，判断故障原因。

(2) 母差保护动作，发生母线故障。高频保护动作跳开线路对侧断路器。

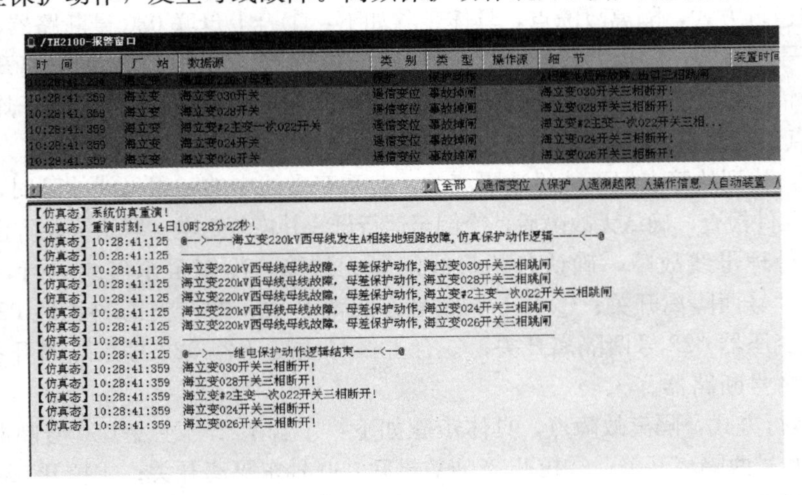

图 1-11　报警窗口界面

（3）220kV 母线配置母差保护，线路配置高频纵联保护。故障时，母差保护动作，跳开西母线所有断路器。母线保护动作后作用于纵联保护停信，线路对侧高频保护迅速作用于跳闸，跳开线路对侧断路器。

（4）母线故障处理的基本流程，如图 1-12 所示。

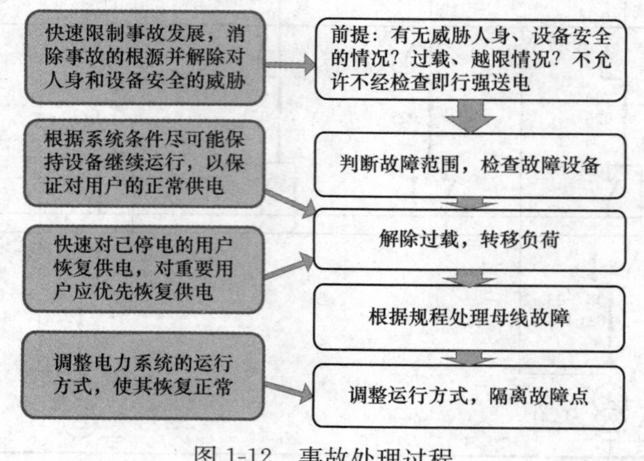

图 1-12　事故处理过程

2. 事故处理步骤与方法

（1）判断故障范围，检查故障设备。检查 220kV 西母线及西母线所有断路器间隔。

（2）解除过载，转移负荷，具体步骤如下：①拉开 2 号主变压器 062 号断路器；②合上 66kV 母联 050 号断路器。

（3）故障情况 1 汇总：检查发现故障点在 024 号断路器与其西隔离开关之间，其他设备一切正常，故障点可以迅速隔离。

注：（1）规程规定，找到故障点并能迅速隔离的，在隔离故障点后应迅速对停电母线恢复送电，有条件时应考虑用外来电源对停电母线送电，联络线要防止非同期合闸。

（2）电厂零起升压，母联充电保护一般不用变压器直接送电。

（4）处理母线故障步骤：①拉开 024 号乙隔离开关；②拉开 024 号西隔离开关；③合上 026、028 号断路器。

（5）调整运行方式，隔离故障点，具体步骤如下：①合上母联 030 号断路器；②合上 2 号主变压器 022 号断路器；③合上 2 号主变压器 062 号断路器；④许可 024 西隔离开关开始工作。

（6）故障情况 2 汇总：检查发现 024 西隔离开关母线侧静触头支柱绝缘子炸裂。

1）故障点不能迅速隔离。

规程规定：找到故障点但不能迅速隔离的，若系双母线中的一组母线故障时，应迅速对故障母线上的各元件检查，确认无故障后，冷倒至运行母线并恢复送电。联络线要防止非同期合闸。

根据规程处理母线故障，确认各西母线间隔无故障，冷倒至东母线运行，具体步骤如下：①拉开 028 号西隔离开关；②合上 028 号东隔离开关；③合上海科乙线 028 号断路器；④拉开 2 号主变压器 022 号西隔离开关；⑤合上 2 号主变压器 022 号东隔离开关；⑥合上 2 号主变压器 022 号断路器。

2）调整运行方式，隔离故障点，具体步骤如下：①合上 2 号主变 050 号断路器；②拉开 220kV 母联 030 号西隔离开关；③拉开 220kV 母联 030 号东隔离开关；④拉开 024 号负荷侧隔离开关；⑤拉开 220kV 东母线电压互感器及避雷器隔离开关；⑥许可 220kV 东母线可以工作。

母线事故处理原则：①不允许对故障母线不经检查即行强送电，以防事故扩大；②找到故障点并能迅速隔离的，在隔离故障点后应迅速对停电母线恢复送电，有条件时应考虑用外来电源对停电母线送电，联络线要防止非同期合闸；③找到故障点但不能迅速隔离的，若是双母线中的一组母线故障时，应迅速对故障母线上的各元件进行检查，确认无故障后，冷倒至运行母线并恢复送电。

思考与练习

1. 判断题

（1）单电源馈电的终端变电站母线电压消失，在确定非本母线故障时，应断开母联断路器后，立即报告调度员，等待来电。（　　）

（2）双母线中的一组母线故障时，应迅速对故障母线上的各个元件进行检查，确认无故障后，冷倒至运行母线并恢复。（　　）

（3）当母线故障造成系统解列成几个部分时，应尽快检查中性点运行方式，应保证各部系统有适当的中性点运行。（　　）

（4）试送故障母线时，应尽量使用母联断路器。（　　）

2. 填空题

（1）发电厂母线失电后，应立即自行将可能来电的断路器______。有条件时，利用本厂机组对母线零起升压，成功后将发电厂（或机组）恢复与系统同期并列；如果对停电母线进行试送，应尽可能用______。

（2）母线跳闸故障是指连接母线的______和______均跳闸，一般是因为母线本身故障。

3. 问答题

判别母线失电的依据是同时出现哪些现象？

4. 案例题

某 220kV 变电站一次系统接线如图 1-13 所示，2995、2997、2501 正母线运行，2996、2998、2502 副母线运行。

值班员汇报：220kV 母差保护动作，母联断路器 2510、2995、2997、2501 跳闸，220kV 正母线、1 号主变失电。

扫一扫

参考答案

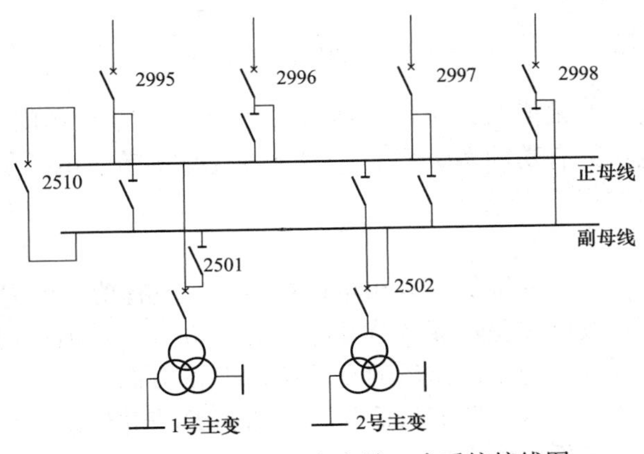

图 1-13　某 220kV 变电站一次系统接线图

第三节　电力系统有功功率分布及分析

一、实验简介

本实验采用仿真教学实验系统中的九节点电网模型进行。该模型由三台发电机与三台双卷变压器各自形成单元接线，高压侧电压220kV，六条220kV线路彼此连接形成环网。实验内容与课程“电力系统稳态分析”中的“简单电力网络的计算与分析”和“复杂电力系统潮流的计算机算法”的部分内容相关。通过本实验，学生可了解电力系统潮流分布中有功功率（P）的一些特点。

二、实验目的

首先通过本实验让学生认识及学会应用本仿真教学实验系统，学会对相关电力元件进行简单操作；学会观察电力系统的潮流分布状况。本实验主要内容是让学生认识电力系统潮流中有功功率（P）的分布特点，通过实验操作了解影响有功功率（P）分布的因素。

三、实验原理

某线路等值电路图如图1-14所示。假设 P_{ij} 和 Q_{ij} 为线路 ij 的有功及无功潮流，两端节点电压分别为 U_i 和 U_j，其他参数如图1-14所示，则有

$$P_{ij}=U_i^2 g_{ij}-U_i U_j(g_{ij}\cos\theta_{ij}+b_{ij}\sin\theta_{ij})$$

假设 $U_i=U_j=1,\quad \sin\theta_{ij}=\theta_{ij},\quad \cos\theta_{ij}=1,\quad g_{ij}=0$

上式可以简化为

$$P_{ij}=-b_{ij}(\theta_i-\theta_j)=(\theta_i-\theta_j)/x_{ij}$$

式中：x_{ij} 为线路电抗。从公式可以看出，有功功率 P 的分布与电压相角 θ 有关。如果支路两端节点电压相角 $\theta_i>\theta_j$，则 $P_{ij}>0$；反之，则 $P_{ij}<0$。

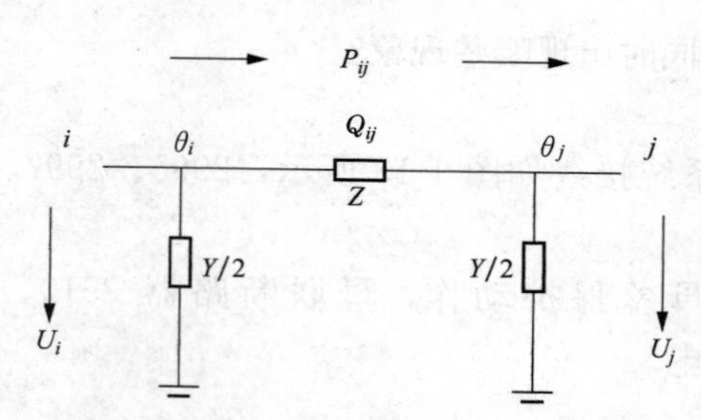

图1-14　线路等值电路图

记录全网各节点电压的幅值及其相角；观察并记录有功功率 P 的方向；依据实验要求，按照实验步骤调节发电机的有功功率 P 值并记录下变化后的节点电压的幅值及其相角值；观察并记录操作后的有功功率 P 的方向。

四、实验内容

（1）记录全网各节点电压的幅值及其相角；观察并记录有功功率 P 方向。

（2）依据实验要求，按照实验步骤调节发电机的有功功率 P 值并记录下变化后的节点电压的幅值及其相角值；观察并记录操作后的有功功率 P 的方向。

（3）重复以上实验操作步骤，调节负荷的有功功率 P 值并记录变化后的节点电压的幅值及其相角值；观察并记录操作后的有功功率 P 的方向。

(4) 分别对上述两个步骤的实验数据进行对比分析，观察有功功率 P 对各个电气量影响的不同，并按要求作图予以分析说明。

(5) 对比 (2)、(3) 步骤的实验数据结果，并根据 (4) 所做的图示予以分析说明。

(6) 依据所做实验及其数据结果，结合课本的相关知识点做实验总结，并回答文后问题。

五、实验步骤及要求

1. 启动仿真系统

运行桌面的仿真系统启动快捷方式文件 desktop. exe，启动 EMS。点击屏幕左下方出现一个图标，选择切换到 EMS 菜单条，在弹出的登录窗口中选择用户名，然后在 EMS 菜单条中单击“系统工具”中的“工作平台”项，在出现的窗口左侧打开九节点系统树形结构图，单击要选择的厂站名称，此时在当前窗口出现相应的厂站图。在当前窗口菜单栏中部，单击下拉式菜单，选择“状态估计”项，观察在“报警窗口”中出现的系统遥测的统计信息。之后再从该下拉式菜单中选择“调度员潮流”项，就进入实验平台窗口。为方便起见，一般建议大家都选择九节点系统的全网图进行实验操作，打开九节点系统树形结构图，单击“其他”项，选择“九节点全网潮流图”。

2. 实验项目及操作步骤

(1) 在当前的九节点全网潮流图中，观察各线路有功功率 P 的方向和线路首末端电压相角 θ 的差值方向；记录各节点电压幅值和相角数据，表格形式参考表 1-1。

表 1-1　　母线电压数据记录样表

母线名	BusA	BusB	BusC	Bus1	Bus2	Bus3
U (kV)						
θ (rad)						

(2) 选择 1 号发电机进行操作。在窗口中选中 1 号发电机，按右键，在弹出的菜单中选择“功率调节”，在出现的对话窗中调节 1 号发电机有功功率 P，依次调节功率，每次递增 10MW，共操作十次，记录每次操作后 1 号发电机有功功率 P 的值、各节点电压的幅值和电压相角值，表格形式参考表 1-2。

表 1-2　　发电机有功改变后母线电压数据记录样表

发电机有功功率 P(kW)	母线名	BusA	BusB	BusC	Bus1	Bus2	Bus3
	U (kV)						
	θ (rad)						

第 (2) 步实验完成后，重新单击“量测分析”“状态估计”“调度员潮流”，重新返回基态潮流，或者单击“调度员潮流”窗口上菜单栏中的“调度操作”项，选择“清除操作”项，系统便返回初始基态潮流。选择母线 C 上的负荷进行操作，在窗口中选中负荷，单击右键，在弹出的菜单中选择“负荷功率调节”，在出现的对话窗中调节负荷有功功率 P。依次调节功率，每次递增 10MW，共操作十次，记录每次操作后负荷有功功率 P 的值、各节点电压的幅值和电压相角值，参考样表见表 1-3。

表 1-3 母线负荷改变后母线电压数据记录样表

负荷有功功率 P(MW)	母线名	BusA	BusB	BusC	Bus1	Bus2	Bus3
	U（kV）						
	θ（rad）						

六、实验数据分析

（1）分析发电机机端电压、变压器高压母线电压、普通线路（连接处）的节点电压幅值和相角。

（2）分析有功功率 P 的变化分别对发电机机端电压、变压器高压侧母线电压及其他母线电压的影响。

（3）分析有功功率 P 的变化分别对发电机机端电压相角、变压器高压侧母线电压相角、及其他母线电压相角的影响。

（4）按照实验记录做出分别表示 P-U_{GN}、P-U_{TM}、P-U_{N} 的曲线。有功功率与母线电压相角和电压幅值的关系分别如图 1-15（a）、（b）所示。

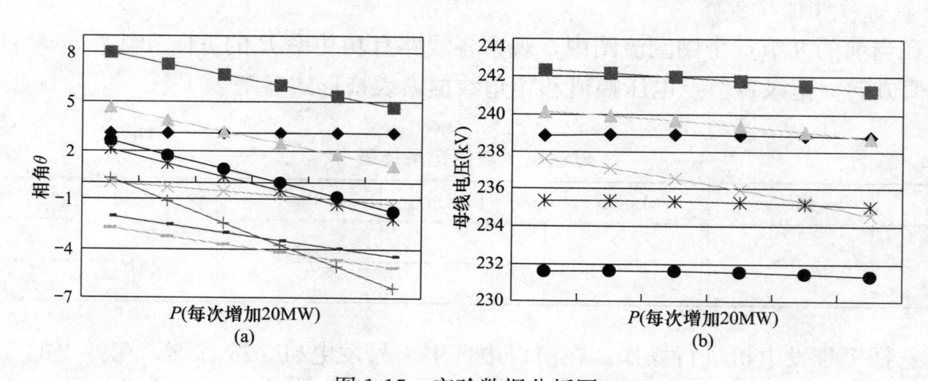

图 1-15 实验数据分析图

七、实验总结及实验报告要求

（1）画出实验采用的仿真电网模型图。

（2）整理每一次实验的数据。

（3）采用图、表或文字手段分析实验数据，得出实验结论。

（4）回答以下问题：

1）请给出本实验的理论依据。

2）欲调节电压相角 θ，调有功功率 P 有效还是调无功功率 Q 有效？

3）想要调节水轮发电机的功率 P 应调节什么控制量？若想要调节汽轮发电机的功率 P 又应调节什么控制量？

（5）撰写实验小结和体会。

附：系统参数。

（1）功率基值：100MVA

（2）电压等级见表 1-4。

表 1-4　电压等级

电压等级（kV）	标称电压（kV）
220	230
110	115
35	37
10	10.5

（3）平衡机：IEEE9 节点潮流图请扫描二维码查看。

扫一扫

IEEE9节点潮流图

第四节　电力系统无功功率分布及分析

一、实验简介

本实验采用仿真教学实验系统中的九节点电网模型来进行，与实验一的模型相同。实验内容与课程“电力系统稳态分析”的“简单电力网络的计算与分析”“复杂电力系统潮流的计算机算法”等部分内容相关，通过实验，可以让学生更加了解电力系统潮流分布中无功功率 Q 的特点。

二、实验目的

通过本实验让学生认识并应用本仿真教学实验系统，学会对相关电力元件进行简单操作；学会观察电力系统的潮流分布状况。本实验主要内容是让学生认识电力系统潮流中无功功率 Q 的分布特点，通过实验操作了解影响无功功率 Q 分布的因素。

三、实验原理

某线路等值电路图如图 1-16 所示，其模型与第三节实验的线路模型相同。由图可知

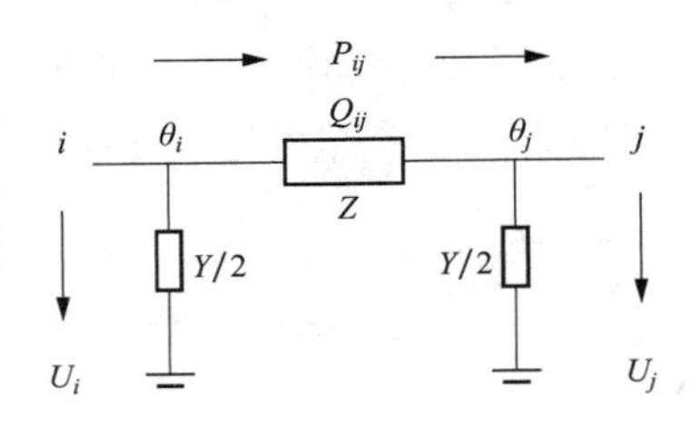

图 1-16　线路等值电路图

$$S_i = \dot{U}_i \overset{*}{I}_{ij}$$

假设
$$U_i = U_j = 1, \quad \sin\theta_{ij} = \theta_{ij}, \quad \cos\theta_{ij} = 1, \quad g_{ij} = 0$$

则
$$Q_{ij} = U_i^2 b_{ii} - U_i U_j (g_{ij} \sin\theta_{ij} + b_{ij} \cos\theta_{ij})$$

上式可以简化为

$$Q_{ij}=(U_i^2-U_iU_j)/x_{ij}=\frac{U_i}{x_{ij}}(U_i-U_j)$$

式中：x_{ij}是线路电抗。从公式可以看出，无功功率 Q 的分布与电压幅值 U 有关。如果支路两端节点电压幅值 $U_i>U_j$，则 $Q_{ij}>0$；反之，则 $Q_{ij}<0$。

四、实验内容

（1）记录全网各节点电压的幅值及其相角；观察并记录无功功率 Q 的方向。

（2）依据实验要求，按照实验步骤调节发电机的无功功率 Q 值并记录变化后的节点电压的幅值及其相角值；观察并记录操作后的无功功率 Q 的方向。

（3）重复以上实验操作步骤，调节负荷的无功功率 Q 值并记录变化后的节点电压的幅值及其相角值；观察并记录操作后的无功功率 Q 的方向。

（4）分别对上述两个步骤的实验数据进行对比分析，观察无功功率 Q 对各个电气量影响的不同，并按要求作图予以分析说明。

（5）对比（2）、（3）步骤的实验数据结果，并根据（4）所作的图示予以分析说明。

（6）最后对所做实验数据结果，结合课本的相关知识点做实验总结，并回答文后问题。

五、实验步骤及要求

1. 启动仿真系统

启动仿真系统运行桌面的仿真系统启动文件 desktop. exe，启动仿真系统，选择九节点系统的全网图进行实验，具体操作方法和步骤与实验一相同。

2. 实验项目及操作步骤。

（1）在当前的九节点全网潮流图中，观察各线路无功功率 Q 的方向和线路首末端电压幅值 U 的差值方向；记录各节点无功功率 Q、电压的幅值和相角值，参考样表见表 1-5。

表 1-5　母线电压数据记录样表

无功功率 Q（Mvar）	母线名	BusA	BusB	BusC	Bus1	Bus2	Bus3
	U（kV）						
	θ（rad）						

（2）选择 1 号发电机进行操作。在窗口中选中 1 号发电机，单击右键，在弹出的菜单中选择“功率调节”，在出现的对话窗中调节 1 号发电机无功功率 Q，依次调节功率，每次递增 10Mvar，共操作十次，记录每次操作后发电机的无功功率 Q 值、各节点电压的幅值和电压相角值，参考样表见表 1-6。

表 1-6　发电机无功改变后母线电压数据记录样表

发电机无功功率 Q（Mvar）	母线名	BusA	BusB	BusC	Bus1	Bus2	Bus3
	U（kV）						
	θ（rad）						

第（2）步实验完成后，重新单击“量测分析”“状态估计”“调度员潮流”，进入实验操作平台，选择母线 C 上的负荷进行操作。在窗口中选中负荷，单击右键，在弹出的菜单中选择“负荷功率调节”，在出现的对话窗中调节负荷无功功率 Q。依次调节功率，每次递增 10Mvar，共操作 10 次，记录每次操作后负荷的无功功率 Q 值、各节点电压的幅值和电压相角值，参考样表见表 1-7。

表 1-7 母线负荷改变后的母线电压数据记录样表

负荷无功功率 Q（Mvar）	母线名	BusA	BusB	BusC	Bus1	Bus2	Bus3
	U（kV）						
	θ（rad）						

六、实验数据分析

（1）分别核对发电机机端电压、变压器高压母线电压、普通线路（连接处）的节点电压幅值和相角，记录各自实验数据。

（2）分析无功功率 Q 的变化分别对发电机机端电压、变压器高压侧母线电压及其他母线电压的影响。

（3）分析无功功率 Q 的变化分别对发电机机端电压相角、变压器高压侧母线电压相角及其他母线电压相角的影响。

（4）按照实验记录，做出分别表示Q-U_{GN}、Q-U_N 的曲线，如图 1-17 所示。其余图形学生可根据要求做出。

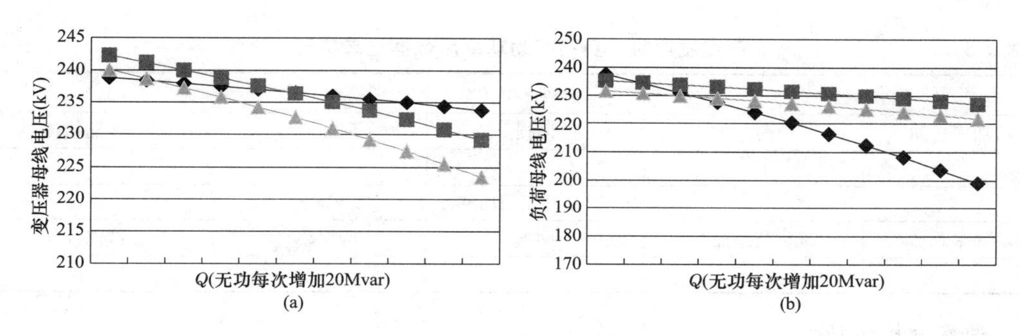

图 1-17 实验数据分析图

七、实验总结及实验报告要求

（1）画出实验采用的仿真电网模型图。

（2）整理每一次实验的数据。

（3）采用图、表或文字手段分析实验数据，得出实验结论。

（4）回答以下问题：

1）请给出本实验的理论依据。

2）欲调节电压相角 θ，调有功功率 P 有效还是调无功功率 Q 有效？

3）欲调节水轮发电机的无功功率 Q，应调节什么控制装置？若调节汽轮发电机的无功功率 Q 呢？

4）调整变压器分接头能增加或减少全系统无功功率总量吗？

（5）撰写实验小结和体会。

第五节 电力系统潮流控制分析

一、实验简介

本实验采用九节点电网模型。通过本实验，可以了解影响系统潮流分布的特点和影响系统潮流分布的因素，了解有功功率 P 对系统潮流分布的影响，了解无功功率 Q 对系统潮流分布的影响，了解影响系统网损和线损的因素。

二、实验目的

(1) 掌握发电机及负荷的有功功率 P 对线路潮流分布及线损的影响情况。

(2) 掌握发电机及负荷的无功功率 Q 对线路潮流分布及线损的影响情况。

三、实验步骤及要求

运行仿真系统，进入“调度员潮流”项，打开九节点系统树形结构图，选择“九节点全网潮流图”。

1. 调发电机有功功率 P

在“调度员潮流”窗口中，先记录当前状态下的发电机功率、线路潮流和节点电压。再选中1号发电机，单击右键，在弹出的菜单中选择“调节发电机功率”，拖动滑条，让有功功率 P 递增10MW，按“确定”后，观察各线路潮流有功功率 P、无功功率 Q 及节点电压 U 的变化。用以下参考表格（见表1-8）记录数据。

表1-8 改变发电机、负荷有功功率后数据记录样表

全网有功功率				
有功功率总加	负荷总加	网损	网损率%	线路损耗
全网无功功率				
无功功率总加	负荷总加	网损	网损率%	线路损耗

2. 调发电机无功功率 Q

步骤1完成后，选择“调度员潮流”窗口上菜单栏“调度操作”项，选择“清除操作”，系统便返回初始基态潮流。重新调节1号发电机的无功功率 Q，按功率递增10Mvar，观察各线路潮流有功功率 P、无功功率 Q 的变化及节点电压 U 的变化。用参考表格（表1-9）记录数据。

表1-9 改变发电机、负荷无功功率后数据记录样表

全网有功功率				
有功功率总加	负荷总加	网损	网损率%	线路损耗
全网无功功率				
无功功率总加	负荷总加	网损	网损率%	线路损耗

3. 调负荷有功功率 P

参照上述做法将系统返回基态。选中负荷LD21，按右键，选择“调节负荷功率”，拖动滑条，改变负荷有功功率 P 值，使功率递减10MW，观察各线路潮流有功功率 P、无功功率 Q 的变化及节点电压 U 的变化。并将结果与第1项结果比较。用参考表格（表1-8）记录数据。

4. 调负荷无功功率 Q

将系统返回到初始状态。按照上述做法改变负荷 LD21 的无功功率 Q 值，使无功递减 10Mvar，观察各线路潮流有功功率 P、无功功率 Q 的变化及节点电压 U 的变化。并将结果与第 2 项结果比较。用参考表格（表 1-9）记录数据。

5. 线损分析

返回基态潮流。参照步骤 3 的方法调整负荷有功功率，使 P 增加 20MW，无功功率不变。然后单击“报表分析”项，在“结果列表”项中选择“线路损耗”，在打开的文本表格中记录当前运行状态中各线路的线损值。

返回基态潮流。参照步骤 4 的方法调整负荷无功功率，使 Q 增加 20Mvar，有功功率不变。然后单击“报表分析”项，在“结果列表”项中选择“线路损耗”，在打开的文本表格中记录当前运行状态中各线路的线损值。

四、实验总结及实验报告要求

（1）画出实验采用的仿真电网模型图。

（2）整理每次实验的数据。

（3）采用图、表或文字手段分析实验数据，得出实验结论。

（4）回答以下问题：

1）为什么会有线损？线损的构成主要有哪些成分？

2）依据实验步骤 5 中的记录情况，谈谈对线路损耗的认识。

3）如果各 110kV 线路承担的输送功率长期满负荷运行，有何方法可较好地解决线损过高问题？

（5）撰写实验小结及体会。

第六节　电力系统对称故障计算及分析

一、实验简介

本实验采用九节点电网模型进行，调用 EMS 中的“故障分析”高级应用功能。通过本实验，加深对较复杂系统故障计算的理解，掌握在仿真系统中设置故障，对比不同地点相同故障下短路电流在电网中的分布状况。

二、实验目的

（1）掌握线路短路前后各电气量的变化特点。

（2）掌握故障分量的换算方法。

（3）掌握线路在不同地点发生三相短路故障时的故障电流的变化特点。

三、实验步骤及要求

启动仿真系统。运行桌面仿真系统启动文件，进入 EMS 下“工作平台”，在当前窗口下拉式菜单中依次执行“状态估计”和“故障分析”。在故障计算及分析中，有时需要考虑系统的接地方式，这就涉及变压器中性点接地开关的操作。在仿真系统的“故障分析”窗口对接地开关的具体操作方法是：

选中接地开关，单击右键，选“执行中性点接地开关操作”，则原来断开的接地开关就会闭合；执行同样的操作，也能使原来闭合的接地开关断开。可根据需要进行相应操作。

不同地点三相短路对比：

打开九节点全网图，单击线路 LineAto2 并单击右键，在弹出的菜单项中选“设置故障”，在出现的窗口“故障类型”栏中选择“设置 ABC 三相短路”，故障位置在线路中部（50%），故障持续时间设为 50ms。单击确定后，在菜单栏上选择“请求故障计算”，系统便会进行故障计算。在当前“功率潮流”状态下单击“功率潮流”的下拉式菜单，分别选择“故障 A 相”“故障 B 相”“故障 C 相”等，电网元件模型上便会出现相应的不同的值，观察记录各状态下故障线路 LineAto2 的故障电流和各节点母线电压于参考表格 1-10 和表 1-12。

在菜单栏上选择“故障分析”“清除操作”后，返回基态潮流。此时再对线路 LineBto2 设置三相短路故障，具体操作方法和步骤与上一步相同，设置故障的信息也与上一步统一，以保证结果有较好的可比性。在线路 LineBto2 上单击右键，选择“设置 ABC 三相故障”，故障位置、持续时间设为 50ms，单击确定后，在菜单栏上选择“请求故障计算”，系统便会进行故障计算。记录各状态下故障线路 LineBto2 的故障电流、非故障线路 LineAto2 的线路电流、各节点母线电压，参考样表见表 1-10～表 1-12。

表 1-10　　母线电压数据记录样表

线路名 / 电压值	Bus1	Bus2	Bus3	BusA	BusB	BusC
电压 U（kV）						

表 1-11　　线路电流数据记录样表

线路名 / 电流值	LineAto1	LineAto2	LineBto1	LineBto3	LineCto2	LineCto3
I（首端）(kA)						
I（末端）(kA)						

表 1-12　　故障点电流数据记录样表

序别 / 电流值	正序	负序	零序	故障 A 相	故障 B 相	故障 C 相
电流 I（kA）						

同理返回初始基态潮流后，对线路 LineCto2 做同样的故障设置。记录各状态下故障线路 LineCto2 的故障电流、非故障线路 LineAto2、非故障线路 LineBto2 的线路电流、各节点母线电压，参考样表见表 1-10～表 1-12。

四、实验数据分析

首先要记录系统初始状态的潮流分布，以便与实验结果对比。

五、实验总结及实验报告要求

（1）画出实验采用的电网模型图。

（2）整理每次实验的数据。

（3）实验结果的分析论证。

（4）回答以下问题：

1）短路点与发电厂的距离会给短路电流带来什么影响?

2）透过实验数据分析，某条线路发生三相短路故障的反应和其他线路发生三相短路故障对这条线路的影响反应一样吗?

3）对称短路点电流的特点是什么?

（5）撰写实验小结及体会。

第七节　电力系统不对称故障计算及分析

一、实验简介

本实验采用九节点电网模型进行，调用 EMS 中的“故障分析”高级应用功能。通过本实验，加深对不对称故障现象的认识和理解。

二、实验目的

（1）掌握线路发生两相短路前后的各故障相和非故障相的电气量的变化特点。

（2）掌握线路在同一地点发生不同类型短路故障时的短路电流的变化特点。

（3）掌握线路在同一地点发生两相相间与两相接地短路时三序分量及其特点。

（4）掌握中性点不接地和中性点接地时，线路相同地点发生单相接地，接地点故障电流的区别及各节点电压的分布情况。

三、实验步骤及要求

启动仿真系统。运行桌面仿真系统启动文件，进入 EMS 下“工作平台”，在当前窗口下拉式菜单中依次执行“状态估计”“故障分析”，在“故障分析”窗口下将所有接地开关合上。具体操作方法是：

选中接地开关，单击右键，选“执行中性点接地开关操作”，则原来断开的接地开关就会闭合。执行同样操作，也能使原来闭合的接地开关断开。

（1）比较三相短路和两相短路故障电流是否满足 $I_{\mathrm{d}}^{(2)}=\frac{\sqrt{3}}{2}I_{\mathrm{d}}^{(3)}$。

为便于实验，首先在“调度员潮流”状态下分别断开 2、3 号升压变高压侧断路器，构成单电源辐射线路。具体做法是：单击选中断路器，单击右键，选“开关（隔离开关）变位”，在弹出的窗口中选“确定”，便完成操作。而后再进入“故障分析”。

在九节点全网图中对线路 LineAto2 设置两相故障：单击选中线路 LineAto2，单击右键，在出现的菜单项中选“设置故障”，在弹出的窗口“故障类型”中选择“AB 相短路”，故障位置在线路首端（50%），故障持续时间设为 50ms，单击确定后，在菜单栏上选择“故障分析”项下的“故障计算”，系统便进行故障计算。再单击菜单栏窗口中部“功率潮流”下拉式菜单，分别选择“故障 A 相”“故障 B 相”。记录故障线路 LineAto2 各相故障电流于表 1-13。

在菜单栏上选择“故障分析”“清除操作”后，再对线路 LineAto2 设置三相短路故障，故障位置在线路首端（50%），故障持续时间设为 50ms，在菜单栏上选择“故障分析”项下的“故障计算”后。再单击菜单栏中部“功率潮流”下的“故障 A 相”，记录故障线路 LineAto2 各相的故障电流，参考样表见表 1-13。

表 1-13　　故障点电流数据记录样表

序别 电流值	正序	负序	零序	故障 A 相	故障 B 相	故障 C 相
I（kA）						

（2）对比中性点不接地和中性点接地时，发生单相接地时的故障分量。

第一步实验之前，确认各个中性点接地开关已闭合。

在九节点全网图中对线路 LineAto2 设置单相接地故障：单击右键，在出现的菜单项中选“设置故障”，在“故障类型”窗口选“A 相接地短路”，故障位置距首端（50%），故障持续时间均为 50ms，单击确定后，在菜单栏上选择“故障分析”项下的“故障计算”，系统便会进行故障计算。单击“功率潮流”下拉式菜单，从中选择“故障正序”“故障负序”“故障零序”“故障 A 相”“故障 B 相”“故障 C 相”等，观察并记录此时各个序网的节点电压、故障电流情况，参考样表见表 1-14。

表 1-14　　故障点电流数据记录样表

序别 电流值	正序	负序	零序	故障 A 相	故障 B 相	故障 C 相
I（kA）						

第二步实验之前，确认各个中性点接地开关已断开。

在菜单栏上选择“故障分析”“清除操作”后，再对线路 LineAto2 设置单相接地故障：单击右键，在弹出的菜单项中选“设置故障”，在“故障类型”窗口选“A 相接地短路”，故障位置距首端（50%），故障持续时间均为 50ms，单击确定后，在菜单栏上选择“故障分析”项下的“故障计算”，系统便会进行故障计算。单击“功率潮流”下拉式菜单，从中选择“故障正序”“故障负序”“故障零序”“故障 A 相”“故障 B 相”“故障 C 相”等，观察并记录此时各个序网的节点电压、故障电流情况，参考样表见表 1-15。

表 1-15　　故障点电流数据记录样表

序别 电流值	正序	负序	零序	故障 A 相	故障 B 相	故障 C 相
I（kA）						

四、实验数据分析

（1）初步验算各相故障电流，结合课本内容，观察本实验是否符合故障特性。

（2）记录故障线路的各序电流，通过手算将序电流换算成相电流，看与系统计算值是否一致。

五、实验总结及实验报告

（1）画出实验采用的电网模型图。

（2）整理实验数据。

（3）实验结果的分析论证。

（4）回答以下问题：

1）有人认为发生不对称故障时，故障相电流是由各序电流合成的，因此相电流一定比序电流要大。这种观点对吗？为什么？

2）对某一线路来说，在相同地点发生三相短路时的短路电流是否一定比发生两相短路时的短路电流大？

（5）撰写实验小结及体会。

第八节　电力系统稳定性计算及分析

一、实验简介

本实验采用仿真教学实验系统中的九节点电网模型来进行。本实验内容与课程“电力系统暂态分析”相关。本实验通过几个例子让学生感性认识暂态稳定性的概念。对比大扰动和小扰动对系统暂态稳定的影响

二、实验目的

（1）加深理解电力系统静态稳定的原理。

（2）了解提高电力系统静态稳定的方法。

三、实验原理

（1）单机—无穷大系统如图 1-18 所示，发电机正常运行在如图 1-19 所示状态图的 a 点。当受到小扰动时（假设为负荷波动），将使功角增加 $\Delta\delta$，发电机输出的功率由 a 点变化到 a'' 点。由图 1-19 功角特性曲线可知，当 δ 在 $0°\sim90°$时，随着 δ 角的增加，发电机输出的有功功率将增加，从而使得 $P_E>P_m$，根据发电机的转子运动方程

$$T_J\frac{d\Delta\omega}{dt}=P_m-P_E$$

可知此时$\frac{d\Delta\omega}{dt}<0$，发电机转子将减速，$\Delta\omega$ 变负，使其相对于无穷大母线的转子角 δ 减小，功角减小到 a 点。如此反复，使系统最终回到 a 点初始状态，系统不失稳。

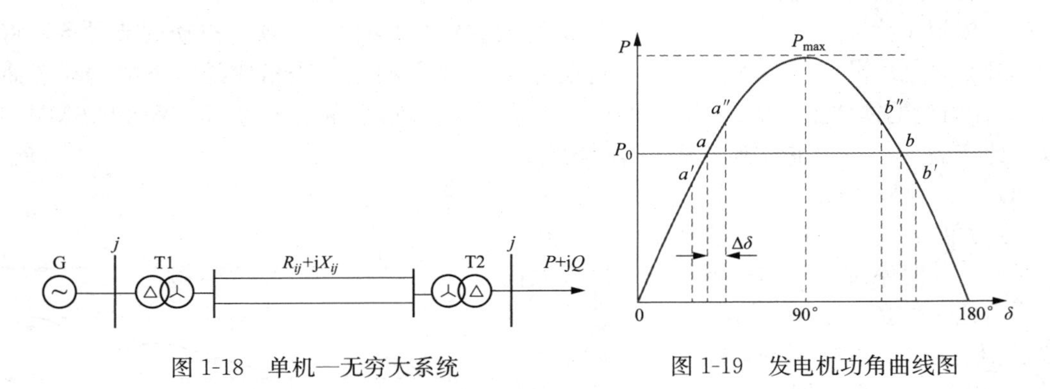

图 1-18　单机—无穷大系统

图 1-19　发电机功角曲线图

（2）单机—无穷大系统功角曲线如图 1-20 所示，发电机正常运行在图 1-20 所示 P_{I}-δ 功角曲线上，原动机机械功率为 P_0，与 P_{I}-δ 功角曲线交于 a 点。当受到大扰动时，即假设线路发生短路，后由保护在 c 点切除故障线路后，发电机加速功率 ΔP、转子转速 ω 和转子角 δ 随时间变化，在 f 点和 i 点 $\Delta\omega$ 为 0，转子角到达极值，在 k 点处加速功率为 0，转速则达到

其极值。图 1-21 为稳定情况下的振荡过程曲线。

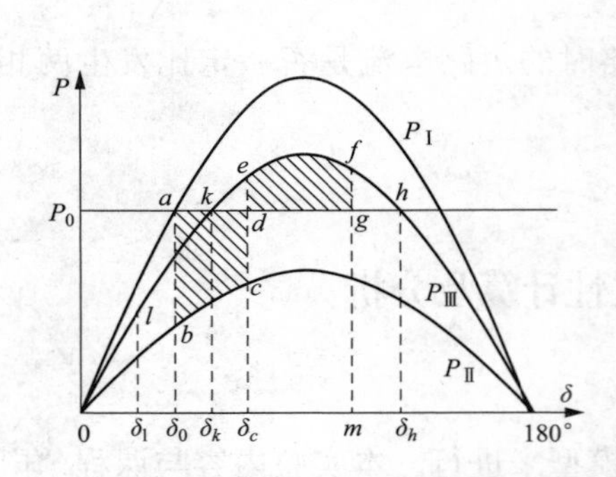

图 1-20 单机—无穷大系统功角曲线

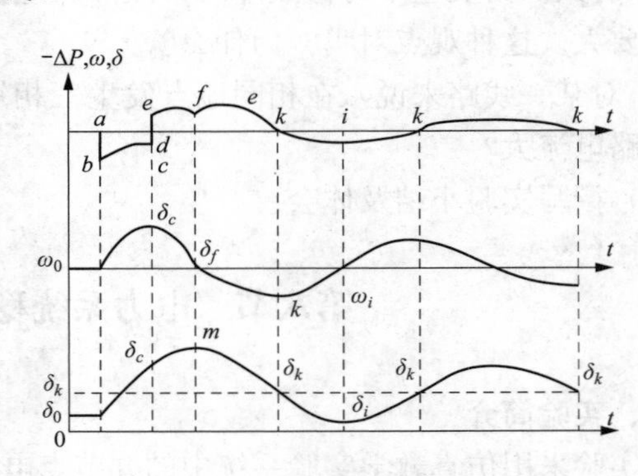

图 1-21 稳定情况下的振荡过程曲线

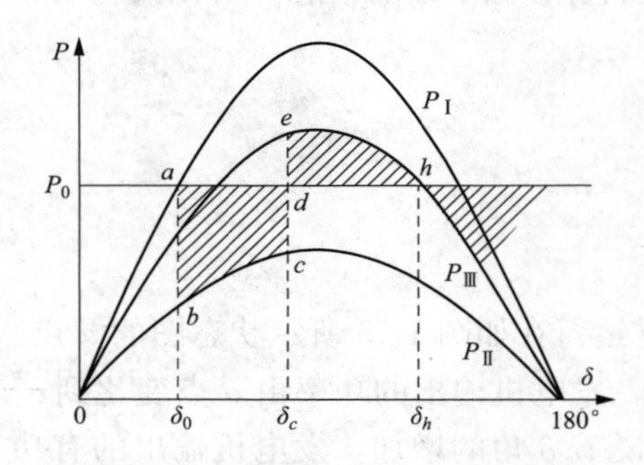

图 1-22 故障切除时间太长的情形

如果保护切除故障较晚，如在 1-22 所示的 c 点切除，则故障线路切除前转子加速已比较严重，以至于当故障线路切除后到 h 点处转子转速仍未减小到同步转速。此时转子上的不平衡转矩又变为加速转矩，转速继续升高，加速度越来越大，转子功角将不断增大，发电机和无穷大系统之间最终失去同步。

四、实验内容

(1) 调整负荷有功功率，观察系统发电机的摇摆曲线是否发生变化。

(2) 在相同的线路上设置三相短路，观察系统发电机的摇摆曲线图。

五、实验步骤及要求

(1) 进入 DTS 下“教员台”，在 DTS 控制面板上选择“进入暂态”；同时选中断路器，单击“继电保护设置”，在出现的窗口中将断路器的继电保护设置为“全退”。用同样的方法，将所有断路器的线路保护全部退出运行。

(2) 模拟小扰动。右击负荷“BusALoad”，选择“功率调节”项，拉动调节滑条，将负荷功率减小量 ΔP 设置为 10MW，按“确定”。选择菜单栏上“表格曲线”下的“动态曲线显示”，在出现的窗体上查看“摇摆曲线”。当负荷功率减小量 ΔP 为 15MW 和 20MW 时，重复做此实验（每一次重做前应返回初始状态）。

(3) 在“DTS控制台”界面上选择“进入在线”，然后单击“仿真重演”，选择调整负荷功率前的时间，此时系统返回到初始状态。模拟大扰动，右击任一线路，选择“电气故障设置”，设置“三相短路”、故障延时 50ms、距线路首端 50%，单击“确定”。选择菜单栏上“表格曲线”下的“动态曲线显示”，在出现的窗体上查看“摇摆曲线”（见图 1-23）。

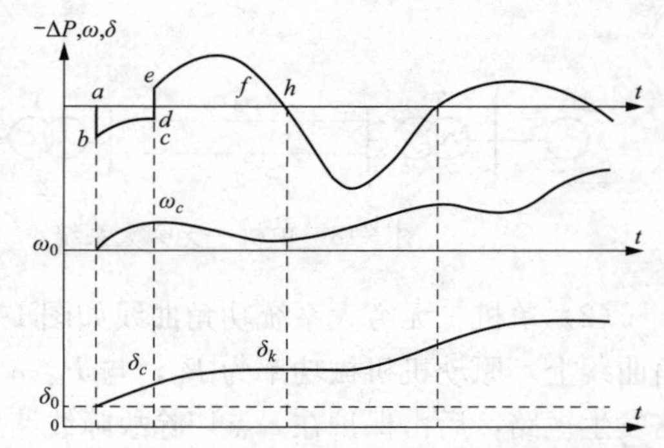

图 1-23 失稳情况下的振荡过程

六、实验数据分析

分析不同的扰动下，各发电机功角的变化。

七、实验总结及实验报告要求

（1）画出实验采用的电网模型图。

（2）整理实验数据。

（3）实验结果的分析论证。

（4）回答以下问题：

1）有人说装设有自动励磁调节系统的发电机抗扰动能力比较强，对吗？为什么？

2）是不是只有相间三相短路才有可能引起系统的暂态稳定问题，发生单相接地短路则不会？

3）对于中性点不接地运行的小电网（假设自供自用，与外电网没有联系），有无可能会发生类似的暂态稳定问题？

（5）撰写实验小结及体会。

第九节　电网仿真综合实训

电网仿真综合实训主要分为三个建模步骤。

一、新建厂站

启动系统后打开系统工具中的图模维护，然后单击文件中的打开或者是左上角的文件夹图标，右键点击【教学系统】，在弹出的菜单中选择“新建地调”，如图 1-24 所示。

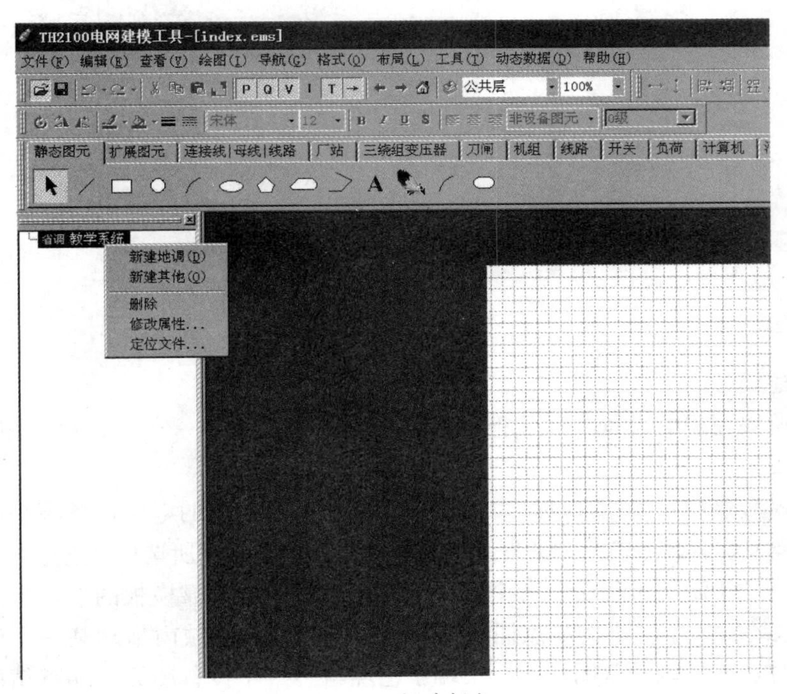

图 1-24　新建任务

在名称一栏输入想要建的地调名称，其他选择默认，然后单击“确定”，如图 1-25 所示。

右击地调名称“毕业设计”，选择“新建厂站”，如图 1-26 所示。

在名称一栏输入想要建的厂站名称，其他选择默认，然后单击“确定”，如图 1-27 所示。

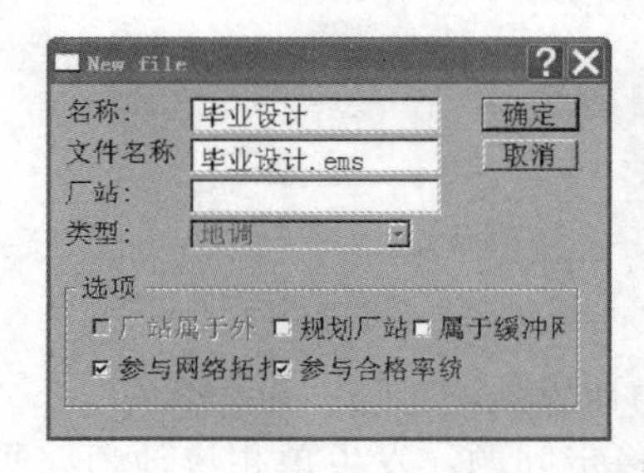

图 1-25 模型命名

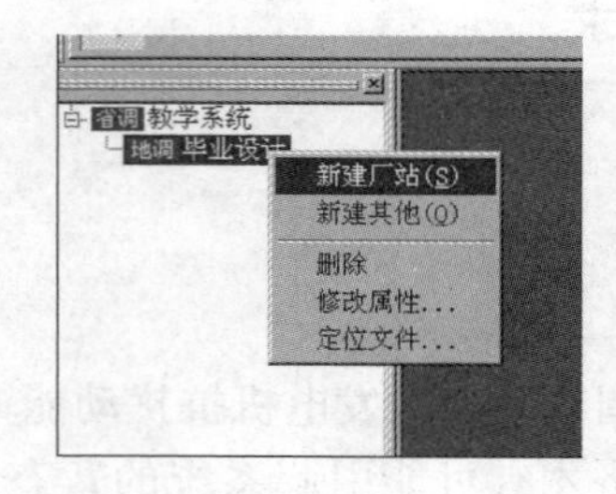

图 1-26 新建厂站

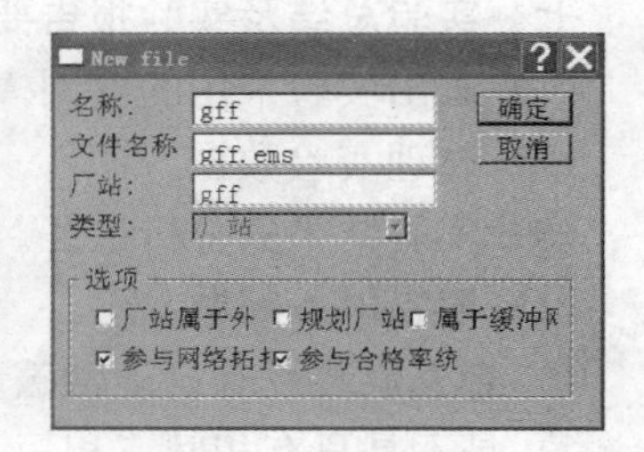

图 1-27 厂站命名

双击右侧厂站名称，将弹出一个对话框，进行常规设置，如图 1-28 所示。常规和图层设置默认，背景设置可以根据个人爱好选择，然后单击“ok”。

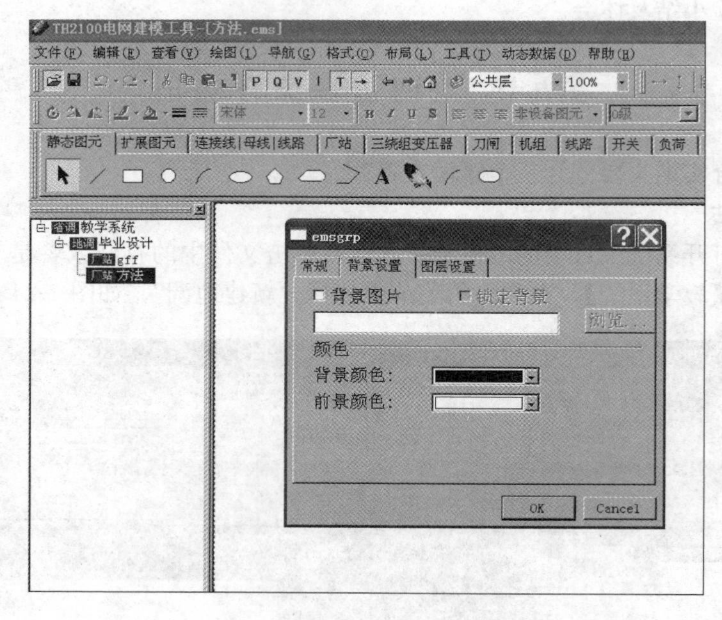

图 1-28 常规设置

二、设备建模

鼠标单击所要建模的设备，然后把鼠标移动到右侧会形成一个虚线框，鼠标单击释放，如图 1-29 所示。

（1）电网模型绘制：使用 TH2100 电网模型维护系统提供的电网设备模型以及各种绘图工具，可以在模型绘制区域内绘制各种厂站的电网模型。本实训所选厂站的电网模型如图 1-30 所示。在电网模型绘制的过程中，各个电气设备模板之间是依靠模板的端点来建立连接关系的，TH2100 系统提供了精确的端点捕捉功能。在模型绘制区域内拖动某一个设备图元，当鼠标变为圆点时，表示该设备图元的一个端子已经与另一个设备图元的端点精确连接；当鼠标变成十字时，表示该设备图元的一个端点已经与一条母线精确连接。在设备图元之间建立了连接关系后，相互连接的端点将会变色。当端点变为红色时，表示该端点上至少有两个设备图元精确连接；端点变为绿色时，表示该端点处于母线上；端点变为蓝色时，表示该端点上只连接了一个设备图元（这种情况只应出现在跨厂站线路上）。

图 1-29　模型界面

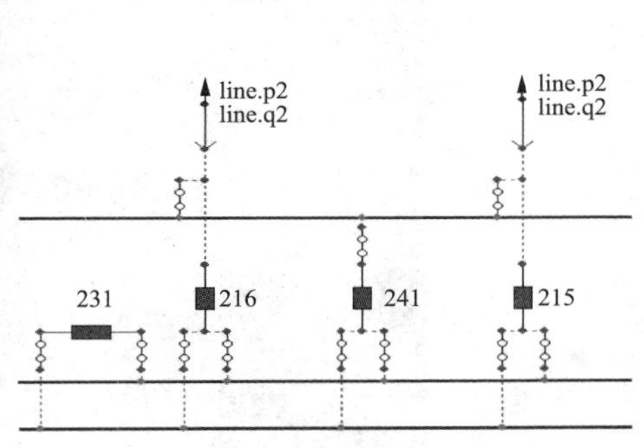

图 1-30　厂站一次接线图

（2）电网设备模型定义：选中一个设备图元，单击鼠标右键，将弹出设备设置对话框（见图 1-31），在设备名称框中输入设备名称，单击“确定”后即可完成对当前设备的定义。在设备初始时默认的设备名称为当前厂站＋设备 ID＋设备类型。

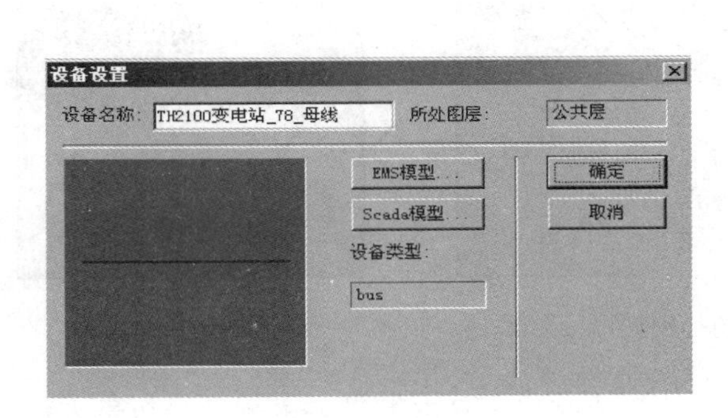

图 1-31　母线参数设置

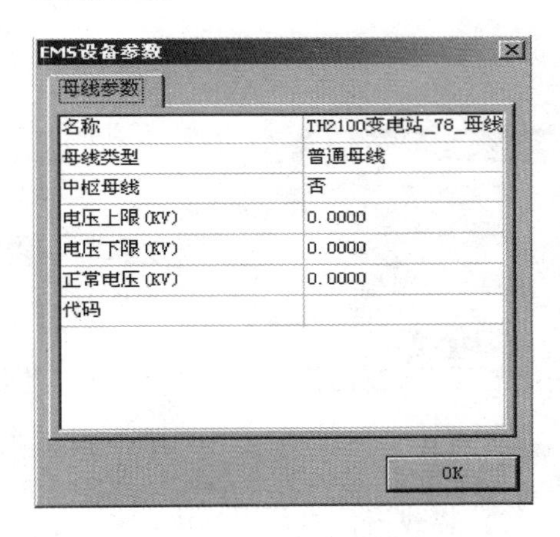

图 1-32　设备参数录入

（3）设备模型参数维护：在设备定义对话框中单击按钮“EMS 模型…”，弹出参数录入对话框，如图 1-32 所示。按照对话框中的要求录入设备参数即可。TH2100 系统对不同类型的设备有着不同的参数要求，关于各种设备类型的参数定义，请参见本节最后的“参数录入”。

（4）生成动态参数：按照菜单栏中的描述，可以为厂站图形中的每个设备图元生成各自的动态数据显示位。

（5）生成拓扑：当电网模型中各个厂站模型都已创建，就需要在所有的厂站之间建立拓扑连接关系。使用 TH2100 电网模型维护平台系统提供的拓扑功能，对当前的电网模型进行拓扑连接。拓扑完成后，如果没有任何错误，将会提示说明拓扑成功；如果有错误发生，则会弹出拓扑错误列表框，纠正错误，直至拓扑成功，这样一个完整的电网模型就建立完成了。

在整个电网模型建立完成后，需要对整个电网模型进行网络拓扑结构的校验。选择“工具”中拓扑生成中的“生成 EMS 拓扑”和“生成零序网络拓扑”。两者步骤相同，如图 1-34

所示，把模糊匹配处的“√”取消，再单击确定，则会显示“成功生成拓扑”。

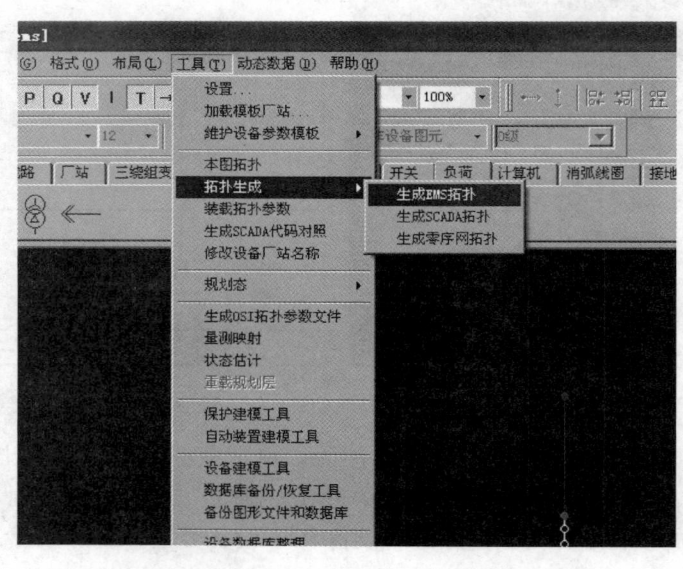

图 1-33 生成 EMS 拓扑显示界面

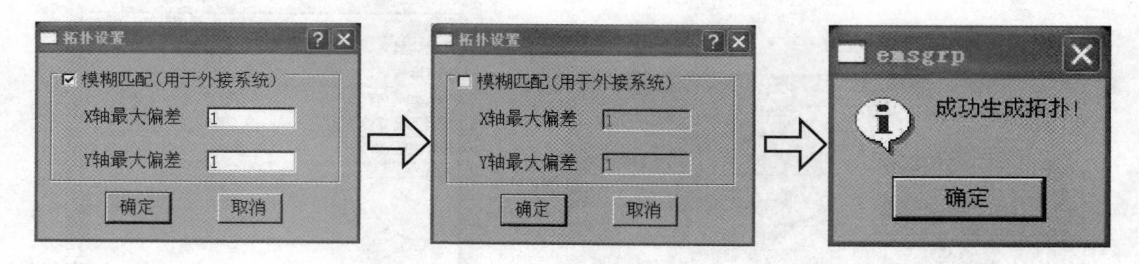

图 1-34 拓扑设置相关界面

（6）装载拓扑参数：当电网模型的拓扑结构生成完毕，且电网设备模型的参数录入也完成后，将电网的拓扑结构和设备参数装载入 TH2100 系统的实时库中，同时对设备参数进行校验。当网络结构或者参数改变时需要重新装载参数。

执行“工具”中的“装载拓扑参数”，或者是“系统工具”中的“初始化 EMS”。

三、登录工作平台

打开系统工具中的工作平台，然后由“量测分析”切换到“调度员潮流”，双击“D:\ems\data\scada\elanguage_export. exe”，会重新生成一个 e_exp. DT 文件。然后切换到“量测分析”实时态，执行实时维护中的“请求 SCADA 映射”，如图 1-35 所示。

然后重新打开本厂站，会看到所有的设备有功功率和无功功率全部为 0，如图 1-36 所示。接着，在空白处，单击鼠标右键，在“实时维护”中单击“开始维护”，右键单击“母线的动态数据”，单击“遥测置值”，给母线设定相应的电压，给断开的开关置位为合，然后切换到状态估计，看是否有新的计算结果。如果没有结果，适当地给某些设备置值，直到状态估计有数值。

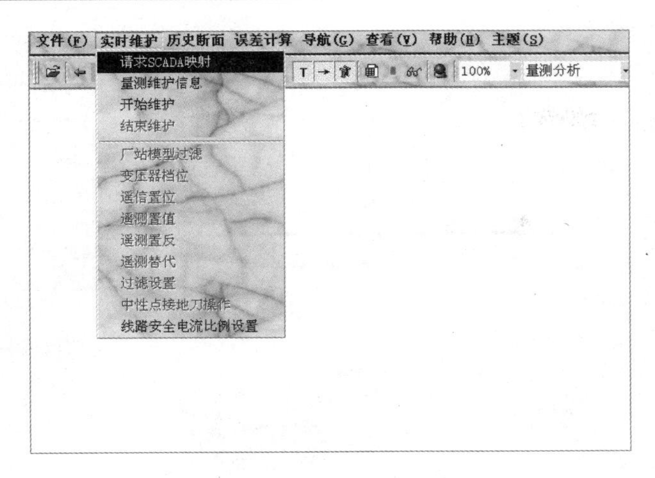

图 1-35　EMS 工作平台

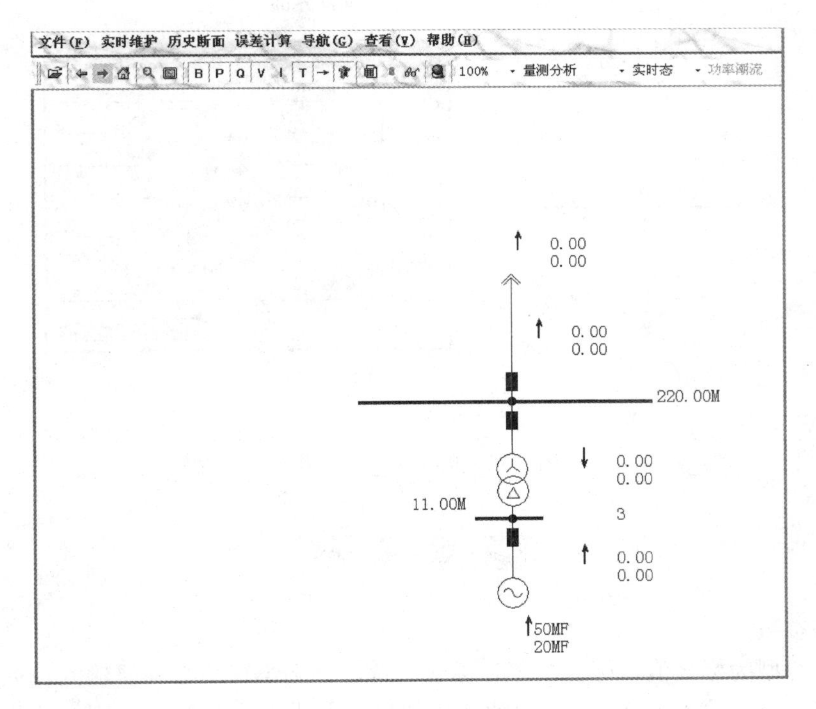

图 1-36　厂站主界面

注意：给设备置值一定要在“量测分析”下的“实时态”中，如图 1-37 所示。

状态估计有数值后，切换到“调度员潮流”，右键单击“设备”，调节设备的有功功率和无功功率，然后单击“确定”，如图 1-38 所示。

调到所需要的潮流后，双击“D:\ems\data\scada\elanguage_export. exe”，会重新生成一个 e_exp. DT 文件。

然后切换到“量测分析”下的“实时态”，执行实时维护中的“请求 SCADA 映射”。

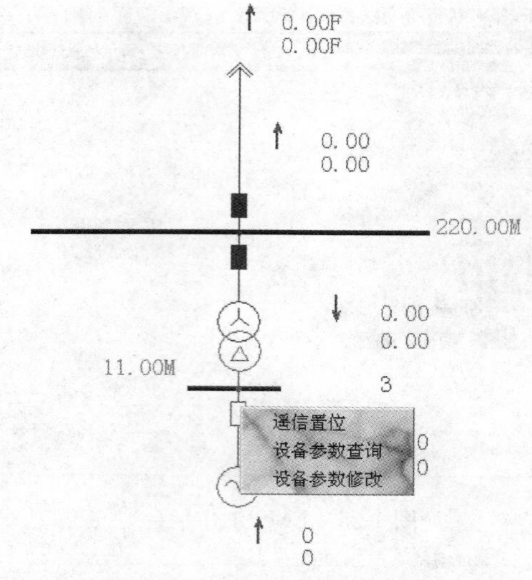

图 1-37 设备参数设置界面

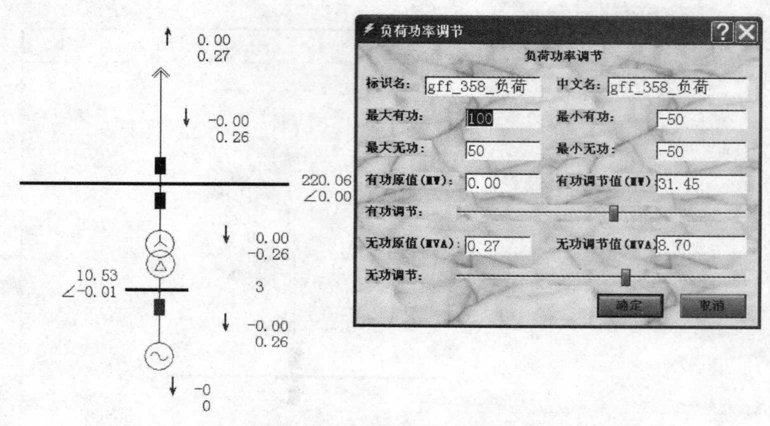

图 1-38 负荷功率调节界面

参数录入

一、线路参数

如果参数类型为标幺值，标幺电阻、标幺电抗、标幺半容纳必须要输入。如果找不到的话，可以把标幺电抗输入为 0.5，其他默认。如果参数类型为计算值，则线路类型和线路长度要输入进去，其界面如图 1-39 所示。

二、母线参数

输入电压上限、电压下限、正常电压即可。母线类型一般为普通母线，也有旁路母线，其界面如图 1-40 所示。

三、主变参数

容量、高压端额定电压、低压端额定电压、分接头类型。在变压器参数Ⅱ中，如果为标幺值有效，只输入标幺电阻和标幺电抗就可以。若标幺值一栏为否，则短路电压、短路电流、空载损耗、空载电流都需要输入，其界面如图 1-41 所示。

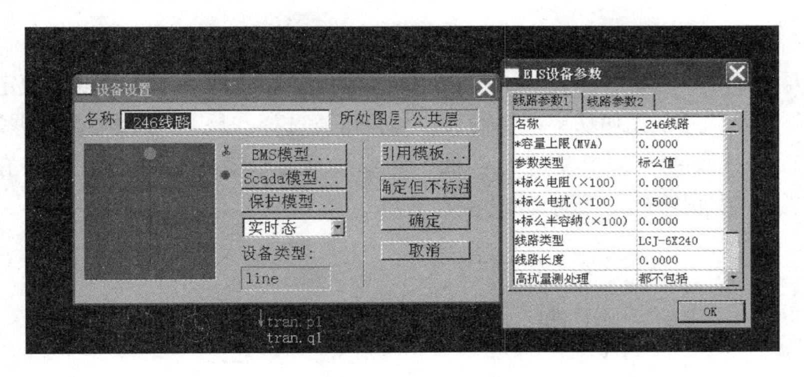

图 1-39　线路参数录入界面

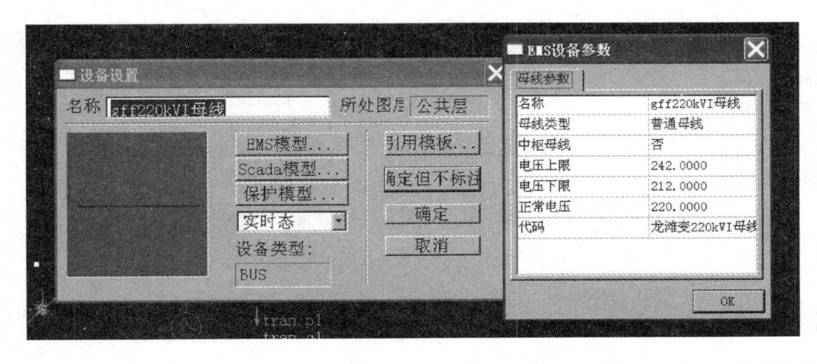

图 1-40　母线参数录入界面

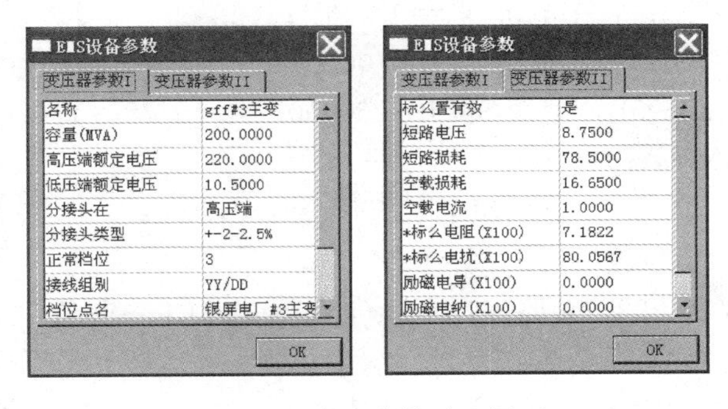

图 1-41　主变参数录入界面

四、负荷参数

负荷参数 1 中要输入负荷容量，负荷参数 1 都需要输入，其界面如图 1-42 所示。

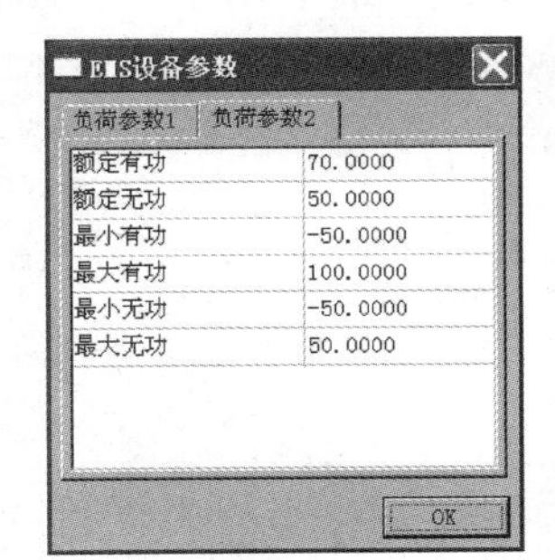

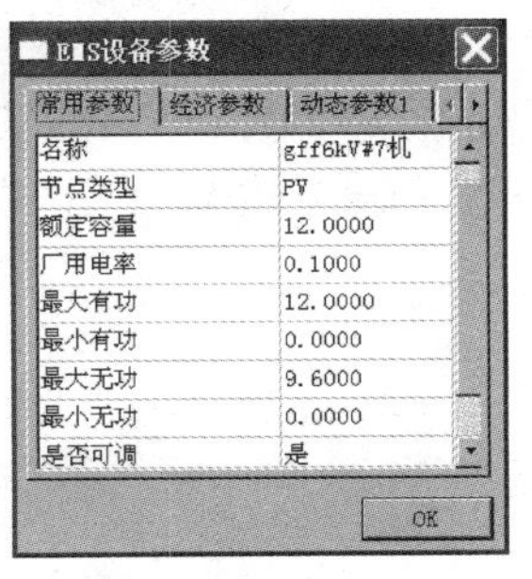

图 1-42　负荷参数录入界面

五、元件参数

厂用电率要小于1，一般是在0.05～0.1之间。节点类型一般为PQ节点，额定容量，最大、最小有功功率和最大、最小无功功率都要输入。是否可调选择“是”。其他参数根据需求输入。

注意：在设备建模中，必须要有发电机、母线、线路和负荷，线路一定要有对端。

例如，主接线图如图1-43所示，设备参数如下：

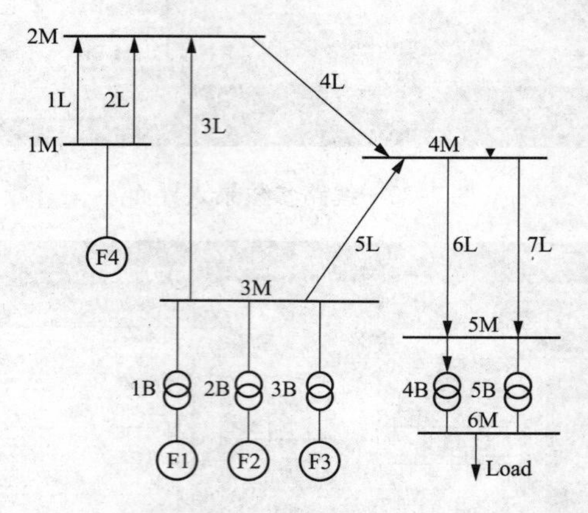

图1-43　主接线图

（1）发电机参数：F1～F4，型号QFSS-200-2；

额定容量S_N＝200MVA；额定电压U_N＝15.75kV；

同步电抗X_d＝1.962Ω；暂态电抗X'_d＝0.246Ω；

负序电抗X_2＝0.178Ω；零序电抗X_0＝0.06Ω。

（2）变压器参数：1B～5B，型号SSPL1-260000/242-15.75，YNd11；

额定容量S_N＝260MVA；

高压额定电压U_N＝242kV，低压额定电压U_N＝15.75kV；

短路电压U_k%＝14，空载电流I_0%＝0.93；

空载损耗ΔP_0(kW)＝232，短路损耗ΔP_S(kW)＝1460。

（3）输电线路：

1L、2L：LGJ-300，20km；6L、7L：LGJ-300，30km；3L：LGJ-300，40km；4L：LGJ-300，50km；5L：LGJ-300，60km；容量上限：500MVA。

（4）负荷：

容量20MVA，最大有功20MW，最大无功10Mvar，最小有功－40MW，最小无功－20Mvar。

（5）母线：

电压上限220×(1＋8%)＝237.6≈240kV；

电压下限220×(1－5%)＝209kV。

第二章　变电站运行仿真

变电站运行仿真综合实践根据变电运行人员的工作实际状况，突出技能操作指导，能够全面提高学员的专业技术水平和能力，增强技能培训的针对性和实效性。变电站仿真综合实践内容包括利用仿真系统进行各种设备的倒闸操作，重点突出需要掌握的有关规程规定、倒闸操作的安全管理、基本原则及注意事项等，从而使运行人员能够正确、熟练地掌握各种设备的倒闸操作，提高运行人员倒闸操作的基本技能，保证系统电网的稳定运行；仿真系统可模拟各种电力系统常见故障，帮助学员掌握事故处理的原则、流程和主要内容，理解事故处理时各级人员之间的关系。本章介绍了主要设备的故障处理和电力系统的典型事故处理案例，在实践内容部分还着重介绍了500kV系统的运行方式，高压断路器、隔离开关、变压器、母线、电压互感器、电流互感器、避雷器和高压并联电抗器等设备的巡视项目及巡视要点，主要电气设备异常与缺陷的处理原则、处理流程和缺陷的定性，并列出了典型异常处理的相关案例。

第一节　变电站电气设备倒闸操作

一、倒闸操作的安全管理规定

（1）倒闸操作必须根据值班调度员或运行值班负责人的指令，受令人复诵无误后执行。发布命令应准确、清晰、使用标准操作术语和设备双重名称，即设备名称和运行编号。发令人和受令人应先互报单位和姓名。发布指令的全过程（包括对方复诵指令）和听取指令的报告时，双方都要录音并做好记录。操作人（包括监护人）应了解操作目的和操作顺序。受令应由具有受令权的值班人员进行。

（2）有人值班变电站的值班人员接受调度命令并做好记录后应向值班调度员复诵核对，无误后向值班负责人汇报。值班负责人应结合站内计划作业内容，核对值班调度员下达的操作任务，无误后向变电站站长或专工汇报。

（3）受令人员、值班负责人对值班调度员下达的操作指令有疑问时，应立即向值班调度员汇报，如值班调度员坚持调度指令，变电站应立即执行，如执行调度指令会威胁人身、设备安全时，变电站应拒绝执行，但必须将详细理由向调度汇报。

（4）除规程规定的可以不填写操作票的操作外，其他任何操作都必须填写操作票。

（5）倒闸操作票的填写应按操作任务进行，并结合站（队）内实际情况，内容要正确合理，不得擅自扩大或缩小操作任务，严防发生带负荷拉隔离开关、误拉合断路器、带电装设接地线（合接地开关）、带接地线（接地开关）合闸送电等事故的发生，防止操作、谐振过电压伤害设备、继电保护误动、拒动及非同期并列等。还应尽量缩短保护停用时间，安排好操作顺序，以便减少操作用时。

（6）操作票一般由操作人、监护人依据操作计划、工作任务、系统运行方式、保护使用方式和现场实际情况，根据研究确定的操作方案，由操作人用微机两票系统打印或用黑色中性笔以中文和阿拉伯数字填写。操作票填写完成后，操作人需自检确认没问题，接着交给操作监护人审核无误后，再交给值长审查。针对220kV母线以上操作，值长必须组织操作人员对操作中的危险点进行分析，并在PMS系统运行日志上做好记录，然后在“五防机系统主接线图”或“模拟图版”上进行核对性模拟预演。如果时间允许，模拟预演应该在正式操作前1h进行。每演习完一项，监护人检查无误后，在操作票的对应模拟预演栏内用蓝色中性笔打一个“√”记号，演习无误后，将操作步骤输入电脑防误解锁钥匙中，操作人、监护人、值班长分别签字，待调度员和值班长命令执行。

(7) 3/2断路器接线方式下500kV线路停送电、母线停送电、主变停送电、220kV母线停送电等大型或较复杂操作的操作票应交给运行专工（站长）审查并签字，必要时与典型操作票核对。倒闸操作必须由两人执行，一人操作，一人监护；大型和复杂操作应增设第二监护人，第二监护人也应审核操作票，参加模拟预演并签字。

(8) 如果模拟预演后系统运行方式发生变化，必须按照实际运行方式重新填写操作票，重新进行模拟预演。原操作票必须作废，避免因为操作票与实际运行方式不符造成错误操作。

(9) 在接班后2h内即将进行的操作，其操作票的填写应由上一班完成，并经监护人、值班负责人审核无误后进行交接。接班后，接班的操作人、监护人、值班负责人按序分别审核、预演、签字，确认无误后方可操作。

(10) 安排在交接班时间的操作任务，由交班方负责，操作完毕后交班。

(11) 倒闸操作必须按操作票的顺序依次进行，不得跳项、漏项，不得随意使用电脑钥匙中“跳项”功能，不得擅自更改操作顺序。在特殊情况下（系统运行方式改变）需要跳项操作时，必须经主管调度的批准，确认无错误操作的可能，经值班长同意，方可进行操作。操作过程中，监护人不得离开操作人，不得失去监护进行操作。

(12) 电气设备倒闸操作后应检查实际位置，操作后的位置检查，可通过设备机械、电气指示位置及电气仪表、遥信信号的变化来实现，但至少应有两个及以上指示已发生对应变化，才能确认该设备已操作到位。

(13) 送电前必须检查保护或自动装置投入情况，严禁无保护运行。

(14) 操作中如发现闭锁装置打不开时，任何人不准擅自解锁。确需解锁操作时，须征得当值调度员同意并经站长许可的情况下，才能由值长开启防误解锁智能箱，并应将解锁钥匙使用人、批准人、原因、时间等登记在《防误装置解锁钥匙使用记录簿》上，使用后由值长继续封存。

使用解锁钥匙前要遵守以下规定：操作人、监护人在发现防误锁失灵后应先确认有关断路器、隔离开关位置符合操作条件，检查闭锁电源情况；然后向值长或站长汇报，由值长或站长确认检查结果正确，符合解锁操作条件，由监护人向当值调度员汇报，经调度同意后才允许解锁操作；监护人、操作人到现场解锁操作必须重新履行核对、唱票、复诵的操作顺序；解锁操作每次只准解一步，严禁一解到底。

(15) 操作中如出现影响操作安全的设备缺陷，如绝缘子有裂纹、断路器合不上等，应立即汇报给当值调度，并初步检查缺陷原因，由调度决定是否停止操作。

(16) 操作中发现操作票错误，应先终止操作，经站长或值长同意后，才能修改操作票；操作票改正后才能继续进行操作，但此操作票必须作为错票处理。

（17）操作中如发现系统异常，在征得调度的同意后才能继续操作。如因事故、异常影响原操作任务时，应报告调度，并根据调度令重新修改操作票。

（18）在操作中如发生误操作事故，应立即向调度汇报，采取有效措施，将误操作的损失降为最低，严禁隐瞒事故真相。

（19）倒闸操作一般应在天气良好的情况下进行，雷电时一般不进行操作，禁止就地进行倒闸操作。雨天操作室外高压设备时，绝缘棒应有防雨罩，操作员还应穿绝缘靴。

（20）正常操作中途严禁换人，操作时必须精神集中，不得从事与操作无关的事（包括打电话）。没有监护人的命令和监护，操作人不得擅自操作。

（21）操作中每执行一项应严格执行“四对照”，即对照设备名称、编号、位置和拉合方向。操作前监护人、操作人应首先核对设备位置，并对设备进行检查（操作隔离开关前检查绝缘子完好），确认无问题后，由监护人唱诵操作项目，操作人根据监护人的唱票内容，指牌复诵核对设备的名称、编号。

（22）手动操作隔离开关、接地开关时应首先控制传动速度，以便再次对操作项目及设备状态进行核对。操作时要注意站位，防止绝缘子断裂伤人。

（23）对无法直接进行验电的设备（500kV 设备、220kV 管母线等）和雨雪天气时的户外设备，可以进行间接验电，即通过设备机械位置指示、电气指示、仪表及各种遥测、遥信等信号的变化来判断。判断时，应有两个及以上的指示，且所有指示均已同时发生对应变化，才能确认设备已无电；若进行遥控操作，则应同时检查隔离开关的状态指示，以遥测、遥信信号进行间接验电。

二、倒闸操作原则及注意事项

（一）高压断路器操作原则及注意事项

1. 一般操作原则及注意事项

（1）断路器分合闸动作后，应到现场确认本体和机构的分合闸指示器以及拐臂、传动杆位置，检查监控机断路器位置并确保断路器负荷指示与断路器实际位置相对应，只有同时达到上述三点，才能保证断路器确已正确分合闸。

（2）断路器运行中，由于某种原因造成 SF_6 断路器气体压力异常，导致断路器分合闸闭锁时，严禁对断路器进行操作。

（3）断路器分合闸发生拒动时，应立即将断路器操作直流电源断开，采取措施将其停用，待查明拒动原因并消除缺陷后方可投入。

（4）断路器允许断开、合上额定电流以内的负荷电流及切断额定遮断容量以内的故障电流。

（5）停电操作时，断路器直流电源（操作直流、保护直流及信号直流）必须在该回路有关隔离开关全部操作完毕，挂接地线（合接地开关）后才能退出；送电操作时，断路器直流电源（操作直流、保护直流及信号直流）必须在拆接地线（分接地开关）前投入，并检查确认保护正确投入，以防止误操作或事故时失去保护。

（6）运行中的断路器非全相运行时，应立即汇报调度，并按调度令进行处理。如果是两相断开，按调度令将该断路器拉开；如果是一相断开，按调度令试合闸一次。以上处理仍不能恢复全相运行时，优先采用旁路代送操作，用隔离开关解环，使非全相开关停电；然后，将除故障线路外各回路倒母线至另一母线，使母联与故障断路器串联，用母联断路器断开负荷电流，再拉开故障断路器两侧隔离开关，使其停电。

(7) 66kV 及以上断路器禁止带电就地操作。

(8) 有人值班的保护集中布置的变电站，无操作时需断开监控系统断路器、隔离开关的遥控连接片。如有操作，则在操作前投入断路器、隔离开关的遥控连接片，操作完成后退出，并将连接片的投入、退出写入操作票中。无人值班变电站及保护分散布置的有人值班变电站，断路器、隔离开关的遥控连接片无操作时可以投入。

(9) 远方合闸的断路器，不允许带工作电压手动合闸，以免合入故障回路使断路器损坏或引起爆炸。

(10) 对弹簧储能机构的断路器，停电后应及时释放机构中的能量，以免检修时发生人身事故。

2. 在 3/2 断路器接线方式下断路器的操作

(1) 在 3/2 断路器接线系统的正常操作中，为防止带负荷拉合隔离开关事故，操作隔离开关前必须确保断路器在开位。

断路器停电操作时，应通过如下检查项目：

1) 检查断路器拉开前的电流表示数大于零（包括解环操作及线路停电，不包括主一次停电），拉开后变为零。

2) 断路器机械指示位置在开位。

3) 监控后台断路器电气指示位置在开位（或保护屏上跳合闸指示在开位）。

断路器送电操作前时，应通过如下检查项目：

1) 断路器的机械指示位置在开位。

2) 监控后台断路器电气指示位置在开位（或保护屏上跳合闸指示在开位）。

(2) 500kV 线路停电顺序：拉开联络断路器、母线断路器，拉开母线断路器负荷侧隔离开关、母线断路器母线侧隔离开关，拉开联络断路器无电侧隔离开关、联络断路器有电侧隔离开关；送电时顺序相反。

(3) 在 3/2 断路器接线系统中重合闸的使用。对于不同时期、不同厂家的保护装置以及所在线—线串和线—变串的不同位置，重合闸的使用都有差异。故本条目仅对在 3/2 断路器接线系统中的重合闸一般性原则做出阐述，作为现场操作的参考，而不作为规定，现场对各个保护屏上的重合闸把手、重合闸出口连接片等的使用必须严格按照《继电保护和电网安全自动装置检验规程》(DL/T 995—2016) 及相关调度规程使用。

(4) 自动重合闸启动方式有两种：断路器控制开关位置与断路器位置不对应启动方式和保护启动方式。在 500kV 系统中，正常情况下只有线路纵联保护、接地距离Ⅰ段保护以及工频变化量距离保护动作于单相跳闸后启动重合闸，其余保护动作后均出口跳三相，不启动重合闸。

(5) 自动重合闸的闭锁条件。①保护闭锁：当保护判断线路发生非单相故障、合于故障、保护加速、远方跳闸及母差、失灵、稳控等保护通过永跳命令启动跳闸的，要闭锁重合闸；当断路器本体机构压力低时，要闭锁重合闸：当断路器机构压力降低时，要闭锁重合闸，有的设计还包括 SF_6 压力；②操作闭锁：通过断路器控制开关或微机监控系统发出断路器的分合操作指令，启动操作箱的手跳手合继电器 STJ 和 SHJ，闭锁重合闸。

(6) 正常条件下，线路重合闸动作顺序是：母线断路器和联络断路器跳闸后，母线断路器以先重时间动作重合，如果重合良好，则联络断路器再经延时重合；如果重合不良，则母线断路器加速跳闸，同时闭锁联络断路器的重合闸。两个重合闸之间的先重和后重由“闭锁先合”的信号来控制，先合断路器经先重时间重合，在先合重合闸启动时发出“闭锁先合”信号至后合重合闸，后合断路器经先重时间加上后重时间重合。当先合重合闸未准备好时（如压力低闭锁重合闸、该断路器停运）不会发出“闭锁先合”信号，或者启动后返回并未发出重合闸脉冲，“闭锁先合”信号立即返回，则后合重合闸将以先重时间动作，避免不必要的后合延时，尽量保证系统的稳定。

（7）对于线—线串，如需退出某条运行线路的重合闸，一般将母线断路器和联络断路器保护屏把手切至停用位置、退出重合闸出口连接片。这将造成在该串另一条线路故障时，联络断路器不能正确重合，比如使用“单相”重合闸时，母线断路器和联络断路器的故障相均跳闸，母线断路器重合成功，而联络断路器因重合闸退出未重合，造成非全相运行、经延时后断路器本体的非全相保护动作而导致联络断路器三相跳闸，这就需要请示调度进行手动合闸；如因压力闭锁等原因，母线断路器未重合，则线路不能通过重合来恢复运行。

（8）对于线—变串，主变的母线断路器不设置重合闸；而对于联络断路器，有的使用重合闸，有的不使用重合闸。对于线—变串联络断路器使用重合闸的变电站，尤其注意主变的母线断路器停电时，必须退出该串联络断路器的重合闸，避免对主变进行重合。

（9）断路器停电检修时重合闸的使用（由于保护装置的不同，本条目以现场继电保护规程为准）。对于线—线串，当任一断路器停电作业时，应将线路保护“检修状态切换把手”切至相应位置，同时退出停电断路器保护屏上的重合闸出口连接片、重合闸把手切至停用位置。对于线—变串，线路的母线侧断路器停电时，与线—线串相同；主变的母线侧断路器停电时，将主变保护“检修状态切换把手”切至相应位置，同时退出联络断路器保护屏上的重合闸出口连接片、重合闸把手切至停用位置。

（二）隔离开关操作原则及注意事项

1. 一般操作原则及注意事项

（1）允许使用隔离开关进行下列操作：

1）拉合无故障的电压互感器及避雷器。

2）拉合系统无接地故障时变压器的中性点接地开关。

3）拉合无阻抗（即直接并联）的环路电流（两台变压器的并列是经过其短路阻抗的并列，不属于直接并联，故不能操作）。

4）拉合励磁电流小于2A的无故障的站用变和充电电流不超过5A的空载线路。

5）拉合3/2断路器接线方式下的环并电流。

6）拉合220kV及以下空载母线。

7）拉合经试验后的500kV母线充电电流（必须经过总工程师的批准）。

（2）禁止用隔离开关拉开、合上故障电流。

（3）禁止用隔离开关将带负荷的电抗器短接或解除短接。

（4）隔离开关操作前，必须投入相应断路器的保护和操作电源。

（5）隔离开关操作前，必须检查断路器是否在断开位置，操作后必须检查隔离开关分合位置，合闸时检查以确保三相接触良好，分闸时检查以确保三相断开角度符合要求。

（6）手动操作隔离开关时，必须戴绝缘手套，雨天室外操作时应穿绝缘靴，接地网电阻不符合要求的，晴天也应穿绝缘靴。

(7) 操作隔离开关之前，必须检查绝缘子是否有裂纹或损坏，防止绝缘子断裂造成人身和设备事故。

(8) 电动操作的隔离开关正常运行时，为防止误动，其操作电源必须拉开，在电动操作前将其合上，隔离开关操作项目完成后立即将其操作电源拉开。

(9) 用隔离开关进行等电位拉合环路时，应先检查环路中的断路器确在合位，并断开该环路中断路器的操作电源，然后再操作隔离开关。

(10) 手动合隔离开关时，应迅速而果断。在合闸行程终了时，不能用力过猛，以防损坏绝缘子或合闸过头。在合闸过程中，如果产生电弧，则要毫不犹豫地将隔离开关继续合上，禁止再将其拉开，否则电弧不仅不会熄灭，反而会拉长造成三相弧光短路。

(11) 手动拉开隔离开关时，特别是动静触头刚分离时，应缓慢而谨慎。若产生不正常的电弧，要当机立断反向操作迅速合闸！但是，如果已经拉开了，则不准再重新合上。

(12) 隔离开关操作时，人员应选择好位置，避免操作过程中部件伤人。隔离开关操作不了，要查明原因，是不是走错间隔、位置，特别要复查断路器是否在分闸位置，或有关的接地开关未拉开，不得违规强行解除闭锁进行操作。

(13) 拉合无法看到实际位置的隔离开关（GIS 等）后，应检查现场机械指示和监控后台电气指示均在开（合）位，且同时发生对应变化。

(14) 隔离开关操动机构的定位销操作后一定要销牢，以免滑脱发生事故。

(15) 装有电动机构的隔离开关如遇电动失灵，应检查原因，查明与此隔离开关有联动闭锁关系的所有断路器、隔离开关、接地开关的实际位置。确认允许进行操作时必须履行解锁申请手续并执行解锁操作规定，才可解锁进行手动操作。手动操作前应拉开该隔离开关的操作电源。

(16) 停电操作隔离开关时，应先拉开负荷侧隔离开关，后拉开母线侧隔离开关；送电操作时相反。

2. 在 3/2 断路器接线方式下隔离开关操作原则

(1) 500kV 线路停电顺序：拉开联络断路器、母线断路器，拉开母线断路器负荷侧隔离开关、母线断路器母线侧隔离开关，拉开联络断路器无电侧隔离开关、联络断路器有电侧隔离开关；送电时顺序相反。

(2) 在 3/2 断路器接线系统中，要防止带负荷拉合隔离开关事故，重在遵循事前预防而非事后补救的原则。故操作隔离开关前重在确保断路器在开位，而断路器两侧隔离开关的拉合顺序，宜采用以下原则：

1) 母线停电或母线侧断路器检修。断开断路器后，按先拉开母线侧隔离开关、后拉开线路或主变侧隔离开关的顺序操作。送电顺序与此相反。

2) 中间断路器一侧出线运行，另一侧出线停电的操作。断开断路器后，按先拉开需停电侧隔离开关、后拉开非停电侧隔离开关的顺序操作。送电操作应与此相反。

3) 中间断路器两侧线路都运行，断路器停电检修的操作。断开断路器后，先拉开对电网安全运行影响程度较小一侧的隔离开关，后拉开对电网安全运行影响程度较大一侧的隔离开关（如主变）。送电操作应与此相反。

(三) 主变压器（高压并联油浸式电抗器）操作原则及注意事项

(1) 变压器并联运行的条件：空载时并联的变压器各侧间无环流，带负荷时各变压器所负担的负荷电流按容量成比例分配。要达到上述理想条件，并联运行的各变压器需要满足下列条件：①接线组别相同；②变比差值（差值计算公式：$\Delta K=(K_1-K_2)/[(K_1+K_2)/2]\times 100\%$）不超过±0.5%；③短路电压差值不超过±10%；④两台变压器容量比不超过3∶1。

以上条件的原因分别是：①接线组别不同在并列变压器的二次绕组中会出现电压差，在变压器的二次侧内部产生循环电流。②变压器比不同，二次侧电压不等，在二次绕组中也会产生环流，并占据变压器的容量，增加变压器的损耗。③变压器短路电压与变压器的负荷分配成反比。④容量不同的变压器短路电压不同，负荷分配不平衡，运行不经济。

（2）电压比和阻抗电压不同的变压器，必须经过核算，在每一台都不过负荷的情况下可以并列运行。

（3）变压器并列或解列前应检查负荷分配情况，确认解、并列后不会造成任一台变压器过负荷。

（4）新投运、大修后及引线发生变动的变压器应进行核相，确认无误后方可并列运行。

（5）阻抗电压不同的变压器并列运行时，应适当提高阻抗电压大的变压器二次侧电压，以使并列运行的变压器的容量能被充分利用。

（6）变压器停送电操作原则：

1）停电操作，一般应先停低压侧，再停中压侧，最后停高压侧（升压变压器和并列运行的变压器停电时可根据实际情况调整顺序）；操作时，应先拉开各侧断路器，再逐一按照由低压侧到高压侧的顺序拉开隔离开关。送电操作的顺序与此相反。

如果500kV侧母线电压过高（530kV以上），要注意在操作过程中易发生操作过电压，此时要考虑主变操作时66kV侧低压电抗器需要投入运行，那么这时主变停电的操作顺序应改为中压侧—高压侧—低压侧。送电操作的顺序与此相反。

2）220kV及以上主变停电，应退出主变的失灵保护。

3）投运前逐台检查确认变压器冷却风机工作正常，冷却器及片散组合冷却器能按照工作设置启停，冷却器电源实现互备自动投切，冷却器能按照设置的油面、绕组温度及负荷电流自动投入或切除，所有信号灯指示正确，且与远方信号一致。检查无问题后将冷却装置停运。

4）充电时应检查变压器声音是否正常，确认良好后根据负荷情况自动投入冷却装置。

5）充电前应仔细检查充电侧母线电压及主变分头位置，保证充电侧电压不超过变压器相应分接头电压额定值的10%。

6）投运后气体继电器内部可能出现积气，应及时收取气体继电器中的气体，并将收集的气体送交试验所进行色谱分析。

（7）66kV及以上主变冲击合闸操作原则：

1）对于新出厂的变压器，第一次投入运行时，应进行空载全电压冲击合闸5次，第一次带电时间不少于10min。以后4次冲击合闸，每次间隔不少于5min。

2）大修后不论更换全部绕组还是部分绕组的变压器，冲击合闸3次，每次间隔不少于5min。

3）标准大修的变压器（即没有更换任何绕组），合闸后即可开始空载运行，即冲击1次。

4）变压器冲击合闸后，空载运行24h。在空载运行期间，可以带一定负荷。

5）主变保护装置进行更换，如保护装置为系统首次使用时，变压器应进行3次合闸冲击，每次间隔时间不少于5min；如保护装置已在系统中运行过，则合闸后变压器可直接带负荷运行。

6）主变保护为新更换，则在合主变一次侧断路器前，应投入主变差动保护。对于220kV及以上主变应投入失灵保护（当时220kV及以上母差及失灵退出的除外）。主变低压过电流保护应投入，但必须退出主变低压过电流跳母联（分段）功能，防止主变冲击时保护动作误跳低压侧母联（分段）断路器导致甩负荷。合主变二次断路器带负荷前退出主变差动保护，进行保护相位测试，正确后投入主变差动保护，恢复主变低压过电流跳母联（分段）断路器功能。

（8）对于500kV线路无专用断路器的并联电抗器的操作：拉开高压电抗器隔离开关前，必须检查线路确无电压后才能拉开（为防止带电拉合高压电抗器）。合上高压电抗器隔离开关前，必须确保线路无电后才能操作。即在拉（合）500kV电抗器隔离开关前，应检查下列三条项目中至少有一条符合：①监控后台线路TV电压指示为0（或测量线路电压互感器二次侧三相确无电压）。②电抗器套管TA电流表指示为0。③线路避雷器泄漏电流表指示为0。

另外，拉开高压电抗器隔离开关前，可以通过电抗器有无声音辅助判断；合上高压电抗器隔离开关前，可以通过高压电抗器隔离开关的线路侧有无电晕声音辅助判断。

（四）母线操作原则及注意事项

（1）母线操作时，应根据继电保护的要求调整母线差动保护运行方式，即改为选择单母运行、双母并列、双母分列等方式。

（2）倒母线操作时，应按规定投退和转换有关线路保护及做好相应回路的电压把手切换。

（3）母线电压互感器停送电操作时，一次侧未并列运行的两组电压互感器，禁止二次侧并列运行。

（4）倒母线操作时，为防止母联断路器误跳闸造成带负荷拉隔离开关，应将母联断路器设置为死开关。

（5）母线送电操作时，应先在电压互感器保护用和测量用二次自动空气开关测量无电压后，合上电压互感器二次自动空气开关，然后再给母线送电。电压互感器带电后应检查母线电压是否正常，三相是否平衡。母线停电操作时，应先拉开电压互感器保护用和测量用二次自动空气开关，再把母线停电，防止反充电。母线停送电操作，母线电压互感器二次自动空气开关（开口三角绕组）不可拉开，避免停送电时消谐装置不起作用。

（6）运行回路进行倒母线操作时，母线侧隔离开关必须按“先合后拉”的原则进行。

（7）单母线改双母线运行时，应先投入母联断路器的充电保护（母联保护本身的或母差保护中的），用母联断路器向备用母线的充电，良好后退出母联断路器的充电保护。

（8）双母线改单母线运行时，在拉开母联断路器之前，应检查确保即将停电的母线上各线路的母线侧隔离开关均在开位。

（9）母线停电，应按照拉开母联断路器、拉开停电母线侧隔离开关、拉开运行母线侧隔离开关顺序进行操作。拉开母联断路器前，须检查确认母联断路器电流表指示为零。

（10）如果给母线停、送电的断路器带有断口均压电容，则与母线电磁式电压互感器容易发生串联谐振。所以，在停母线操作时，拉开电压互感器一次侧隔离开关后，再断开断路器。送电操作，合上该断路器给母线带电后，再合电压互感器一次侧隔离开关。

（11）母线电压互感器为电容式的或构不成串联谐振条件的，为避免直接用隔离开关操作产生过电压损坏电压互感器，在停母线操作时，应先用断路器将电压互感器停电，之后再拉开一次侧隔离开关。送电操作时，应先合上电压互感器一次侧隔离开关，再合母联断路器。

（12）两组母线的并、解列操作必须用断路器来完成。运行中母联断路器故障而不能分闸，拉开其操作直流后，可以选择载流量大的回路，将其两个母线隔离开关都合上，再拉开母联断路器两侧隔离开关解环。

（13）拉合母线隔离开关操作须切实检查母线隔离开关的位置正确，继电保护、计量装置、监控后台及自动装置已正确切换，避免电压回路接触不良以及通过电压互感器二次侧向不带电母线反充电，而引起的电压回路熔断器熔断，造成继电保护误动等情况的出现。

（14）母线停、送电前，人员应远离电压互感器、避雷器或撤离现场，进行远方操作和监视。

（15）双母线双分段接线的母线倒闸操作：

1）如果母线在分列运行方式下，在母线倒闸操作前，为缩小母线故障时的停电范围，原则上必须先将母联断路器及分段断路器全部合上，使母线处于并列运行方式（注意：母差保护、主变低压过电流跳母联、主变低压过电流跳分段等相关保护必须与一次系统运行方式相配合）。

2）母线在并列运行方式下，只将与其直接相连的母联断路器操作直流拉开，使其变成死开关，而经过分段断路器相连的另一个母联断路器操作直流不必拉开。倒母线隔离开关时，应分别倒换分段断路器两侧的负荷，避免出现两个母联断路器直流的拉开同时倒负荷的情形。如，应先拉开 1 号母联断路器操作直流，然后倒 1 号母联断路器所在母线段的各回路隔离开关，合上 1 号母联断路器操作直流，拉开 2 号母联断路器操作直流，再倒 2 号母联断路器所在母线段的各回路隔离开关，合上 2 号母联断路器操作直流。

3）当出现只有一个母联断路器能够正常合闸时，如果进行经分段连接的母线段的倒闸操作，则需要拉开母联及两个分段断路器的操作直流。

4）当某段母线停电时，宜采用先拉分段断路器后拉母联断路器的方式将母线停电，送电时宜采用先合母联断路器后合分段断路器的方式给母线送电。

5）母联兼旁路断路器代送线路时，被代送线路应先倒至可代送母线段运行，然后进行代送操作。如果母差保护为比率式，可不倒整条母线。

（16）500kV 母线充电时，充电断路器不得选择主变间隔的母线断路器，不宜选择与电厂直接相联间隔的母线断路器，宜选择长线路、重要性稍低、具备双回线同时运行的线路。母线充电良好后，充电保护应及时退出。

（五）电压互感器操作原则及注意事项

（1）电压互感器停用前注意事项：①按微机保护和自动装置有关规定要求变更运行方式，防止微机保护误动。②将二次自动空气开关（计量、保护）断开，防止电压反充电。③66kV 中性点非有效接地系统发生单相接地或产生谐振时，严禁用隔离开关拉、合电压互感器。④严禁用隔离开关拉、合有故障（油位异常升高、喷油、冒烟、内部放电等）的电压互感器。⑤电容式电压互感器断开电源后，在接触电容分压器之前，应对分压电容器单元件逐个接地放电，直至无火花放电声为止，然后可靠接地。

（2）新更换或检修后互感器投运前检查：①检查一、二次接线相序、极性是否正确。②测量一、二次线圈绝缘电阻。③测量熔断器、消谐装置是否良好。④检查二次回路有无短路。

（3）电压互感器倒闸操作注意事项：①两组电压互感器的并联操作，必须是高压侧先并列，然后才允许二次侧并列，防止运行中的电压互感器由二次侧向不带电的电压互感器反充电。②双母线各有一组电压互感器，在电压互感器倒闸操作时，必须使引入保护装置的交流电压与元件所在母线相一致。

当发生下列情况之一时，应立即将互感器停电：

1）高压套管严重裂纹、破损，互感器有严重放电，已威胁安全运行。

2）互感器内部有严重异音、异味、冒烟或着火。

3）油浸式互感器严重漏油，看不到油位；电容式电压互感器分压电容器出现漏油。

4）互感器本体或引线端子有严重过热时或经红外线测温检查发现内部有过热现象。

5）膨胀器永久性变形或漏油。

6）电流互感器末屏开路，二次侧开路；电压互感器接地端子N（X）开路、二次侧短路不能消除。

7）对于电压并列回路是经母联或分段运行启动时，一组母线电压互感器停电，母线仍为双母线运行时，则停电母线电压互感器所处的该段母线保护将失去电压闭锁，但母线保护仍可运行（固定接线母差、RADSS母差）。

（六）避雷器操作原则及注意事项

（1）避雷器设备安装或检修工作完成后、设备停运时，应对各部位的连接进行认真检查；引流线接线板严禁使用铜铝过渡，以防止引线、均压环脱落故障及避雷器倒塌事故的发生。

（2）避雷器绝缘表面脏污时应及时清扫。若变电站地处Ⅲ级污区，瓷绝缘外套宜涂刷RTV涂料，但严禁加装防污伞群。

（3）运行中避雷器应符合下列要求：

1）避雷器接地应良好，并与总接地网相连接。

2）避雷器应装有放电记录器与泄漏电流表。

3）避雷器放电记录器动作，应做好记录，试验所每年负责试验一次。

（七）旁路代送操作原则及注意事项

（1）旁路代送线路时，旁路与被代线路必须在同一母线上，否则母联（或分段）断路器应处在合闸位置，且并列前必须拉开母联（或分段）断路器的操作直流。

（2）用旁路断路器代送线路断路器前，旁路断路器保护应调整定值与被代断路器定值相符并正确投入，重合闸退出。

（3）用旁路断路器代送前，应检查确保旁路母线完好无异物，且各回路旁路隔离开关在开位。

（4）220kV及以下旁路代送操作，先用旁路断路器对旁路母线充电一次，良好后停回，再用被代断路器的旁路隔离开关对旁母充电，最后用旁路断路器合环，拉开被代断路器解列。220kV系统的代送操作，旁路断路器并列前，需将被代线路两侧纵联保护改信号，将旁路保护和线路保护的零序二、三段停用。恢复本线断路器送电，本线断路器并列前，需将被代线路两侧纵联保护改信号，将旁路保护和线路保护的零序二、三段停用，然后用本线断路器并列，然后拉开旁路断路器解列，最后用本线断路器的旁路隔离开关对旁路母线停电。

（5）500kV旁路代送操作，先用旁路断路器对旁路母线充电一次，良好后不停回，用被代线路的旁路隔离开关并列，最后拉开被代断路器解列。被代线路的旁路隔离开关并列前，需将被代线路两侧纵联保护改信号，退被代线路和旁路的零序二、三段保护，同时将旁路断路器和线路断路器的操作直流停用。恢复本线断路器送电，本线断路器并列前，需将被代线路两侧纵联保护改信号，将旁路保护和线路保护的零序二、三段停用，然后用本线断路器并列，再将旁路断路器和本线断路器的操作直流停用，然后拉开被本线的旁路隔离开关解列，最后用旁路断路器对旁路母线停电。

（6）旁路代送操作，在拉开被代线路断路器后（解列后），投入旁路断路器重合闸。恢复本线送电时，本线断路器并列前投入本线重合闸、退出旁路重合闸，然后进行断路器并、解列。

（7）用旁路断路器代送，须格外注意电流互感器电流回路的切换，不得出现开路。同时正确使用零序保护、纵联保护，尽可能地缩短保护不配合的时间。

（8）旁路断路器代主变断路器运行，使用大差动保护时，代送电前应退出旁路断路器保护及重合闸，投入主变保护和自动装置跳旁路断路器的连接片。旁路断路器电流互感器与主变电流互感器二次侧连接片转换前，退出主变差动保护出口连接片，代送完成。检查主变微机保护正常、无差流后，再投入主变差动保护出口连接片。

（9）旁路断路器代主变断路器运行，如果主变差动保护使用变压器套管电流互感器（小差），退出大差保护，投入旁路代主变时的保护作为后备（这种代送方式，会出现母差保护和主变差动保护都保护不到的区域，所以投入旁路本身的保护作为后备）。

（10）使用母联兼旁路断路器代送其他断路器时，应考虑母线运行方式改变前后母联断路器继电保护和母线保护的正确配合，母差差流回路接线的更改等。

（11）如果被代线路断路器无法操作时（压力闭锁等原因），将被代线路断路器操作直流拉开，旁路断路器并列前，须将旁路保护和被代线路保护的零序二、三段停用。在旁路断路器环并后拉开旁路断路器操作直流，然后拉开被代线路的线路隔离开关解环，再投入旁路断路器的操作直流。（注意：虽然被代线路操作直流拉开，但为防止零序保护误动时断路器不能操作，可能导致失灵保护动作，所以退零序保护）

（八）线路操作原则及注意事项

（1）线路送电操作顺序，应先合上母线侧隔离开关，后合上线路侧隔离开关，再合上断路器，停电操作时顺序相反。

（2）新线路的投运操作，应停用重合闸，对有纵联保护的线路，充电端应起用纵联保护作为线路故障的快速保护。

（3）双回线的停、送电操作前应考虑有关保护及定值的调整，并注意一条线路拉开后另一线路能否过负荷，如有疑问应请示调度。

（4）线路停送电时，对500kV系统的操作，应防止工频过电压的发生，220kV及以下系统的操作应防止谐振过电压的发生。

（5）220kV及以上电压等级的长距离线路送电操作时，线路末端不允许带空载变压器。

（6）检修后相位有可能发生变动的线路，恢复送电时应进行核相。

（7）线路有电压互感器时，线路停电后，断开二次侧自动空气开关（或取下二次熔断器）。线路送电操作前，可以先投入二次侧自动空气开关。

（九）继电保护操作原则及注意事项

（1）设备停送电时，继电保护方面的操作应尽可能在主设备冷备用状态时进行。一次设备热备用时，保护就应处在运行状态。

（2）继电保护设备的操作有跳闸（运行）、信号、停用三种基本状态。在500kV线路保护上，跳闸状态包括无通道跳闸和有通道跳闸两类。

（3）继电保护的停用操作应结合一次设备的状态遵循停出口（改信号状态）→停用功能连接片→拉直流电源→停开关量输入→停用交流电源电流、电压输入的顺序，启用时操作顺序与此相反。

（4）继电保护装置有工作（包括消缺、维护、检修、改造、反措等）时，装置应处于停用状态，如涉及其他保护的，则应将其他保护停用（或做好周密的隔离措施）。在工作时，如临近的其他保护的继电器距离很近，有可能误碰时，则其临近的保护也要停用。

（5）在设备不停电情况下更改保护定值，为防止误动或误碰造成人为事故，运行中调整保护定值前应先停用（断开）相应的跳闸连接片。微机保护定值区域更改后必须打印区域的定值，并与由调度下发的定值保护通知书相核对以确认保护定值已更改。

（6）在一次设备停电后，运行人员不允许自行将保护装置停用作业，如需作业必须请示主管调度批准。

（7）主变压器、母线差动保护和有方向性的保护装置，在新安装或二次回路变动后必须经过相位测定（差动保护还应进行差流和差压测量，确认交流电流回路无问题后，方可正式投入运行。为保护变压器，在变压器充电时，差动保护应投入跳闸，充电良好后断开差动保护跳闸连接片，带负荷进行差流、差压测量）。

（8）220kV及以上变压器差动保护与重瓦斯保护的停用由公司总工程师批准，但必须向主管调度提出申请后方准执行。变压器差动保护与重瓦斯保护不允许同时停用。

（9）运行中的保护装置及其回路严禁触动，且不允许进行任何作业和试验。在由继电管理的电压互感器和电流互感器二次回路增加新负荷（安装仪表及远动装置、直流回路监视灯、音响装置等），必须取得继电人员同意后才能进行。

（10）3/2断路器接线方式下继电保护装置作业时，结合停电断路器在串内的位置，退出下列连接片，防止保护及断路器误动。

1）如果母线断路器停电，则退出母线断路器失灵启动母差连接片，若母线断路器失灵则跳中间断路器连接片；若退出该串联络断路器失灵则跳该母线断路器连接片；若退出母线保护则跳该母线断路器连接片；若退出线路保护则跳该母线断路器连接片；如果该母线断路器所在串靠近的线路带有电抗器，则退出高压电抗器跳母线断路器连接片；相应将停电断路器所带的线路（或主变）保护屏上的检修状态切换把手切至母线断路器位置。

2）如果联络断路器停电，则退出联络断路器，跳两侧母线断路器连接片，若联络断路器失灵则远跳两条线路对侧连接片；若退出该串两条线路（或主变）的保护则跳联络断路器连接片；如果联络断路器所在串的线路带有电抗器，则退出高压电抗器跳中间断路器连接片；相应将停电断路器所带的两条线路（或线路和主变）保护屏上的检修状态切换把手分别切至联络断路器位置。

3）如果线路停电，除对上两条所述的连接片和把手进行操作外，如果该线路带有电抗器，还应退出高压电抗器远传跳线路对侧连接片（防止本侧保护检验时造成对侧开关误动）。

三、泰山变电站倒闸操作

泰山变电站为仿真系统自带的虚拟变电站。扫码获取其一次系统运行图。

扫一扫

泰山变电站一次系统运行图

1. 接线方式

（1）500kV 系统：采用双母线 3/2 断路器接线方式，四个完整串接线，共有 6 线 2 变，即济泰线—3 号主变、2 号主变—川泰线、郓泰Ⅱ线—邹泰线、上泰Ⅰ线—上泰Ⅱ线。

（2）220kV 系统：采用双母线双分段接线方式，分别运行泰汶Ⅰ线、泰汶Ⅱ线、蓄泰Ⅰ线、蓄泰Ⅱ线、泰天Ⅰ线、泰天Ⅱ线、泰红线 7 条线路和 2 号、3 号两台主变。

（3）35kV 系统：采用单母线接线方式，目前 2 号母线接有一组电容器、三组低压电抗器及 1 号站用变。3 号母线接有一组电容器、三组低压电抗器及 2 号站用变。35kV 0 号站用变由外接电源 35kV 红集线接至泰山站。

2. 正常运行方式

（1）500kV 系统：500kV 系统第一、三、四、五串并串运行。济泰线、3 号主变、2 号主变、川泰线、邹泰线、郓泰Ⅱ线、上泰Ⅰ线、上泰Ⅱ线运行。

（2）220kV 系统：

1）正常运行方式。

1A 号母线：泰汶Ⅰ线、蓄泰Ⅰ线、泰天Ⅰ线。

1B 号母线：3 号主变。

2A 号母线：泰汶Ⅱ线、蓄泰Ⅱ线、泰天Ⅱ线、2 号主变。

2B 号母线：泰红线。

1A 号、1B 号、2A 号、2B 号母线并列运行。

2）备用间隔 201 间隔、备用间隔 218 间隔、备用间隔 219 间隔、备用间隔 220 间隔母线隔离开关为死隔离开关，固定在分闸位置运行（三工位隔离开关接地运行）。以上设备未经上级领导批准禁止操作。

（3）35kV 系统：35kV 系统采用单母线接线方式，35kV 2 号母线：1 号站用变，1B 号、2A 号、2B 号低压电抗器，2A 号电容器，2 号 TV。35kV 3 号母线：2 号站用变，3A 号、3B 号、4A 号低抗，3A 号电容器，3 号 TV。

（4）站用电系统：1 号站用变带 400V Ⅰ母线负荷运行，2 号站用变带 400V Ⅱ母线负荷运行。0 号站用变热备用，备自投装置停用。

3. 操作分类

在发电厂或变电站中，倒闸操作主要分为监护操作、单人操作和检修人员操作，其具体内容如下：

（1）监护操作，由两人进行同一项的操作。监护操作时，其中对设备较为熟悉者作监护。特别重要和复杂的倒闸操作，由熟练的运行人员操作，运行值班负责人监护。

（2）单人操作，由一人完成的操作。在单人值班的变电站操作时，运行人员根据发令人用电话传达的操作指令填用操作票，复诵无误；实行单人操作的设备、项目及运行人员需经设备运行管理单位批准，人员应通过专项考核。

（3）检修人员操作，由检修人员完成的操作。经设备运行管理单位考试合格、批准的本企业的检修人员，可进行 220kV 及以下的电气设备由热备用至检修或由检修至热备用的监护操作，监护人应是同一单位的检修人员或设备运行人员；检修人员进行操作的接、发令程序及安全要求应由设备运行管理单位总工程师（技术负责人）审定，并报相关部门和调度机构备案。

4. 操作票填写内容

（1）应拉合的设备（断路器、隔离开关、接地开关等），验电，装拆接地线，安装或拆除控制回路或电压互感器回路的保险器，切换保护回路和自动化装置及检验是否确无电压等。

（2）拉合设备（断路器、隔离开关、接地开关等）后检查设备的位置。

（3）进行停、送电操作时，在拉、合隔离开关、手车式开关拉出、推入前，检查断路器确在分闸位置。

（4）在进行倒负荷或解、并列操作前后，检查相关电源运行及负荷分配情况。

（5）设备检修后合闸送电前，检查确认送电范围内接地开关已拉开，接地线已拆除。

5. 状态介绍

（1）运行状态：断路器小车在运行位置，断路器在合闸位置。

（2）热备用状态：断路器小车在运行位置，断路器在分闸位置。

（3）冷备用状态：断路器小车在试验位置，断路器在分闸位置。

（4）检修状态：断路器小车在检修位置，断路器在分闸位置。

（5）线路检修状态：断路器小车在试验位置，断路器在分闸位置，线路侧接地开关合入。

（6）断路器及线路检修状态：断路器小车在检修位置，断路器在分闸位置，线路侧接地开关合入。

扫一扫

典型故障操作票

6. 泰山站典型操作票

以泰山站为例，表 2-1、表 2-2 列出了断路器由运行转为检修和由冷备用转为检修的典型操作票。其他操作票可扫码获取。

表 2-1　　变电站典型操作票 1

<table>
<tr><td colspan="3">单位：泰山站</td><td colspan="3">编号：TSDX102</td></tr>
<tr><td>发令人</td><td></td><td>受令人</td><td></td><td>发令时间</td><td>____年____月____日____时____分</td></tr>
<tr><td colspan="3">操作开始时间：
____年____月____日____时____分</td><td colspan="3">操作结束时间：
____年____月____日____时____分</td></tr>
<tr><td colspan="6">操作任务：500kV 邹泰线 5043 断路器、四串联络 5042 断路器由运行转为检修</td></tr>
<tr><td>顺序</td><td colspan="4">操　作　项　目</td><td>√</td></tr>
<tr><td>1</td><td colspan="4">拉开四串联络 5042 断路器</td><td></td></tr>
<tr><td>2</td><td colspan="4">检查四串联络 5042 断路器三相确已拉开</td><td></td></tr>
<tr><td>3</td><td colspan="4">检查四串联络 5042 断路器负荷指示正确</td><td></td></tr>
<tr><td>4</td><td colspan="4">拉开邹泰线 5043 断路器</td><td></td></tr>
<tr><td>5</td><td colspan="4">检查邹泰线 5043 断路器三相确已拉开</td><td></td></tr>
<tr><td>6</td><td colspan="4">检查邹泰线 5043 断路器负荷指示正确</td><td></td></tr>
<tr><td>7</td><td colspan="4">合上四串联络 50422 隔离开关操作电源</td><td></td></tr>
<tr><td>8</td><td colspan="4">拉开四串联络 50422 隔离开关</td><td></td></tr>
<tr><td>9</td><td colspan="4">检查四串联络 50422 隔离开关三相确已拉开</td><td></td></tr>
<tr><td>10</td><td colspan="4">拉开四串联络 50422 隔离开关操作电源</td><td></td></tr>
<tr><td>11</td><td colspan="4">合上四串联络 50421 隔离开关操作电源</td><td></td></tr>
<tr><td>12</td><td colspan="4">拉开四串联络 50421 隔离开关</td><td></td></tr>
<tr><td>13</td><td colspan="4">检查四串联络 50421 隔离开关三相确已拉开</td><td></td></tr>
<tr><td>14</td><td colspan="4">拉开四串联络 50421 隔离开关操作电源</td><td></td></tr>
</table>

续表

顺序	操　作　项　目	√
15	合上邹泰线 50431 隔离开关操作电源	
16	拉开邹泰线 50431 隔离开关	
17	检查邹泰线 50431 隔离开关三相确已拉开	
18	拉开邹泰线 50431 隔离开关操作电源	
19	合上邹泰线 50432 隔离开关操作电源	
20	拉开邹泰线 50432 隔离开关	
21	检查邹泰线 50432 隔离开关三相确已拉开	
22	拉开邹泰线 50432 隔离开关操作电源	
23	验明邹泰线 50431 隔离开关侧三相确无电压	
24	合上邹泰线 504317 接地开关操作电源	
25	合上邹泰线 504317 接地开关	
26	检查邹泰线 504317 接地开关三相确已合好	
27	拉开邹泰线 504317 接地开关操作电源	
28	验明邹泰线 50432 隔离开关侧三相确无电压	
29	合上邹泰线 504327 接地开关操作电源	
30	合上邹泰线 504327 接地开关	
31	检查邹泰线 504327 接地开关三相确已合好	
32	拉开邹泰线 504327 接地开关操作电源	
33	拉开邹泰线 5043 断路器储能加热电源	
34	验明四串联络 50422 隔离开关侧三相确无电压	
35	合上四串联络 504227 接地开关操作电源	
36	合上四串联络 504227 接地开关	
37	检查四串联络 504227 接地开关三相确已合好	
38	拉开四串联络 504227 接地开关操作电源	
39	验明四串联络 50421 隔离开关侧三相确无电压	
40	合上四串联络 504217 接地开关操作电源	
41	合上四串联络 504217 接地开关	
42	检查四串联络 504217 接地开关三相确已合好	
43	拉开四串联络 504217 接地开关操作电源	
44	拉开四串联络 5042 断路器储能加热电源	
45	拉开 500kV 保护一室直流分屏（二）5043 断路器控制电源Ⅱ断路器	
46	拉开 500kV 保护一室直流分屏（二）5042 断路器控制电源Ⅱ断路器	
47	将 FWK-300 分布式稳定控制屏（一）邹泰线切换断路器切至“线路检修”位置	
48	将 FWK-300 分布式稳定控制屏（一）郓泰Ⅱ线切换断路器切至“断路器检修”位置	
49	将 FWK-300 分布式稳定控制屏（二）邹泰线切换断路器切至“线路检修”位置	
50	将 FWK-300 分布式稳定控制屏（二）郓泰Ⅱ线切换开关切至“中开关检修”位置	
备注：		
操作人：	监护人：　　　　值班负责人（值长）：	

表 2-2 变电站典型操作票 2

<table>
<tr><td colspan="2">单位：泰山站</td><td colspan="4">编号：TSDX083</td></tr>
<tr><td>发令人</td><td></td><td>受令人</td><td></td><td>发令时间</td><td>____年____月____日____时____分</td></tr>
<tr><td colspan="3">操作开始时间：
____年____月____日____时____分</td><td colspan="3">操作结束时间：
____年____月____日____时____分</td></tr>
<tr><td colspan="6">操作任务：2 号主变 500kV 侧 5031 断路器由冷备用转为检修</td></tr>
<tr><td>顺序</td><td colspan="4">操 作 项 目</td><td>√</td></tr>
<tr><td>1</td><td colspan="4">验明 2 号主变 500kV 侧 50311 隔离开关侧三相确无电压</td><td></td></tr>
<tr><td>2</td><td colspan="4">合上 2 号主变 500kV 侧 503117 接地开关操作电源</td><td></td></tr>
<tr><td>3</td><td colspan="4">合上 2 号主变 500kV 侧 503117 接地开关</td><td></td></tr>
<tr><td>4</td><td colspan="4">检查 2 号主变 500kV 侧 503117 接地开关三相确已合好</td><td></td></tr>
<tr><td>5</td><td colspan="4">拉开 2 号主变 500kV 侧 503117 接地开关操作电源</td><td></td></tr>
<tr><td>6</td><td colspan="4">验明 2 号主变 500kV 侧 50312 隔离开关侧三相确无电压</td><td></td></tr>
<tr><td>7</td><td colspan="4">合上 2 号主变 500kV 侧 503127 接地开关操作电源</td><td></td></tr>
<tr><td>8</td><td colspan="4">合上 2 号主变 500kV 侧 503127 接地开关</td><td></td></tr>
<tr><td>9</td><td colspan="4">检查 2 号主变 500kV 侧 503127 接地开关三相确已合好</td><td></td></tr>
<tr><td>10</td><td colspan="4">拉开 2 号主变 500kV 侧 503127 接地开关操作电源</td><td></td></tr>
<tr><td>11</td><td colspan="4">拉开 2 号主变 500kV 侧 5031 开关储能加热电源</td><td></td></tr>
<tr><td>12</td><td colspan="4">停用 500kV 5031 断路器保护屏 3LP8 失灵，跳 202 断路器出口Ⅰ连接片</td><td></td></tr>
<tr><td>13</td><td colspan="4">停用 500kV 5031 断路器保护屏 3LP9 失灵，跳 202 断路器出口Ⅱ连接片</td><td></td></tr>
<tr><td>14</td><td colspan="4">停用 500kV 5031 断路器保护屏 3LP10 失灵，跳 5032 断路器出口Ⅰ连接片</td><td></td></tr>
<tr><td>15</td><td colspan="4">停用 500kV 5031 断路器保护屏 3LP11 失灵，跳 5032 断路器出口Ⅱ连接片</td><td></td></tr>
<tr><td>16</td><td colspan="4">停用 500kV 5031 断路器保护屏 3LP16 失灵，启动 1 号母差 521 保护连接片</td><td></td></tr>
<tr><td>17</td><td colspan="4">停用 500kV 5031 断路器保护屏 3LP17 失灵，启动 1 号母差 915 保护连接片</td><td></td></tr>
<tr><td>18</td><td colspan="4">拉开 500kV 保护一室直流分屏（一）5031 断路器控制电源Ⅰ开关</td><td></td></tr>
<tr><td>19</td><td colspan="4">拉开 500kV 保护一室直流分屏（二）5031 断路器控制电源Ⅱ开关</td><td></td></tr>
<tr><td></td><td colspan="4"></td><td></td></tr>
<tr><td></td><td colspan="4"></td><td></td></tr>
<tr><td colspan="6">备注：</td></tr>
<tr><td colspan="2">操作人：</td><td colspan="2">监护人：</td><td colspan="2">值班负责人（值长）：</td></tr>
</table>

第二节 变电站电气事故处理

一、事故处理原则

现场运行中发生事故时，运行人员在记录时间、恢复音响的同时，5min 内须将简要情况，如事故发生的时间、设备名称及其状态，继电保护和自动装置的动作情况及线路测距，频率、电压、负荷及潮流变化情况等向设备管辖调度、生产调度汇报；并根据事故现象，如监控机报文和提示信息以及其他表计、光字牌、指示灯、断路器位置等正确判断故障点位置。若故障点在站内，查清故障点后，如出现故障设备着火或对相邻设备产生影响的情况等，需对故障设备进行处理的应采取隔离措施，如包括拉开相应断路器、隔离开关，断开相应保护及二次设备。但应在隔离故障设备的同时，向调度值班员进行事故简明汇报。之后，对设备进行进一步分析。

30min 内详细报告设备管辖调度、生产调度、站长、管理处，并做好处理故障设备的准备及配合工作。事故处理过程中，值长是第一指挥人，值内人员应配合好，分工明确。站内应按《变电站故障情况汇报表》及《变电站事故汇报程序》进行事故上报和事故处理。对于一些不能决策的问题，值长应向站长、管理处领导、公司生技部门及相关专业人员请示，得到相应的指导后再行处理。

事故处理完毕，根据实际情况填写相关记录：运行日志、跳闸记录、设备台账、缺陷记录、断路器分合闸统计表、避雷器动作次数记录、解锁记录等，同时写出事故经过报告，填写《变电站故障情况汇报表》，1h 内上报有关部门。站长亦应组织全站人员对事故处理过程进行分析及总结，具体处理顺序见表 2-3。

表 2-3　事 故 处 理 顺 序

序号	处 理 流 程
1	记录时间，恢复音响
2	记录登录窗信号，检查负荷（包括过负荷）及电压情况，记录模拟盘（监控屏）断路器变位情况，将上述情况向管辖调度、生产调度简要汇报
3	恢复断路器把手位置
4	记录保护装置动作情况，具体到哪个保护的哪个信号，重合闸装置动作与否，记录内容是否详细，是否根据规定对保护信号进行复归；检查相应二次回路；打印故录调取保护信息
5	检查室外设备情况：断路器位置、压力指示、外观情况（包括基础、架构、机构、瓷套、引线及接头、接地引线），端子箱、机构箱，电流互感器压力指示、油位、外观情况（包括基础、架构、安全阀、瓷套、呼吸器、二次接线盒、一次引线及接头、接地引线），隔离开关触头、绝缘子、引线及接头，电压互感器油位、外观检查（包括基础、架构、瓷套、二次接线盒、端子箱、一次引线及接头、接地引线），避雷器是否动作、外观检查（包括基础、架构、瓷套、电导电流表及接地引下线、一次引线及接头、接地引线），阻波器外观检查、一次引线及接头、内部避雷器是否完好、接地引线，变压器（或油抗）本体情况、各端子箱、风冷运行情况、气体继电器和防爆膜动作情况、油位、油温、套管外观、套管油位、各侧引线及接头、接地引线，干式低压电抗器（电容器、耦合电容器）外观、绝缘子、一次引线及接头，放电线圈油位、本体、瓷套、引线及接头、接地引线。 注：需对故障设备进行处理的应采取隔离措施（包括拉开相应断路器、隔离开关，断开相应保护及二次设备），但应在隔离故障设备的同时，向调度值班员进行事故简明汇报
6	事故原因分析：根据登录窗的中央信号、保护动作情况、设备动作情况进行综合分析，判断故障原因，性质，一、二次设备动作是否正确。明确对恢复供电有影响的需要隔离的一、二次设备及需要停用的保护装置
7	将详细内容上报设备管辖调度、生产调度、站长、管理处［报调度：①问清调度员姓名，报出站名、姓名、岗位。②报事故，时间、断路器跳闸情况、故障相别、保护及自动装置动作情况。③一、二次设备故障情况。④已做的故障设备隔离情况（拉开的断路器、隔离开关，断开的保护及二次设备）］
8	事故处理：①向调度申请停用对恢复供电有影响的一、二次设备及保护装置（包括拉开相应断路器、隔离开关，断开相应保护及二次设备）。②根据调度指令进行处理
9	对站内故障设备布置安全技术措施
10	填写相关记录：运行日志、跳闸记录、设备台账、缺陷记录、断路器分合闸统计表、避雷器动作次数记录、解锁记录，写出事故经过报告和《变电站故障情况汇报表》，上报有关部门

二、各种典型事故处理方式

以仿真系统的泰山变电站为例，设其正常运行方式为：

（1）500kV：济泰线、3 号主变；2 号主变、川泰线；郓泰Ⅱ线、邹泰线；上泰Ⅰ线、上泰Ⅱ线；第一、三、四、五串并串运行。

（2）20kV：泰汶Ⅰ线、蓄泰Ⅰ线、泰天Ⅰ线运行于 1A 号母线；3 号主变运行于 1B 号母线；

泰汶Ⅱ线、2 号主变、蓄泰Ⅱ线、泰天Ⅱ线运行于 2A 号母线；泰红线运行于 2B 号母线；

1A 号、1B 号、2A 号、32B 母线并列运行。

（3）35kV：1 号站用变、1B 号、2A 号、2B 号低压电抗器运行于Ⅱ母线。

2 号站用变压器、3A 号、3B 号、4A 号低抗运行于Ⅲ母线。

（4）0.4kV：1 号站用变压器供 400VⅠ段母线负荷；

2 号站用变压器供 400VⅡ段母线负荷；

联络断路器 400 断路器在分闸位置，0 号站用变热备用。

（5）直流：直流系统Ⅰ、Ⅱ母线分段运行：

1 号充电柜对 1 组蓄电池进行浮充电，并带Ⅰ段母线负荷；

2 号充电柜对 2 组蓄电池进行浮充电，并带Ⅱ段母线负荷。

表 2-4～表 2-6 列出了单相接地故障、主变跳闸动作、母线故障的处理流程。其他故障处理流程可扫码获取。

扫一扫

故障处理流程

表 2-4　　500kVⅠ母线 A 相接地故障（Ⅱ母线参照执行）

方式	正常运行方式
序号	处理流程
1	记录时间，恢复音响
2	检查、记录监控信息：监控 5011、5031、5041、5051 断路器变绿色闪光，发“5011、5031、5041、5051 断路器跳闸”信号发“500kVⅠ母线 1 母差动作”“500kVⅠ母线 2 母差动作”“500kV 故障录波器动作”信号，简要报告省调和生产调度
3	检查、记录保护动作情况：母差保护屏上 L1 灯亮，Ⅰ母线电压回零，500kV 故障录波信息
4	检查一次设备情况：到室外设备区检查跳闸断路器动作情况及外观，检查母差保护范围内的设备有无损坏
5	事故原因分析：根据现场情况分析事故原因
6	将详细内容上报省调、生产调度、站长、管理处
7	事故处理：如故障点运行人员能够处理的，可采取隔离措施；如不能处理向省调申请做好事故检修的停电和准备工作，按调度指令将 500kVⅠ母线转检修。母线保护动作，在未查出故障点之前，不准试送。继电保护人员在现场确定是继电保护误动时，经调度批准方可试送
8	填写相关记录：填写运行日志、设备台账、断路器故障跳闸记录等相关记录并写出事故报告，填写《变电站故障情况汇报表》，上报有关部门

表 2-5　**3 号主变故障跳闸，瓦斯保护动作**

方式	正常运行方式
序号	处理流程
1	记录时间，恢复音响，汇报调度
2	检查、记录监控信息：5012、5013、203 断路器变绿色闪光。发“5012、5013、203 断路器跳闸”“非电量保护动作”“保护Ⅲ屏动作信号”，2 号主变过负荷，站内一段低压失电
3	检查、记录保护动作情况：3 号主变保护屏上瓦斯、差动出口灯亮，500、220kV 故障录波启动。灯亮
4	检查一次设备情况：检查 5012、5013 设备区实际位置及外观，检查 203 设备区实际位置及外观，检查 3 号变本体的外观及保护气体
5	事故原因分析：3 号变内部故障重瓦斯动作跳闸
6	事故处理：倒低压，用 1 号站用变带站内二段低压，检查直流，检查 2 号变风冷运行情况，申请 3 号变转检修，做好安全措施准备抢修。继电保护在现场确定系继电保护误动时由保护组采取专业技术措施后，经调度批准可试送
7	将详细内容上报省调、生产调度、站长、管理处
8	填写相关记录：填写运行日志、设备台账、断路器故障跳闸记录等相关记录并写出事故报告，填写《变电站故障情况汇报表》，上报有关部门

表 2-6　**220kV 2A 号母线故障**

方式	正常运行方式
序号	处理流程
1	记录时间，恢复音响，汇报调度
2	检查、记录监控信息：监控屏 202、212、214、216、22F、200A 断路器变绿色闪光，发“202、212、214、216、22F、200A 断路器跳闸”“220kV A 段 RCS915 母差保护动作”“220kV A 段 WMZ-41B 母差保护动作”等信号；220kV 2A 号母线电压指示为零
3	检查、记录保护动作情况： 220kV A 段 RCS-915 母线保护屏“跳Ⅱ母”灯亮； 220kV A 段 WMZ-41B 母线保护屏“Ⅱ差动动作”灯亮； 220kV、主变、500kV 故障录波器动作
4	检查一次设备情况：检查 202、212、214、216、22F、200A 断路器实际位置及外观情况检查母差范围内设备情况
5	事故原因分析：220kV 2A 号母线母差范围内设备故障
6	事故处理：检查监控系统信号及断路器变位情况，根据信号判断相别，对母线及所属设备进行检查。根据保护动作情况、检查结果、二次回路上有无工作等综合分析判断。在未查明故障原因前，严禁将母线投入运行。将跳闸线路倒一母线运行
7	将详细内容上报省调、生产调度、站长、管理处
8	填写相关记录：填写运行日志、设备台账、断路器故障跳闸记录等相关记录并写出事故，填写《变电站故障情况汇报表》，上报有关部门

第三节　变电站电气设备的巡视及异常与缺陷处理

一、变电站电气设备巡视

1. 变电站电气设备巡视制度及要求

变电站巡视检查制度是确保设备正常安全运行的有效制度。各变电站应根据运行设备的实际情况，并总结以往处理设备事故、障碍和缺陷的经验教训，制定出具体的检查方法。巡视检查制度应明确规定检查项目及内容、周期和巡视检查路线，并做好明显的标志。

巡视检查制度应明确规定检查的项目及内容制定。有条件的变电站应配备必要的检查工具，在高峰负荷期，可采用红外测温仪进行检查。另外，应保证充足良好的照明，为设备巡视提供必要条件。夜间、恶劣气候条件下紧急特殊任务的特训，要明确具体的巡视要求和注意事项，采取必要的措施，特训必须由所值班负责人参加。每次巡视检查后，应按检查的设备缺陷计入设备缺陷记录簿中，巡视检查者应对记录负责。

2. 高压断路器的巡视

(1) 标志牌名称、编号齐全、完好，安装牢固。

(2) 套管、绝缘子无断裂、裂纹、损伤、放电现象。

(3) 分、合闸位置指示器与实际运行方式相符。

(4) 软连接及各导流压接点压接良好，无过热变色、断股现象。

(5) 控制、信号电源正常，无异常信号发出。

(6) SF_6 气体压力表在正常范围内，并记录压力值。

(7) 各连杆、传动机构、无弯曲、变形、锈蚀，轴销齐全。

(8) 端子箱电源开关完好、名称标志齐全、封堵良好；机构箱开启灵活无变形，密封良好，无锈迹、无异味、无凝露等。

(9) 储能电源开关位置正确，储能电机运转正常，储能指示器指示正确，加热器（除潮器）正常完好，投（停）正确，分、合闸线圈无冒烟、异味、变色。

(10) 接地螺栓压接良好，无锈蚀，基础无下沉、倾斜。

3. 隔离开关的巡视

(1) 检查绝缘子是否清洁，有无破损和放电痕迹，有无悬挂杂物。

(2) 检查触头接触是否良好，在负荷高峰时期，雨天、雪天和夜晚观察触头和可动电接触面有无发热发红现象。

(3) 检查均压环是否牢固平正，有无裂纹，刀臂有无变形、偏移。

(4) 检查引线有无松动、严重摆动或烧伤断股等现象。

(5) 在隔离开关停电检修时检查隔离开关操作机构箱，辅助触点外罩等应密封良好，内部无结露进尘受潮等现象，辅助触点位置是否正确，检查加热器的正确投停位置。

(6) 每季度检查所有隔离开关、接地开关五防锁是否完好。

(7) 在高峰负荷期间，应对隔离开关进行红外线测温。

(8) 检查运行中的隔离开关应保持“十不”：不偏斜、不振动、不过热、不锈蚀、不打火、不污脏、不疲劳、不断裂、不烧伤、不变形。

4. 主变压器的巡视

(1) 检查变压器运行的声响与以往比较有无异常，例如声响增大或有异常的新的声响等。

(2) 变压器各侧套管表面是否清洁，有无破损、裂纹及放电痕迹；法兰应无生锈、裂纹，有无因电场不均匀产生的放电声；套管末屏接地应良好；充油套管油位是否正常，无渗漏油现象。

（3）变压器上层油温是否正常，现场温度与遥测温度值相差是否合理。

（4）变压器的油位指示应正常，是否在正常量程之内。

（5）检查调压分接位置指示正确，现场与远方以及各相是否保持一致。

（6）检查呼吸器中的硅胶是否干燥，为蓝色或白色，红色不应超过2/3；油杯中油位应在上、下线之间，油色应清亮，呈微黄色；呼吸器应畅通，呼吸正常，气泡不应太多。

（7）检查气体继电器与油枕间连接阀门是否打开，气体继电器无异常现象，无气体进入。

（8）压力释放装置密封良好，无渗油；防爆管应完好无破损。

（9）检查变压器铁心及夹件接地是否良好；采用钳形电流表测量铁心接地线电流值不得大于100mA。

（10）检查变压器各部件的接地应完好，各种标志应齐全明显。

（11）消防设施应齐全完好，储油池和排油设施应保持良好状态。

5. 母线的巡视

（1）表面相色漆正常，无起层皱皮、无变色。

（2）运行中声响平稳均匀，无较大的震动声。

（3）支持绝缘子无扭曲、断裂、放电现象。

（4）母线上各个连接部分的螺丝紧固、无松动、无振动、无过热变色现象。

（5）母线上无搭挂杂物。

6. 电压互感器的巡视

（1）检查瓷套管应清洁，无破损、裂纹，无放电痕迹。

（2）检查油位应正常，油色无变化，无渗漏油现象。

（3）内部无异常声响和放电声，无焦臭味。

（4）检查引线接头接触良好，无断股及发热现象。

（5）检查二次端子箱内应清洁，无受潮、积灰现象。

（6）运行中的电压互感器二次侧不得短路，电容式电压互感器的小接地隔离开关的位置正确。

7. 电流互感器的巡视

（1）检查绝缘子有无裂纹、破损及放电痕迹。

（2）有无渗油、漏油现象，外壳无锈蚀。

（3）油位是否正常，油色有无变化。

（4）有无异常响声和异常的焦臭味。

（5）一次触电有无发热、发红现象，连接螺栓是否齐全。

（6）检查监控系统三相电流指示是否平衡。

（7）运行中的电流互感器二次侧不得开路，并必须有一点接地。

8. 避雷器的巡视

（1）瓷套管表面积污程度及是否出现放电现象，瓷套管、法兰是否出现裂纹、破损。

（2）避雷器内部是否存在异常声响。

（3）与避雷器、计数器连接的导线及接地引下线有无烧伤痕迹或断股现象。

（4）避雷器、计数器指示数是否有变化，计数器内部是否有积水。

（5）带有泄漏电流在线监测装置的避雷器泄漏电流有无明显变化，电流指示不应大于1mA。

（6）避雷器均压环是否发生歪斜。

（7）带串联间隙的金属氧化物避雷器或串联间隙与原来位置相比是否发生偏移。

（8）巡视中发现避雷器设备存在异常现象时应在设备的异常与缺陷记录中进行详细记载，同时向上级汇报后按缺陷的处置原则进行处置。

（9）巡视时应检查避雷针针尖应无弯曲倾斜、锈蚀，底座应牢固。大风天气应观察避雷针、避雷线产生的摆动情况，外表和状态，有无因机械疲劳而折断坠落的危险。

（10）检查避雷针（线）的接地线的腐蚀情况。

9. 高压并联电抗器的巡视

（1）外观清洁，散热片上无积垢，电抗器无异物，壳体无损伤。

（2）运行中声音正常，无异常振动、噪声和放电声。

（3）电抗器油位正常，各阀门、管道连接处等无渗漏油现象。

（4）油面温度与绕组温度应正常，并与远方遥测温度相同。

（5）高压及中性点套管的瓷件表面应无污垢、破损、裂纹、闪络及放电声，油位正常，无渗漏油现象。

（6）检查各电气连线接头无松动、发红、冒水汽、冰雪融化等过热现象，外壳及铁心接地良好。

（7）检查呼吸器硅胶颜色应正常（呈蓝色），变色超过2/3应进行更换处理，检查油杯中的油颜色清亮，油位正常，呼吸器玻璃罩无破裂和损伤，无渗油现象，呼吸应畅通。

（8）检查电抗器外壳接地良好，夹件接地良好，固定牢靠。

（9）压力释放装置应正常，密封良好，无渗油、损坏。

10. 直流系统的巡视

（1）电池组外观清洁，外壳无裂纹，呼吸器无堵塞，无短路、接地。各连接片连接牢靠无松动，端子无生盐，并涂有中性凡士林。

（2）各充电模块运行正常，交流电源、风扇转动正常。各模块直流输出电压及电流相互平衡。切换开关位置正确。

（3）每日10时巡视时测量并记录典型蓄电池电压，充电装置交流输入电压、直流输出电压/电流，表计指示正确，保护的声、光信号正常，运行声音无异常。每月15日测量一次全部电池端电压，并做好记录。

（4）直流屏运行监视信号完好、指示正常，各开关位置正确，熔断器完好，标志齐全，电缆孔洞封堵是否严密，各接点连接紧固，无发热现象。

（5）定期对直流装置接头进行测温，在交流消失后，蓄电池带直流负荷时也要对各接头进行测温。

（6）面板上各指示灯指示正确、符合装置说明书规定。

二、异常与缺陷处理

1. 异常与缺陷处理原则

（1）坚持“安全第一、预防为主”的方针，遵循“保人身、保电网、保设备”的工作原则，以设备运行管理为核心，保证电网安全稳定运行。

（2）设备缺陷分类：

1）危急缺陷：设备或建筑物发生了直接威胁安全运行并需要立即处理的缺陷，否则随时可能造成设备损坏、人身伤亡、大面积停电和火灾事故。

2）严重缺陷：对人身或设备有严重威胁，暂时能坚持运行但需尽快处理的缺陷。

3）一般缺陷：上述危急、严重缺陷以外的设备缺陷，指性质一般、情况较轻、对安全运行影响不大的缺陷。对于充油设备上虽有油迹，但在4日之内未形成油滴者无须按渗漏缺陷上报；若在4日内（一个值班周期）形成油滴，则按渗漏缺陷上报；设备锈蚀、构架上有鸟巢，但不影响设备安全运行者，无须按缺陷上报。

（3）责任单位缺陷处理的时限要求：

1）危急缺陷应立即安排处理，不超过24h。

2）严重缺陷应尽快安排处理，原则上不超过一个月。

3）一般缺陷列入年、月工作计划处理，基准检修周期三年内处理率不低于85%。不停电能够处理的一般缺陷年消除率不低于80%，不停电不能处理的一般缺陷不再考核年消除率，但应结合停电消除。

（4）变电站缺陷录入率与上报率：

1）做好缺陷的统计录入工作，缺陷的生产管理系统（PMS）录入率应达到100%。

2）危急缺陷、严重缺陷按时上报率达到100%，一般缺陷按时上报率不得低于90%。

2. 异常与缺陷处理流程

设备缺陷的管理流程包括设备缺陷的发现、报告、受理分析、处理、验收、反馈6个环节。

（1）运行人员发现设备缺陷后，应由当值值长汇报变电站缺陷管理专工进行缺陷类别鉴定，无论消除与否均应由值班人员记入设备缺陷记录簿内。未立即消除的缺陷，当班时应加强监视，交接班时做详细交代；危急或严重缺陷，应立即向上级部门领导和值班调度员汇报情况。

（2）严格执行缺陷传递制度，实行缺陷的闭环管理。其中严重缺陷应立即通知安全生产部主管专责工程师，危急缺陷应立即通知安全生产部主任。

1）除运行外的其他专业人员，发现缺陷后不论是否立即消除，都应填写《缺陷传递单》，由运行人员负责对照《缺陷传递单》录入PMS系统，《缺陷传递单》不必留存。

2）对于未立即消除的缺陷，录入PMS系统并按照流程进行网上传递。发现后立即处理的缺陷（如设备检修试验过程中发现并处理的），录入PMS系统但不进行网上传递。

3）对于暂时不能录入PMS系统的缺陷（如出现网络失灵等），则必须填写《缺陷传递单》，运行单位和修试单位各自留存，待运行人员将其录入PMS系统进行网上传递后，再自行剔出纸质管理。对于运行单位与修试单位不在一个变电站内的情况，《缺陷传递单》由修试单位的当地维护人员与运行人员共同确认、留存，并由修试单位的当地维护人员上报修试单位管理人员。

（3）各基层单位均应设缺陷管理专责人，及时了解和掌握本单位管辖设备的全部缺陷和缺陷的处理情况，建立必要的台账、图表资料，对设备缺陷实行分类管理，做到对每个缺陷都有处理意见和措施。

（4）缺陷管理专责人应每周检查设备缺陷记录，工区、变电站领导应每月检查一次，了解设备缺陷消除情况，并提出具体要求，督促相关人员尽快处理。

3. 高压断路器的异常处理

（1）SF_6 断路器本体严重漏气处理：

1）应立即断开该断路器的操作电源，在手动操作把手上挂禁止操作的标示牌。

2）汇报主管调度，根据命令采取措施将故障断路器隔离。

3）在接近设备时要谨慎，尽量选择从“上风”接近设备，必要时要戴防毒面具、穿防护服。

（2）断路器非全相运行事故处理规定：

1）线路停送电拉合断路器操作，当发生非全相分、合闸时，8s 后非全相保护动作，跳开拒分（合）相，值班人员应根据后台遥信进行正确判断后，立即汇报主管调度，通知检修人员进行处理并做好记录。

2）当断路器非全相保护失灵同时发生非全相运行时，若断路器为两相断开，则立即将另一相断路器拉开；如果为一相断开，则可以试合闸一次，试合闸不能恢复全相运行时，应尽快采取措施将该断路器停下，对断路器进行处理。以上操作必须在调度的指挥下进行。

（3）500kV 3/2 断路器接线母线某一断路器因故闭锁不能操作或分闸操作失灵，经检查处理无法解除的，可用隔离开关解环（经试验允许时）。操作时应注意：

1）首先征得调度的同意，同时报变电站同意。

2）变电站必须是完整的环状系统。

3）将变电站内 500kV 相关断路器操作直流停用。若 500kV 有三串及以上运行时，将该断路器所在串的三个断路器的操作直流全部取下，然后拉开故障断路器的两侧隔离开关，故障断路器退出运行后，再将本串健康断路器的操作直流电源合上；若只有两串运行时，应将两串全部断路器的操作直流断开后，拉开故障断路器两侧隔离开关，故障断路器退出运行后，再将良好断路器操作直流电源合上。

（4）220kV 某断路器发生分闸闭锁不能操作或分闸操作失灵，经检查处理无法解除的，在征得主管调度的同意且事先已经过试验的情况下，可以用如下方法处理：

1）申请用母联断路器串代闭锁断路器后，拉开母联断路器，再拉开对侧断路器，拉开闭锁断路器两侧隔离开关，将该断路器退出运行。

2）经计算该回路电容电流不超过 5A 时，经公司总工及主管调度批准，将对端断路器拉开，断开闭锁断路器的控制电源，拉开其线路侧隔离开关、母线侧隔离开关，将该断路器退出运行。

4. 隔离开关的异常处理

（1）隔离开关接头发热。应加强监视，尽量减少负荷，如发现过热，应该迅速减少负荷或倒换运行方式，停止该隔离开关的运行。

（2）隔离开关传动机构失灵。应迅速将其与系统隔离，按危急缺陷上报，做好安全措施，等待处理。

（3）隔离开关绝缘子断裂。应迅速将其隔离出系统，按危急缺陷上报，做好安全措施，等待处理。

（4）误拉合隔离开关。误拉隔离开关在闸口刚脱开时，应立即合上隔离开关，避免事故扩大。如果隔离开关已全部拉开，则不允许将误拉的隔离开关再合上；误合隔离开关，即使在合闸时产生电弧也不准将隔离开关再拉开。

5. 主变压器的异常处理

（1）声音异常。正常运行时，由于交流电通过变压器绕组，在铁心里产生周期性的交变磁通，引起硅钢片的磁质伸缩，铁心的接缝与叠层之间的磁力作用以及绕组的导线之间的电磁力作用引起振动，发出的“嗡嗡”响声是连续的、均匀的，这都属于正常现象。如果变压器出现故障或运行不正常，声音就会异常，其主要原因有：

1）变压器过负荷运行时，音调高、音量大，会发出沉重的“嗡嗡”声。

2）大动力负荷启动时，如带有电弧、晶闸管整流器等负荷时，负荷变化大，又因谐波作用，变压器内瞬间发出“哇哇”声或“咯咯”间歇声，监视测量仪表时指针发生摆动。

3）电网发生过电压时，例如中性点不接地电网有单相接地或电磁共振时，变压器声音比平常的尖锐，出现这种情况时，可结合电压表计的指示进行综合判断。

4）个别零件松动时，声音比正常增大且有明显杂音，但电流、电压无明显异常，则可能是内部夹件或压紧铁心的螺钉松动，使硅钢片振动增大所造成。

5）变压器高压套管脏污，表面釉质脱落或有裂纹存在时，可听到“嘶嘶”声，若在夜间或阴雨天气时看到变压器高压套管附近有蓝色的电晕或火花，则说明瓷件污秽严重或设备线卡接触不良。

6）变压器内部放电或接触不良，会发出“吱吱”或“劈啪”声，且此声音随故障部位远近而变化。

7）变压器的某些部件因铁心振动而造成机械接触时，会产生连续的有规律的撞击或摩擦声。

8）变压器有水沸腾声的同时，温度急剧变化，油位升高，则应判断为变压器绕组发生短路故障或分接开关因接触不良引起严重过热，这时应立即停用变压器进行检查。

9）变压器铁心接地断线时，会产生劈裂声，变压器绕组短路或它们对外壳放电时有劈啪的爆裂声，严重时会有巨大的轰鸣声，随后可能起火。

（2）外表、颜色、气味异常。变压器内部故障及各部件过热将引起一系列的气味、颜色变化。

1）防爆管防爆膜破裂，会引起水和潮气进入变压器内，导致绝缘油乳化及变压器的绝缘强度降低，其可能为内部故障或呼吸器不畅。

2）呼吸器硅胶变色，可能是吸潮过度，垫圈损坏，进入油室的水分太多等原因引起。

3）瓷套管接线紧固部分松动，表面接触过热氧化，会引起变色和异常气味（颜色变暗、失去光泽、表面镀层遭破坏）。

4）瓷套管污损产生电晕、闪络，会发出奇臭味，冷却风扇、油泵烧毁会发生烧焦气味。

5）变压器漏磁的断磁能力不好及磁场分布不均，会引起涡流，使油箱局部过热，并引起油漆变化或掉漆。

（3）油温、油色异常。变压器的很多故障都伴有急剧的温升及油色剧变，若发现在同样正常的条件下（负荷、环温、冷却），温度比平常高出10℃以上或负荷不变温度不断上升（表计无异常），则认为变压器内部出现异常现象，其原因有：

1）由于涡流或夹紧铁心的螺栓绝缘损坏会使变压器油温升高。

2）绕组局部层间或匝间短路，内部接点有故障，二次线路上有大电阻短路等，均会使变压器温度不正常。

3）过负荷，环境温度过高，冷却风扇和输油泵故障，风扇电机损坏，散热器管道积垢或冷却效果不良，散热器阀门未打开，渗漏油引起油量不足等原因都会造成变压器温度不正常。

4）油色显著变化时，应对其进行跟踪化验，发现油内含有碳粒和水分，油的酸价增高，闪电降低，随之油绝缘强度降低，易引起绕组与外壳的击穿，此时应及时停用处理。

（4）油位异常。

1）假油位：①油标管堵塞；②油枕呼吸器堵塞；③防暴管气孔堵塞。

2）油面过低：①变压器严重渗漏油；②检修人员因工作需要，多次放油后未补充；③气温过低，且油量不足；④油枕容量不足，不能满足运行要求。

（5）渗漏油。变压器运行中渗漏油的现象比较普遍，主要原因如下：

1）油箱与零部件连接处的密封不良，焊件或铸件存在缺陷，运行中额外荷重或受到震动等。

2）内部故障使油温升高，引起油的体积膨胀，发生漏油或喷油。

（6）油枕或防暴管喷油。

1）当二次系统突然短路而保护拒动，或内部有短路故障而出气孔和防暴管堵塞等。

2）内部的高温和高热会使变压器突然喷油，喷油后使油面降低，有可能引起瓦斯保护动作。

（7）分接开关故障。变压器油箱上有“吱吱”的放电声，电流表随响声发生摆动，瓦斯保护可能发出信号，油的绝缘降低，这些都可能是因分接开关故障而出现的现象，分接开关故障的原因有以下几条：

1）分接开关触头弹簧压力不足，触头滚轮压力不均，使有效接触面面积减少，以及因镀层的机械强度不够而严重磨损等会引起分接开关烧毁。

2）分接开关接头接触不良，经受不起短路电流冲击而发生故障。

3）切换分接开关时，由于分头位置切换错误，引起开关烧坏。

4）相间绝缘距离不够，或绝缘材料性能降低，在过电压作用下短路。

（8）绝缘套管的闪络和爆炸故障。套管密封不严，因进水使绝缘受潮而损坏；套管的电容芯子制造不良，内部游离放电；套管积垢严重以及套管上有裂纹，均会造成套管闪络和爆炸事故。

（9）三相电压不平衡。

1）三相负荷不平衡，引起中性点位移，使三相电压不平衡。

2）系统发生铁磁谐振，使三相电压不平衡。

3）绕组发生匝间或层间短路，造成三相电压不平衡。

（10）继电保护动作。继电保护动作，说明变压器有故障。瓦斯保护是变压器的主保护之一，它能保护变压器内部发生的绝大部分故障，常常是先轻瓦斯动作发出信号，然后瓦斯动作跳闸。

轻瓦斯动作的原因：①因滤油、加油，冷却系统不严密致使空气进入变压器。②温度下降和漏油致使油位缓慢降低。③变压器内部故障，产生少量气体。④变压器内部故障短路。

⑤保护装置二次回路故障。

当外部检查未发现变压器有异常时，应查明气体继电器中气体的性质：如积聚在气体继电器内的气体不可燃，而且是无色无嗅的，加上混合气体中主要是惰性气体，氧气含量大于6%，油的燃点不降低，则说明变压器内部有故障，应根据气体继电器内积聚的气体性质来鉴定变压器内部故障的性质；如气体的颜色为黄色不易燃的，且一氧化碳含量介于1%～2%，为木质绝缘损坏；灰色的黑色易燃的且氢气含量在3%以下，有焦油味，燃点降低，则说明油因过滤而分解或油内曾发生过闪络故障；浅灰色带强烈臭味且可燃的，是纸或纸板绝缘损坏。

通过对变压器运行中的各种异常及故障现象的分析，能对变压器的不正常运行的处理方法得以了解、掌握。

6. 变压器在运行中不正常现象的处理方法

（1）运行中的不正常现象的处理。

1）值班人员在变压器运行中发现不正常现象时，应设法尽快消除，并报告上级和做好记录。

2）变压器有下列情况之一者应立即停运，若有运用中的备用变压器，应尽可能先将其投入运行：①变压器声响明显增大，很不正常，内部有爆裂声；②严重漏油或喷油，使油面下降到低于油位计的指示限度；③套管有严重的破损和放电现象；④变压器冒烟着火。

3）当发生危及变压器安全的故障，而变压器的有关保护装置拒动，值班人员应立即将变压器停运。

4）当变压器附近的设备着火、爆炸或发生其他情况，对变压器构成严重威胁时，值班人员应立即将变压器停运。

5）变压器油温升高超过规定值时，值班人员应按以下步骤检查处理：①检查变压器的负荷和冷却介质的温度，并与在同一负载和冷却介质温度下正常的温度核对；②核对温度装置；③检查变压器冷却装置或变压器室的通风情况。

若温度升高的原因由于冷却系统的故障，且在运行中无法检修者，应将变压器停运进行检修；若不能立即停运检修，则值班人员应按现场规程规定，调整变压器的负荷至允许运行温度下的相应容量。在正常负载和冷却条件下，变压器温度不正常并不断上升，且经检查证明温度指示正确，则认为变压器已发生内部故障，应立即将变压器停运。

变压器在各种超额定电流方式下运行，若顶层油温超过105℃时，应立即降低负荷。

6）变压器中的油因低温凝滞时，应不投冷却器空载运行，同时监视顶层油温，逐步增加负荷，直至投入相应数量冷却器，转入正常运行。

7）当发现变压器的油面较当时油温所应有的油位显著降低时，应查明原因。补油时应遵守规程规定，禁止从变压器下部补油。

8）变压器油位因温度上升有可能高出油位指示极限，经查明不是假油位所致时，则应放油，使油位降至与当时油温相对应的高度，以免溢冲。

9）铁心多点接地而接地电流较大时，应安排检修处理。在缺陷消除前，可采取措施将电流限制在100mA左右，并加强监视。

10）系统发生单相接地时，应监视消弧线圈和接有消弧线圈的变压器的运行情况。

（2）瓦斯保护装置动作的处理。瓦斯保护信号动作时，应立即对变压器进行检查，查明动作的原因，是否因积聚空气、油位降低、二次回路故障或是变压器内部故障造成的。

瓦斯保护动作跳闸时，在原因消除故障前不得将变压器投入运行。为查明原因应考虑以下因素，做出综合判断：

1）是否呼吸不畅或排气未尽。

2）保护及直流等二次回路是否正常。

3）变压器外观有无明显反映故障性质的异常现象。

4）气体继电器中积聚气体量，是否可燃。

5）气体继电器中的气体和油中溶解气体的色谱分析结果。

6）必要的电气试验结果。

7）变压器其他继电保护装置动作情况。

（3）变压器跳闸和灭火。

1）变压器跳闸后，应立即查明原因。如综合判断证明变压器跳闸不是由于内部故障所引起，可重新投入运行。若变压器有内部故障的征象时，应做进一步检查。

2）变压器跳闸后，应立即停油泵。

3）变压器着火时，应立即断开电源，停运冷却器，并迅速采取灭火措施，防止火势蔓延。

7. 母线的异常处理

（1）在正常运行时，有下列异常情况应立即汇报并进行相关的检查。

1）母差保护有异常的光字牌亮出。

2）母差保护不平衡电流大于规定范围。

3）发现母差电流端子或母差保护的相关连接片位置不正确。

（2）在正常运行时，如发现母差保护的“交流电流回路断线”光字牌亮出，应确认母线交流电流回路是否断线。

（3）母线电压消失，母差保护动作，应对该母线及其相连设备和母差保护进行检查，查出故障原因，并消除或隔离故障点后，可对母线试送电。

1）若找到故障原因，但失压母线不能马上恢复运行，应将无故障的设备倒换至正常母线运行。倒换母线时，开关母线侧隔离开关应采取“先拉后合”的原则。

2）若未能找到故障原因，则需要将挂于该母线的线路切换至正常母线运行。

3）对失压母线试送电时，应尽量使用外部电源充电，且外部电源必须具备快速灵敏切除充电母线故障的保护条件；不具备此条件时，可用母联开关充电，母联开关充电保护必须投入。

（4）断路器失灵保护动作使母线失压时，应在查出拒动断路器，并将故障断路器隔离后才可恢复母线送电。

8. 电压互感器的异常处理。

处理原则：运行中互感器发生异常现象时，应及时报告并予以消除，若不能及时消除时应及时报告有关领导及调度值班员，并将情况记入运行记录簿和缺陷记录簿中。

（1）电压互感器常见的异常判断与处理。

1）三相电压指示不平衡：一相降低（可为零），另两相正常，线电压不正常，可能是互感器二次自动空气开关断开。

2）中性点非有效接地系统，三相电压指示不平衡：一相降低（可为零），另两相升高（可达线电压），或指针摆动，可能是单相接地故障或基频谐振；如三相电压同时升高，并超过线电压（指针可摆到头），则可能是分频或纵联谐振。

3）中性点有效接地系统，母线倒闸操作时，出现相电压升高并以低频摆动，一般为串联谐振现象；若无任何操作而突然出现相电压异常升高或降低，则可能是互感器内部绝缘损坏，如绝缘支架、绕组层间或匝间短路故障。

4）中性点有效接地系统，电压互感器投运时出现电压表指示不稳定，可能是高压绕组N(X)端接地接触不良。

（2）电压互感器回路断线处理。

1）根据微机保护和自动装置有关规定，退出有关保护，防止误动作。

2）检查二次侧自动空气开关是否正常，如自动空气开关断开，应查明原因立即合上，当再次断开时则应慎重处理。

3）检查电压回路所有接头有无松动、断头现象，切换回路有无接触不良现象。

（3）电容式电压互感器常见的异常判断。

1）二次侧电压波动：引起的主要原因可能为二次连接松动、分压器低压端子未接地、电容单元可能被间断击穿的、铁磁谐振。

2）二次侧电压低：引起的主要原因可能为二次连接不良、电磁单元故障或电容单元损坏。

3）二次侧电压高：引起的主要原因可能为电容单元损坏、分压电容接地端未接地。

4）开口三角形电压异常升高：引起的主要原因可能为某相互感器的电容单元故障。

5）电磁单元油位过高：下节电容单元漏油或电磁单元进水。

6）投运有异音：电磁单元中电抗器或中压变压器螺栓松动。

（4）电磁式电压互感器二次侧电压降低故障时的处理。

故障现象：二次侧电压明显降低，可能是下节绝缘支架放电击穿或下节一次绕组匝间短路。

故障处理：这是互感器的严重故障，从发现二次侧电压降低，到互感器爆炸时间很短，应尽快汇报调度，采取停电措施，这期间不得靠近异常互感器。

（5）运行中互感器的膨胀器异常伸长顶起上盖，表明内部故障，应立即退出运行。当电压互感器二次侧电压异常变化时，应迅速查明原因（如电容式电压互感器可能发生自身铁磁谐振，电磁式电压互感器可能发生内部故障等），并及时处理。

9. 电流互感器的异常处理

（1）电流互感器常见的异常判断与处理。

1）电流互感器过热，可能是内、外接头松动，一次侧过负荷或二次侧开路。

2）互感器产生异音，可能是铁心或零件松动，电场屏蔽不当，二次侧开路或电位悬浮，末屏开路及绝缘损坏放电。

3）绝缘油溶解气体色谱分析异常，应由专业人员按有关规程进行故障判断并追踪分析。若仅氢气含量超标，且无明显增加趋势，其他正常，可判断为正常。

（2）电流互感器二次回路或末屏开路处理。

1）立即报告调度值班员，按微机保护和自动装置有关规定退出有关保护；

2）查明故障点，在保证人身安全前提下，设法在开路处附近端子上将其短路，短路时不得使用熔丝。如不能消除开路，应考虑停电处理。

（3）电流互感器严重漏油的处理。互感器应立即退出运行，检查各密封部件是否渗油，查明绝缘是否受潮，根据情况选择干燥处理或更换。

10. 避雷器的异常处理

（1）避雷器发生故障时，值班人员处理事故的原则。

1）值班人员到达现场后，应该初步判断事故的类别，判断事故相别。

2）巡视避雷器引流线、均压环、外绝缘、放电动作计数器及泄漏电流在线监测装置、接地引下线的状态后向上级主管部门汇报。

3）对于粉碎性爆炸事故，还应巡视事故避雷器临近的设备外绝缘的损伤状况。

（2）避雷器在下列情况下，应立即停电处理。

1）避雷器套管在潮湿的条件下出现明显的爬电或桥络。

2）均压环严重歪斜，引流线即将脱落，与避雷器连接处出现严重的放电现象。

3）接地引下线严重腐蚀或与地网完全脱开。

4）绝缘基座出现贯穿性裂纹。

5）密封结构金属件破裂。

6）避雷器试验结果严重异常，泄漏电流严重增长。

7）红外检测发现温度分布明显异常。

（3）避雷器事故的种类。

1）避雷器爆炸或内部闪络。

2）避雷器外绝缘套的污闪或冰闪。

3）避雷器断裂。

4）引线脱落。

（4）当发生上述故障时，值班人员进行处理时应注意的事项。

1）避雷器爆炸或内部闪络事故。在事故调查人员到来前，严禁值班人员接触事故避雷器及其附件。对于粉碎性爆炸，运行人员不得擅自将碎片挪位或丢弃。

2）避雷器外绝缘套的污闪或冰闪事故。在事故调查人员到来前，严禁运行人员清查事故避雷器绝缘外套。

3）避雷器断裂事故。在确认已不带电并做好相应的安全措施后，对避雷器的损伤情况进行巡视。在事故调查人员到来前，严禁值班人员挪动事故避雷器断裂部分，也不得对断口部分做进一步的损伤。

4）引线脱落。在确认引线已不带电并做好相应的安全措施后对引线连接端部、均压环的状况进行巡视并检查故障避雷器周围的设备是否有放电点或损伤。在事故调查人员到来前，严禁值班人员接触引线的连接端部，也不得攀爬避雷器或构架检查连接端子。

（5）上述事故的处理方法。

1）无接地故障时，可直接拉开避雷器隔离开关（220kV 母线避雷器），避雷器退出运行后，母线电压互感器也同时退出运行，应考虑二次侧电压切换。

2）有连续放电接地或无隔离开关者，联系主管调度停电处理。

3）一相避雷器故障时，在断开故障相避雷器后，其他两相避雷器应继续运行。

11. 高压并联电抗器的异常处理

（1）并联电抗器在外形和结构上与变压器有某些相似，它在运行中有些异常现象如气体继电器动作或告警，油位异常，音响异常等，处理方法与变压器基本相同，见主变压器的异常处理。

（2）并联电抗器的负载一般总是长期保持在其额定值的90%以上，变动很小，所以运行中温度较高要求平时认真监护和维护，做好日常巡视检查，定期取油样进行色谱分析。

（3）本站并联电抗器采用油浸自冷方式，当发现油温过高时，除检查电抗器外观还应检查散热器是否清洁，阀门是否正常打开。

12. 直流系统接地的异常处理

（1）阀控密封铅酸蓄电池壳体变形。

1）一般有充电电流过大、充电电压超过了249V，内部有短路或局部放电、温升超标、安全阀动作失灵等原因造成内部压力升高。处理方法是要减小充电电流，降低充电电压，检查安全阀是否堵死。

2）运行中浮充电压正常，一旦放电，电压很快下降到终止电压值，一般原因是蓄电池内部失水干涸、电解物质变质，处理方法是更换蓄电池。

3）蓄电池组熔断器熔断后，应立即检查处理，并采取相应措施，防止直流母线失电。

4）蓄电池组发生爆炸、开路时，应迅速将蓄电池总熔断器或自动空气开关断开，采取其他措施及时消除故障，恢复正常运行方式。

（2）充电屏装置故障和处理：

1）当1号或2号充电装置内部故障跳闸时，应及时启动3号充电装置代替故障充电装置运行（启动前检查参数是否一致）。

2）交流输入自动空气开关故障：其现象为交流输入不能正常接入系统，充电模块不能工作。原因为交流输入自动空气开关损坏。处理办法为：①检查另一路交流输入是否正常，待蓄电池充满电后，关断外部交流输入，充电屏进行停电，更换损坏的自动空气开关；②如果两路交流自动空气开关同时损坏，应将本充电屏停电后，将两路外部交流输入电源断开，更换自动空气开关；在无相应配件的情况下，可以直接将交流输入接入交流自动空气开关的输入端子上暂时供电。

3）充电模块输出过电压。其现象为显示输出过电压后，停止输出，然后显示输出欠电压；监控模块历史告警信息中显示输出过电压告警。处理办法是将交流电源断开后，拔出模块交流输入线，重新插上，合上交流电源自动空气开关，观察是否正常工作。如果不能正常工作，则将故障充电屏退出运行，上报生产部或与厂家联系，更换充电模块。

（3）绝缘监测装置故障和处理。

1）监控模块显示支路绝缘故障：其原因为系统输出支路发生绝缘故障或设备自身故障。处理办法为：①对于输出支路发生绝缘故障的情况，找出支路绝缘下降的原因并做相应的处理。②如果支路没有绝缘下降，则为绝缘监测仪自身问题，更换绝缘监测仪或维修。

2）绝缘故障监测仪发生绝缘下降告警，但监控模块无告警：其处理办法是检查绝缘监测仪的设置。

(4) 直流系统接地及处理的规定。

1) 220V直流系统两极对地电压绝对值差超过40V或绝缘降低到25kΩ以下，48V直流系统（通信用）任一极对地电压有明显变化时，应视为直流系统接地。

2) 220V直流系统接地后，应立即查明原因，根据接地选线装置指示或当日工作情况、天气和直流系统绝缘状况，找出接地故障点，并尽快消除。48V直流系统接地时应立即通知通信专业人员处理。

3) 停止直流回路的作业。通过直流绝缘监察系统检查是正极接地还是负极接地。对有作业回路进行检查。根据天气等实际情况对变电站有关直流回路进行巡视检查。

4) 对变电站直流回路接地选择。

5) 确定接地回路后，拉合一次该回路的直流自动空气开关进一步确定具体接地位置。

(5) 处理直流系统接地的注意事项。

1) 处理步骤应根据故障发生时的现场实际情况灵活掌握。

2) 在进行处理时应尽量缩短停用直流电源的时间（要充分考虑到微机绝缘监察装置返回时间）。不论是否查出接地部位，拉合保护直流时不得超过10s。

3) 在寻找直流接地时应至少由两人进行，一人操作，另一人监护。

4) 在接地选择前要联系调度请示是否退出相关纵联保护以免造成保护误动作。

5) 在接地选择过程中，严禁运行人员使用万用表进行测量，使用万用表进行测量时应由专业人员进行。

6) 在投停保护及自动装置时要汇报并取得调度的同意，必要时应该对保护装置做相应的处理。

7) 查找和处理直流接地时工作人员应戴线手套、穿长袖工作服。应使用内阻大于2000Ω/V的高内阻电压表，工具应绝缘良好。防止在查找和处理过程中造成新的接地。

13. 继电保护装置的异常处理

微机保护装置运行不正常，但尚未达到发生误动情况时，应加强监视，报告主管调度，通知继电人员处理。

(1) 运行中发现重合闸充电指示不正常时，应按照规定通知继电人员检查处理。

(2) 微机保护装置监视灯异常时应进行下列处理：

1) 检查各电源自动空气开关是否在合位。

2) 检查回路接点接触是否良好，是否有松动、断线等情况。

3) 各监视灯异常不能自行处理时，应及时通知主管调度及继电人员处理。

(3) 在下列情况下应停用整套微机保护装置：

1) 微机保护装置使用的交流电压、交流电流、开关量输入、输出回路上有作业。

2) 装置内部作业。

3) 继电人员输入定值。

(4) 发生下列情况时应联系主管调度将纵联保护改信号，通知继电人员检查处理。

1) 光纤通道异常时。

2) 直流电源消失时。

3) 纵联装置异常告警表示时。

(5) 发生下列情况时，应将保护装置停用：

1）保护装置不正常，有误动、拒动的危险时，如差动、零序电流保护交流回路断线及电流回路开口或保护装置发生严重异音、异味、冒烟、着火等。

2）差动保护、零序电流保护、纵联保护用的电流互感器一次或二次回路短接作业或电流断线连续发生时。

3）当母差保护“断线信号”表示时，要立即将母差保护停用；然后报告主管调度，并通知继电部门检查处理。

4）直流接地选择时，需要断开线路保护直流时，应将所选择的线路保护停用。

思考与练习

(1) 提高电力系统静态稳定的措施是什么?

(2) 对变电站的各种电能表应配备什么等级的电流互感器?

(3) 有载调压变压器分接开关的故障是由哪些原因造成的?

(4) 变压器的有载调压装置动作失灵是什么原因造成的?

(5) 接地距离保护有什么特点?

(6) 蓄电池在运行中极板硫化有什么特征?

(7) 蓄电池在运行中极板短路有什么特征?

(8) 蓄电池在运行中极板弯曲有什么特征?

(9) 什么是过电流保护延时特性?

(10) 过电流保护为什么要加装低电压闭锁?

(11) 为什么在三绕组变压器三侧都要装过电流保护? 它们的保护范围是什么?

(12) 何种故障瓦斯保护动作?

(13) 在什么情况下需将运行中的变压器差动保护停用?

(14) 零序保护的Ⅰ、Ⅱ、Ⅲ、Ⅳ段的保护范围是怎样划分的?

(15) 500kV 变压器有哪些特殊保护? 其作用是什么?

(16) 高频远方跳闸的原理是什么?

(17) 220kV 线路为什么要装设综合重合闸装置?

(18) 综合重合闸有几种运行方式? 分别是怎样工作的?

(19) 为什么自投装置的启动回路要串联备用电源电压继电器的有压触点?

(20) 故障录波器的启动方式有哪些?

(21) 不符合并列运行条件的变压器并列运行会产生什么后果?

(22) 真空断路器的真空指的是什么?

(23) 在何种情况下可不经许可，即行断开有关设备的电源?

(24) 什么故障会使 35kV 及以下电压互感器的一、二次侧熔断器熔断?

(25) 为什么不允许在母线差动保护电流互感器的两侧挂接地线?

(26) 铁磁谐振过电压现象和消除办法是什么?

(27) 断路器越级跳闸应如何检查处理?

(28) 弹簧储能操动机构的断路器发出“弹簧未拉紧”信号时应如何处理?

(29) 处理故障电容器时应注意哪些安全事项?

（30）断路器拒绝分闸的原因有哪些？

（31）在带电设备的附近用绝缘电阻表测量绝缘时应注意什么？

（32）测量绝缘电阻的作用是什么？

（33）怎样对变压器进行校相？

（34）对室内电容器的安装有哪些要求？

（35）查找直流接地时应注意哪些事项？

第三章　用电管理设备检定与系统仿真

第一节　智能电能表检定

一、智能电能表简介

智能电能表是一种新型全电子式电能表，由测量单元、数据处理单元、通信单元等组成，具有电能量计量、信息存储及处理、实时监测、自动控制、信息交互等功能。与传统电能表相比，智能电能表具备强大的通信、数据管理与存储、密钥及安全身份认证等新功能。智能电能表能提供多套费率表，针对不同季节、时区及节假日可分别设置不同的用电方案，并能记录用户用电负荷曲线，帮助用户优化用电方案，制订节电计划。智能电能表的应用，不仅能实现用户信息的“全覆盖、全采集、全费控”，还将促进电能计量、抄表、收费、检查工作的准确性、标准化、自动化，全面提升供电服务水平。

（一）智能电能表特点

与传统的机械式电能表、电子式电能表、预付费电能表相比，智能电能表主要具有如下特点。

1. 预付费方式不同

传统式预付费电能表购电时购买的是电量，当电价发生变化时，已购的电量无法随之调整，会给交易双方造成损失；智能电能表购电时存入表中的是金额，电价信息存储在表计中，当电价调整时，可以通过采集主站更改表计中的电价信息，不会给交易双方带来损失。

2. 远程采集功能

通过用电信息采集系统，可以远程采集智能电能表内的数据，包括用电量、剩余金额、电价等。

3. 费控功能

智能电能表中的控制芯片可以根据用户的缴费情况和用电情况对用户进行拉/合闸控制。

4. 多种方式计费功能

（1）费率功能。根据不同时间段的用电负荷，制定不同的电价。利用电价手段调节用电负荷，引导用户错峰用电。

（2）阶梯功能。在阶梯电量范围内的电价不变，超过阶梯电量的电价将有一定程度的增加。保证电力用户基本用电电价不变的情况下，增加对于奢侈用电的收费，以达到节能减排的效果。

（3）费率阶梯混合计费功能。以上两种方式的组合，既引导用户错峰用电，又促进用户自觉节能减排。

5. 丰富的显示功能

智能电能表通过丰富的显示功能，可以让用户实时观测到自己家中的用电情况，包括电压、电流、功率因数、功率、剩余金额等。

6. 交互功能

用电信息采集系统主站通过采集表计的剩余金额，在用户剩余金额低于报警金额时，向用户发出报警短信告知用户；在用户电费已经用完时将定期向用户发送催费通知。

（二）智能电能表技术规范

1. 智能电能表外观、接线及 LCD 显示界面

智能单相电能表的外观、接线及 LCD 显示界面如图 3-1 所示，智能三相电能表外观、接线及 LCD 显示界面如图 3-2 所示。

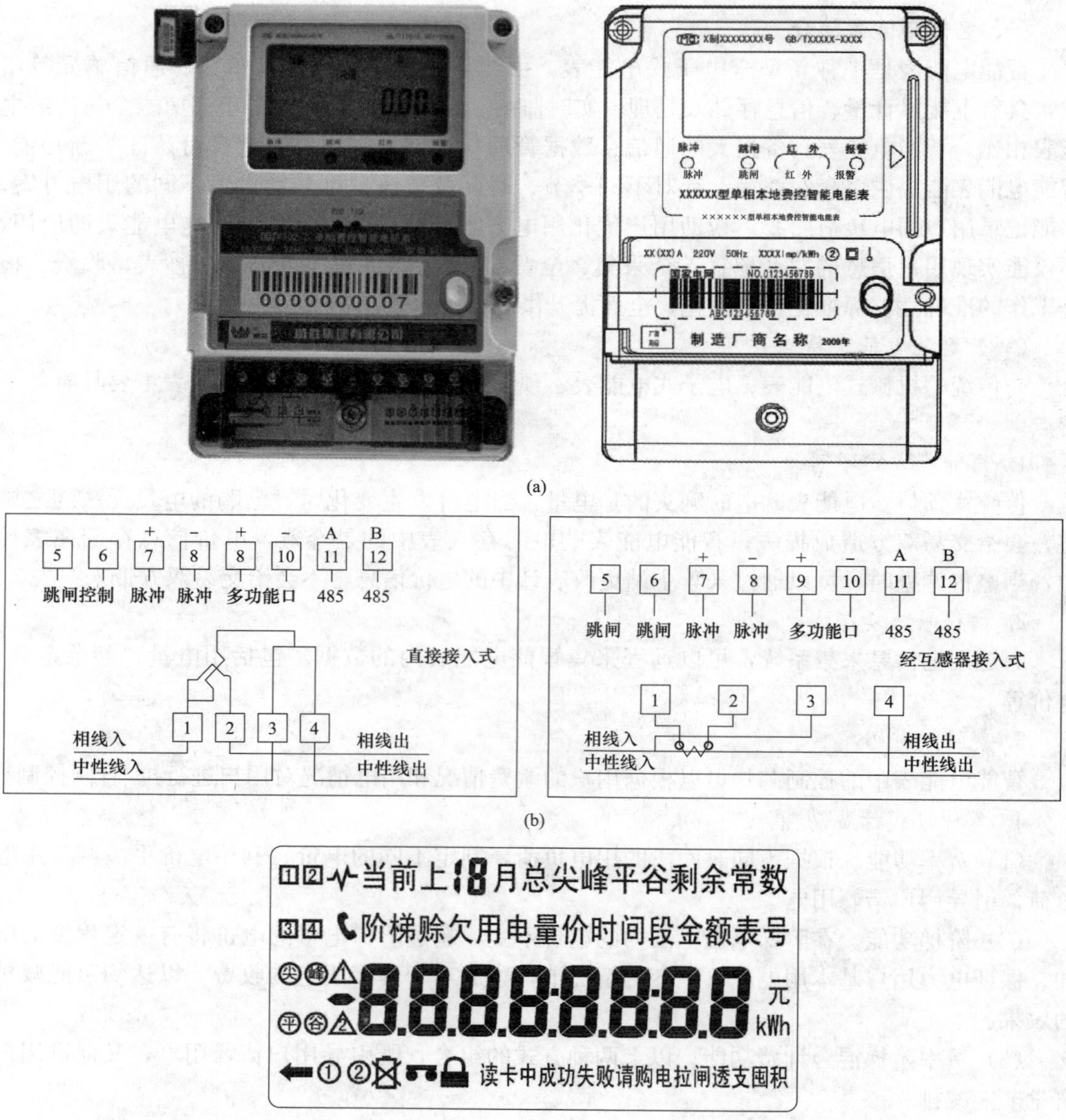

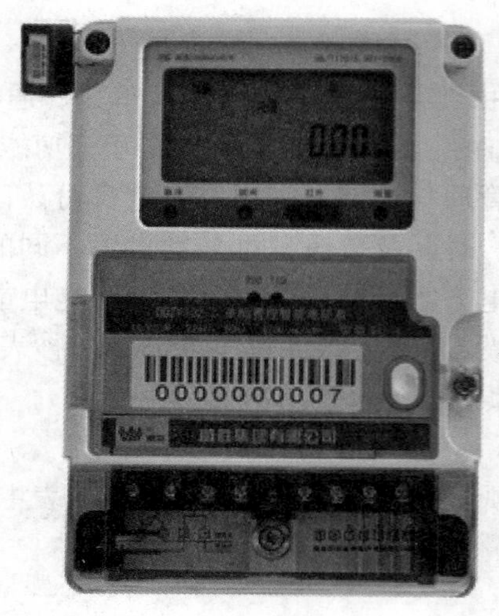

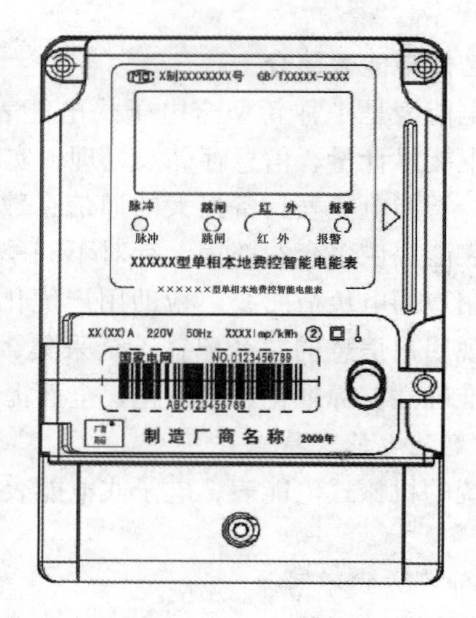

(a)

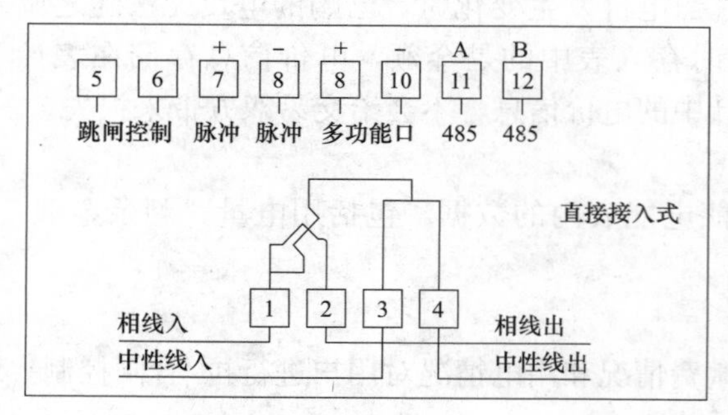

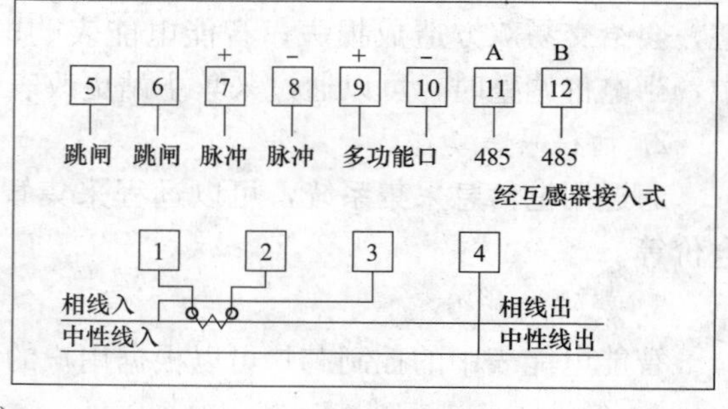

(b)

①② 当前上18月总尖峰平谷剩余常数

③④ 阶梯赊欠用电量价时间段金额表号

尖 峰 8.8.8.8.8.8.8.8. 元

平 谷 kWh

①② 读卡中成功失败请购电拉闸透支囤积

(c)

图 3-1 智能单相电能表

（a）外观；（b）接线图；（c）LCD 显示界面

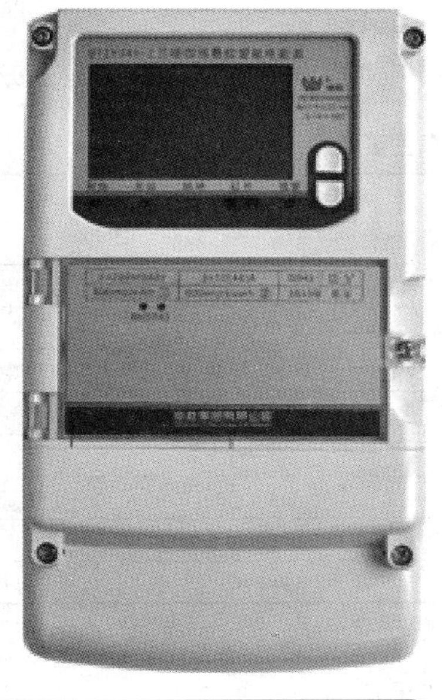

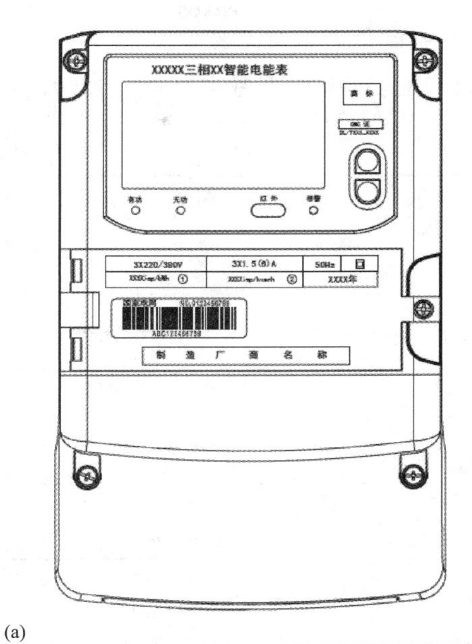

(a)

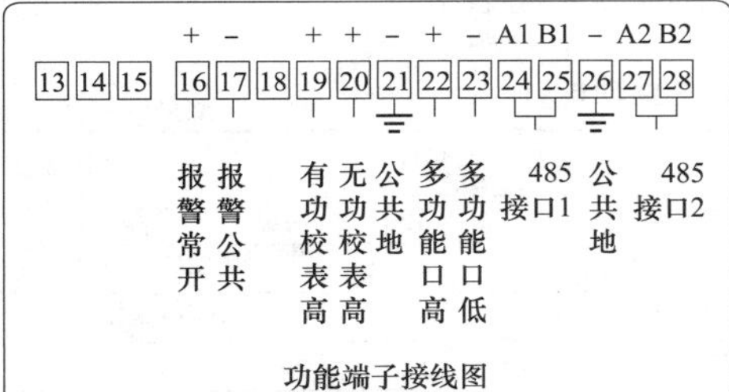

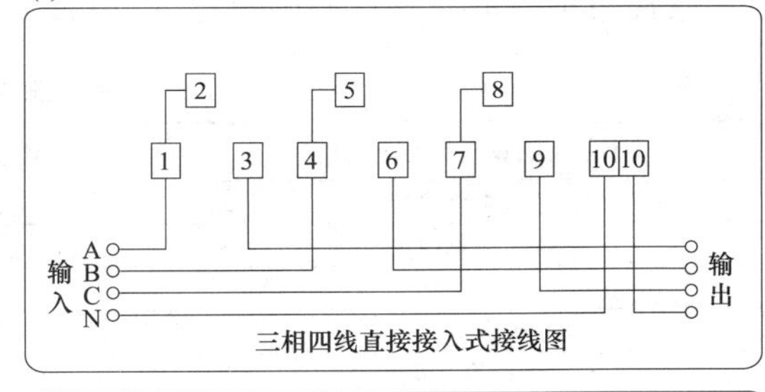

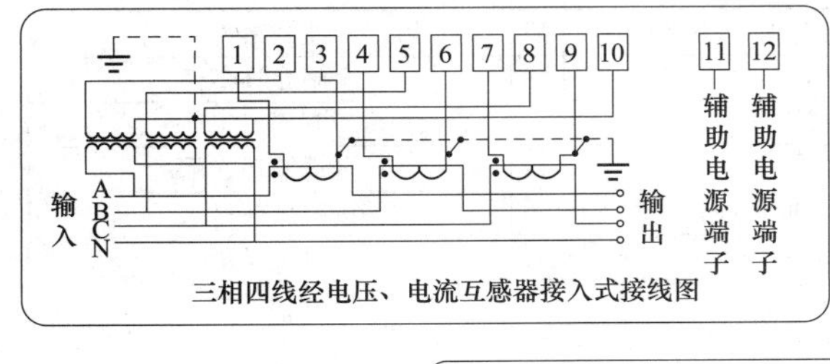

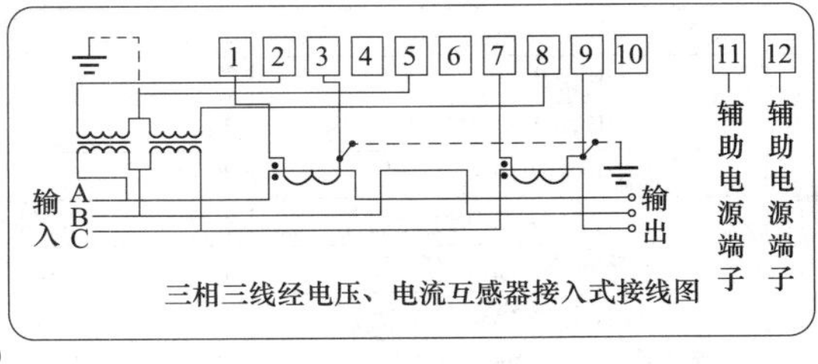

(b)

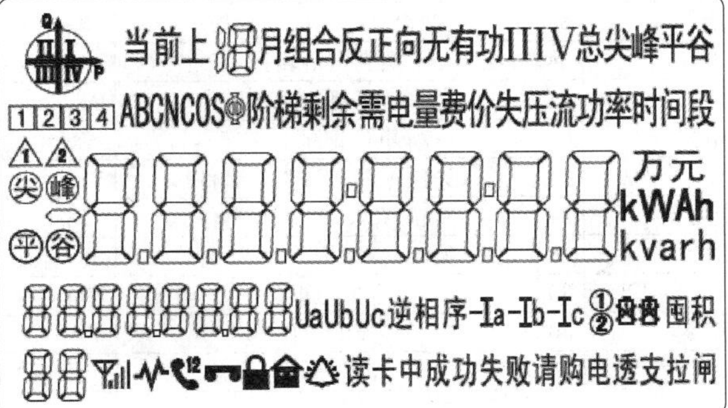

(c)

图 3-2　智能三相电能表

（a）外观；（b）接线图；（c）LCD 显示界面

2. 智能电能表主要参数

智能电能表的标准参数主要有参比电压、参比电流、参比频率等，具体参数标准值见表 3-1。

表 3-1　智能电能表主要参数

标准参数	单相表标准值	三相表标准值	说明
参比电压（V）	220	3×220/380，3×380	直接接入
		3×57.7/100，3×100	经电压互感器接入式
参比电流（A）	5，10，20	5，10，20	直接接入
	1.5	0.3，1，1.5	经电流互感器接入式
最大电流	参比电流的整数倍	参比电流的整数倍	倍数不宜小于 4 倍
参比频率（Hz）	50	50	
参比温度（℃）	23	23	规定温度－25～60℃
参比相对湿度	40%～60%	40%～60%	不大于 95%
大气压力（kPa）	63～106.0	63～106.0	海拔 4000m 及以下

3. 智能电能表主要功能

智能电能表的主要功能见表 3-2，功能主要术语解释见表 3-3。

表 3-2　智能电能表的主要功能

计量及结算日转存		整点冻结			
1	正向有功总电能	23	正向总有功电能	42	编程事件
2	反向有功总电能	24	反向总有功电能	43	校时事件
3	正向各费率有功电能	25	冻结时间	44	电压逆相序
4	反向各费率有功电能	清零		45	开表盖事件
5	正向分相有功电能	26	需量清零	46	开端钮盖事件
6	四象限无功电能	27	电能表清零	47	拉闸事件
7	组合无功电能 1	输出		48	合闸允许事件
8	组合无功电能 2	28	控制信号	显示	
9	正向有功最大需量	29	电量脉冲	49	自动循环显示
10	正向有功各费率最大需量	30	时钟信号/时段投切	50	按键循环显示
11	反向有功最大需量	31	需量周期信号	51	自检显示
12	反向有功各费率最大需量	时间		通信	
瞬时/约定/定时/日冻结		32	日历、计时和闰年切换	52	RS-485 接口
13	正向总有功电能	33	两套费率、时段转换	53	红外接口
14	正向各费率有功电能	34	两套电价转换	54	载波接口
15	反向总有功电能	35	广播对时	55	公网模块
16	反向各费率有功电能	事件记录		测量	
17	四象限无功电能	36	失压（A、B、C）事件	56	分相电压
18	组合无功电能	37	断相（A、B、C）事件	57	分相电流
19	正向有功最大需量	38	失流（A、B、C）事件	58	中性线电流
20	总有功功率	39	全失压事件	59	总有功功率
21	分相有功功率	40	掉电事件	60	分相有功功率
22	冻结时间	41	清零事件		
其他					
61	停电抄表	62	停电显示	63	安全保护
64	辅助电源	65	负荷记录	66	费控功能
67	阶梯电价				

注　以 0.2S 级三相智能电能表主要功能为例说明。

表 3-3 功能术语解释

术语	解释
需量	规定时间内的平均功率
最大需量	在规定的时间段内记录的需量的最大值。最大需量测量采用滑差方式，需量周期和滑差时间可设置。出厂默认值：需量周期 15min、滑差时间 1min
需量周期	测量平均功率的连续相等的时间间隔
滑差时间	依次递推用来测量最大需量的小于需量周期的时间间隔
冻结	存储特定时刻重要数据的操作
时段、费率	将一天中的 24h 划分成的若干时间区段称之为时段；一般分为尖、峰、平、谷时段。 与电能消耗时段相对应的计算电费的价格体系称为费率
临界电压	电能表能够启动工作的最低电压，此值为参比电压（对宽量程的电能表此值为参比电压下限）的 60%
失压	在三相供电系统中，某相负荷电流大于启动电流，但电压线路的电压低于电能表正常工作电压的 78%时，且持续时间大于 1min，此种工况称为失压
全失压	若三相电压均低于电能表的临界电压，且负荷电流大于 5%额定（基本）电流的工况，称为全失压
断相	在三相供电系统中，某相出现电压低于电能表的临界电压，同时负荷电流小于启动电流的工况
失流	在三相供电系统中，三相有电压大于电能表的临界电压，三相电流中任一相或两相小于启动电流，且其他相线负荷电流大于 5%额定（基本）电流的工况
电能量脉冲输出	电能表应具有与其电量成正比的电脉冲和 LED 脉冲测试端口（有功、无功），脉冲测试端口能用适当的测试设备检测，脉冲宽度为：80ms±20ms。电脉冲应经光电隔离后输出；LED 脉冲采用超亮、长寿命 LED 作电量脉冲指示，测试端口能从正面触及到
多功能测试接口	电能表应具有日计时误差检测信号、时段投切信号以及需量周期信号输出；三个输出信号可以使用同一输出接口（多功能测试接口），并可通过编程设置进行切换；电能表断电后再次上电，多功能测试接口输出信号默认为日计时误差检测信号

二、智能单相表检定

1. 检定要求

依据国网公司企业标准《智能电能表技术规范》（Q/GDW 364—2009）以及《电子式交流电能表检定规程》（JJG 596—2012）。

全检验收基本误差的误差限值按照最新 JJG 596—2012 中要求误差限的 60%的要求进行验收。检定试验项目为：①外观、标志检查；②仪表常数试验；③启动试验；④潜动试验；⑤计度器总电能示值误差试验；⑥日计时误差试验；⑦最大需量误差试验；⑧交流电压试验。试验检定项目明细见表 3-4。

表 3-4 试验检定项目明细

序号	试验项目		判定级别	全性能试验	抽样验收试验
1	外观、标志、通电检查		B	·	·
2	准确度要求试验	电流变化引起的百分误差	A	·	·
3		电能表常数误差	A	·	·
4		启动试验	A	·	·
5		潜动试验	A	·	·

续表

序号	试验项目		判定级别	全性能试验	抽样验收试验
6	准确度要求试验	环境温度影响	A	•	•
7		影响量试验	A	•	
8		计度器总电能示值误差	A	•	•
9		日计时误差	A	•	•
10		环境温度对日计时误差的影响	A	•	•
11		测量重复性试验	A	•	
12		误差变差试验	A	•	•
13		误差一致性试验	A	•	•
14		负载电流升降变差试验	A	•	•
15	电气要求试验	功率消耗	A	•	•
16		电源电压影响	A	•	
17		短时过电流影响试验	A	•	
18		自然试验	A	•	
19		温升试验	A	•	
20		短时过电压试验	A	•	
21		电流回路阻抗测试	A	•	
22		通信模块接口带载能力测试	A	•	
23		通信模块互换能力试验	A	•	
24	绝缘	脉冲电压试验	A	•	•
25		交流电压试验	A	•	•
26	电磁兼容试验	静电放电抗扰度试验	A	•	•
27		射频电磁场抗扰度试验	A	•	•
28		快速瞬变脉冲群抗扰度试验	A	•	•
29		浪涌抗扰度试验	A	•	•
30		射频场感应的传导骚扰抗扰度	A	•	•
31		无线电干扰抑制	A	•	
32	气候影响试验	高温试验	A	•	
33		低温试验	A	•	
34		交变湿热试验	A	•	
35		阳光辐射防护试验	A	•	
36	机械试验	极限工作环境试验	A	•	
37		防尘试验	A	•	
38		防水试验	A	•	
39		弹簧锤试验	A	•	
40		冲击试验	A	•	
41		振动试验	A	•	
42		耐热和阻燃试验	A	•	
43		接线端子压力试验	A	•	
44	费控安全试验	费控功能试验	B	•	
45		密钥更新试验	B	•	
46		参数更新试验	B	•	
47		远程控制试验	B	•	
48		安全认证试验	A	•	
49	通信规约一致性检查		B	•	
50	功能检查		B	•	

注 点 · 为要做的试验。

2. 主要检定方法

（1）外观检查。仪表的外壳、端子座、端子盖等应完整洁净，无明显划伤和毛刺；应有按国家标准规定的识别数字并在接线端子上加以标志；端盖上应标出接线图；使用说明书及附件等应齐全。

仪表应有能用合适的测试设备进行监测的测试输出装置，应标明脉冲数并有指示器，能从正面可见并触及。铭牌上应有如下信息：①制造厂名商标和产地；②型号和认证标志；③相数和线数；④制造系列号和年份；⑤参比电压、电流、频率、常数、等级；⑥温度（参比温度不是23℃时应标出）；⑦绝缘类别（Ⅱ类防护绝缘包封仪表用“回”）。

有下列缺陷之一的电能表判定为外观不合格：

1）标志不符合要求。

2）铭牌字迹不清楚，或经过日照后已无法辨别，影响到日后的读数或计量检定。

3）内部有杂物。

4）计度器显示不清晰，字轮式计度器上的数字约有1/5高度以上被字窗遮盖；液晶或数码显示器缺少笔画、断码；指示灯不亮等现象。

5）表壳损坏，视窗模糊和固定不牢或破裂。

6）电能表基本功能不正常。

7）封印破坏。

（2）交流耐压试验。对首次检定的电能表进行50Hz或60Hz的交流电压试验。

1）所有的电流线路和电压线路以及参比电压超过40V的辅助线路连接在一起为一点，另一点是地，试验电压施加于该两点间；对于互感器接入式的电能表，应增加不相连接的电压线路与电流线路间的试验。

2）试验电压应在5～10s内由零升到规定值，保持1min，随后以同样速度将试验电压降到零。试验中，电能表不应出现闪络、破坏性放电或击穿；试验后，电能表无机械损坏，电能表应能正确工作。

（3）启动试验。在参比电压、参比频率和 $\cos\varphi=1.0$ 的条件下，负载电流升到 $0.001I_N$ 后，电能表应有脉冲输出或代表电能输出的指示灯闪烁，启动时间不超过下述公式计算结果要求。

启动规定时间

$$t_Q = 1.2\times\frac{60\times1000}{CP_Q}\mathrm{min}$$

式中：C 为脉冲常数，im/kWh；P_Q 为启动功率，W。

（4）潜动试验。电流回路无电流，电压回路加 $115\%U_N$ 时，在启动电流下产生1个脉冲的10倍时间内，电能表输出应不多于1个脉冲。

（5）需量示值误差。在参比电压、参比频率、$\cos\varphi=1.0$ 时，当 $I=0.1I_N-I_{max}$，其需量示值误差（%）应不大于规定的准确度等级值。如0.5S级智能电能表需量示值误差不得大于0.5。

（6）时钟准确度。在参比温度（23℃）及工作电压范围内，内部时钟准确度应优于0.5s/d。在工作温度范围（−25～60℃）内，在交流电源供电和直流电池供电条件下，时钟准确度不大于1.0s/d。

（7）智能电能表常数试验。智能电能表测试输出与显示器指示的电能量变化之间的关系，应与铭牌标志的常数一致。有走字法和标准表法。在参比电压、最大电流、功率因数为1.0的情况下，校核0.3kWh，该表所输出脉冲数和 $N=bc$ 相同。

（8）环境温度影响实验。

1）环境温度变化引起误差改变量：$0.05I_N \leqslant I \leqslant I_{max}$，功率因数为1时，不应超过0.03%。

2）环境温度变化引起误差改变量：$0.1I_N \leqslant I \leqslant I_{max}$，功率因数为0.5时，不应超过0.05%。

（9）基本误差实验。标准电能表法：标准电能表与被检电能表都在连续工作的情况下，用被检电能表输出的脉冲（低频或高频）控制标准电能表计数来确定被检电能表的相对误差。智能电能表误差限值见表3-5。

表3-5　智能电能表误差限值

电流值		功率因数	各等级仪表百分数误差极限	
直接接入仪表	经互感器仪表		1	2
$0.05I_b \leqslant I < 0.1I_b$	$0.02I_N \leqslant I < 0.05I_N$	1.0	±1.5	±2.5
$0.1I_b \leqslant I \leqslant I_{max}$	$0.05I_N \leqslant I \leqslant I_{max}$	1.0	±1.0	±2.0
$0.1I_b \leqslant I < 0.2I_b$	$0.05I_N \leqslant I < 0.1I_N$	0.5L 0.8C	±1.5 ±1.5	±2.5 —
$0.2I_b \leqslant I \leqslant I_{max}$	$0.1I_N \leqslant I \leqslant I_{max}$	0.5L 0.8C	±1.0 ±1.0	±2.0 —
当用户特殊要求时		0.25L 0.5C	±3.5 ±2.5	—
$0.2I_b \leqslant I \leqslant I_b$	$0.1I_N \leqslant I \leqslant I_N$			

注　I_b 为基本电流；I_{max} 为最大电流；I_N 为径电流互感器接入的电能表额定电流，其值与电流互感器二次侧额定电流相同；径电流互感器接入的电能表最大电流 I_{max} 与互感器二次侧扩展电流（$1.2I_N$、$1.5I_N$ 或 $2I_N$）相同。

（10）测量数据修约。

1）修约间距数为1时的修约方法：保留位右边对保留位数字1来说，若大于0.5，则保留位加1；若小于0.5，则保留位不变；若等于0.5，则保留位是偶数时不变，保留位是奇数时加1。

2）修约间距数为 n（$n \neq 1$）时的修约方法：将测得数据除以 n，再按1）所述的修约方法修约，修约以后再乘以 n，即为最后修约结果。

（一）填空

（1）智能电表标牌标注的准确度等级为有功2.0级，实际是按照有功1.0级的________%来验收。

（2）显示内容如下：

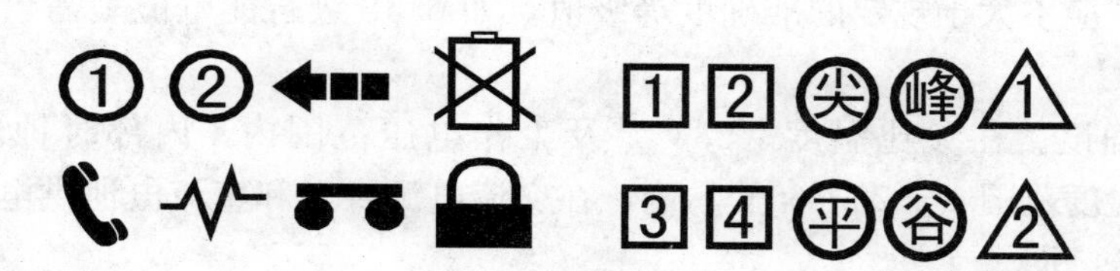

1）①②代表______________　　2）◀■■■代表______________

3）⊠代表______________　　4）📞代表______________

5）🔒代表______________　　6）⚠⚠指示______________

（3）电能计量具有______________、______________两类基本电能以及组合有功电能一类组合电能的计量功能。

组合有功电能可由正反向有功电能进行选择性加减组合，通过修改有功组合方式特征字进行设置。默认的用功组合方式特征字为：05，即表示______________。

（4）费率、时段及电价方案：电表具有____套费率时段表，可在约定的时刻自动转换；每套费率应至少支持____个费率。

（5）填写下列单相智能电表型号对应的名称：DDZY522：______________，DDZY522C：______________，DDZY522C-Z：______________。

（6）智能电能表根据其费控功能在本地实现或通过远程实现分为________和远程费控电能表。

（二）问答题

（1）智能电能表冻结功能有哪几种方式？

（2）在进行全检验收试验时的测试项目有哪些？

（三）计算题

（1）用户总用电量为300kWh，阶梯设为50kWh和200kWh两个值，阶梯电价分别设为0.3、0.4、0.5元/kWh，则电费是多少？

（2）某用户安装三相四线电能表，电能表铭牌标注3×380/220V、3×1.5(6)A，配用三只变比为150/5的电流互感器。本月抄表示数3000，上月抄表示数2500。求本月实际用电量多少？

（3）某一高供高计用户，本月抄见有功电量为1582000kWh，无功电量为299600kvarh。求该户当月加权平均功率因数？

（4）某电力公司为鼓励居民用户用电，采取用电量超过200kWh的一户一表用户超过部分降低电价0.1元/kWh的优惠政策。已知优惠前年总售电量为1000000kWh，售电均为0.5元/kWh；优惠后年总售电量为1200000kWh，售电均价为0.48元/kWh。设年居民用电量自然增长率为8%。试求采取优惠政策后增加售电收入多少元？

（5）某居民用户，按月为周期执行阶梯电价，不执行峰谷分时电价，电价分档如下表所示，2015年9月的当月抄见电量为558kWh，计算该客户9月份应交电费。

阶梯电价表

分挡	月均用电量（kWh/户）	分挡电价（元/kWh）
第一挡	≤180	0.60
第二挡	>180，≤350	0.65
第三挡	>350	0.90

（6）某农场10kV高压电力排灌站装有变压器1台，容量为500kVA，高供高计。该户本月抄见有功电量为40000kWh，无功电量为30000kvarh。排灌电价为0.62元/kWh，求该户本月应交电费为多少？

（7）客户 A 2005 年 4 月计费电量 100000kWh，其中峰段电量 20000kWh，谷段电量 50000kWh。客户所在供电区域实行峰段电价为平段电价的 160%，谷段电价为平段电价的 40%的分时电价政策。请计算该客户 4 月份电量电费因执行分时电价支出多或少百分之几?

（8）某工业用户装有 SL7-50/10 型变压器 1 台，采用高供低计方式进行计量，根据供用电合同，该户用电比例为工业 95%，居民生活 5%，已知 4 月份抄见有功电量为 10000kWh，试求该户 4 月份的工业电费和居民生活电费各为多少？总电费为多少？（假设工业电价为 0.5 元/kWh，居民生活电价为 0.3 元/kWh，SL7-50/10 型变压器的变速为 435kWh）

第二节 互感器检定

在电气工程测量中，经常需要测量高电压和大电流，由于仪表的量限不能无限扩大，使得无法用仪表直接去测量。这时就需要使用一种能隔离高压及按比例准确地变换被测交流电压或电流的互感器。其中变换交流电压的称为电压互感器，变换交流电流的称为电流互感器。各类互感器实物图外观如图 3-3 所示。

图 3-3 各类电流互感器实物图

（a）0.4kV 电流互感器；（b）10kV 电压互感器；（c）35kV 户外电压互感器；（d）35kV 户内电流互感器；（e）110kV 户外气体电流互感器；（f）220kV 户外电流互感器

一、0.4kV 计量用低压电流互感器的检定

0.4kV 计量用低压电流互感器适用于 0.4kV 低压电力线路使用的计量用电流互感器。其外观及铭牌如图 3-4 所示。

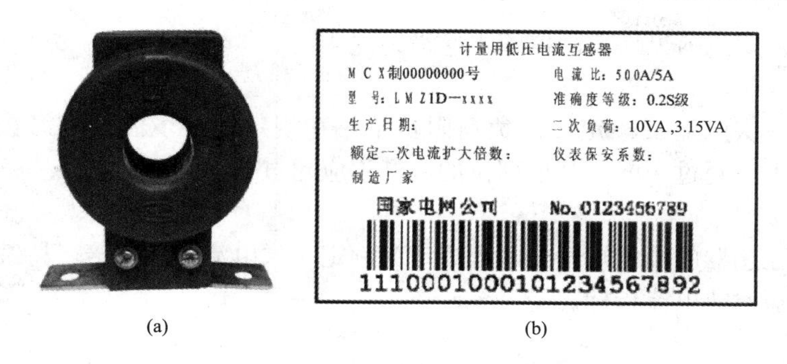

(a)　(b)

图 3-4　电流互感器外观及铭牌

（一）型号命名方法

目前，国产电流互感器型号编排方法规定如下：

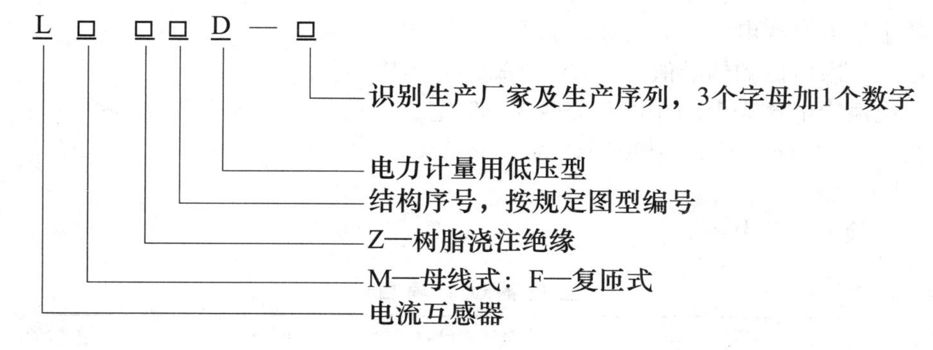

（二）技术指标

1. 工频耐压

一次绕组（或可能与一次导体接触的外壳表面）对二次绕组及接地底板、二次绕组对接地底板的工频耐受电压为 3kV，试验时长 1min，互感器应无击穿或闪络发生。

2. 匝间绝缘强度

二次绕组开路，一次绕组通以额定扩大一次电流并维持 1min，互感器二次绕组的匝间绝缘无损坏。

3. 绝缘电阻

一次绕组（若有）与二次绕组的绝缘电阻不低于 100MΩ；二次绕组对接地的金属外壳绝缘电阻不低于 30MΩ。

4. 准确度等级

准确度等级包括有 0.2S 和 0.5S。

5. 运行变差

运行变差应满足以下要求：

（1）等安匝误差不超过误差限值的 1/10。

（2）剩磁误差不超过误差限值的 1/3。

（3）温度附加误差不超过误差限值的 1/4。

6. 磁饱和裕度

互感器铁心中的磁通密度相当于额定电流和额定负荷状态下的 1.5 倍，互感器误差应不大于额定电流及额定负荷下误差限值的1.5倍。

7. 温升限值

在额定扩大一次电流及额定二次负荷阻抗下，在规定的环境温度和海拔高度下长期工作，绕组的温升不应超过40K，其他部位的温升不应超过35K。

8. 短时热电流

复匝式电流互感器的额定短时热电流规定为额定一次电流的150倍，持续时间1s。母线式互感器不规定短时热电流指标。

9. 额定值

电流互感器的额定值要求如下：

(1) 额定频率范围：(50±0.5)Hz。

(2) 额定一次电流的标准值为：10A，15A，20A，30A，40A，50A，60A，75A、80A及其十进位倍数或小数。

(3) 额定扩大一次电流倍数的标准值为：1.2、1.5、2。

(4) 额定二次电流的标准值为：5A，1A。

(5) 二次额定电流为1A的电流互感器，额定二次负荷的标准值为2.5VA和5VA，额定下限负荷的标准值为1VA，功率因数为0.8～1.0。

(三) 试验项目

互感器试验项目见表3-6。

表3-6 互感器试验项目

序号	名称	全性能验收试验	抽样验收试验	全检验收试验
1	外观检查	+	+	+
2	绝缘电阻测量	+	+	+
3	工频耐压试验	+	+	+
4	二次绕组匝间绝缘试验	+	+	+
5	室温条件下的误差试验	+	+	+
6	磁饱和误差试验	+	+	+
7	等安匝误差试验	+	+	—
8	剩磁误差试验	+	+	—
9	仪表保安系数试验	+	+	—
10	短时热电流试验	+	+	—
11	极限工作条件下的误差试验	+	+	—
12	温升试验	+	—	—
13	湿热试验（A级）	+	—	—
14	辐照试验（A级）	+	—	—
15	长霉试验（A级）	+	—	—
16	盐雾试验（A级）	+	—	—
17	可燃试验	+	+	—
18	弹簧锤试验	+	+	—
19	安装底板载荷试验	+	+	—

注 (1) 表中所列试验项目为计量用低压电流互感器的通用试验要求，对于安装在谐波含量较高的用电负荷处的电流互感器，需要进行谐波影响试验。

(2) 表中符号“+”表示必检项目，符号“—”表示不可检项目。

1. 外观检查

外观检查包括装配质量、零部件表面处理、铭牌、接线端子、外形尺寸、电气间隙、爬电距离的测量以及产品技术条件规定的其他项目检查。

试品应与其铭牌及所有经规定程序批准的图样要求一致。

2. 绝缘电阻测量

用绝缘电阻表法或伏安法（电压表电流表法）测量，施加500V的直流电压，偏差不超过±5%，测量误差不应超过±10%。

3. 工频耐压试验

（1）试验电源频率在45～65Hz，电压波形畸变率不大于5%，试验变压器高压输出端的短路电流不小于0.5A。

（2）试验电压从接近于零的某个值逐渐地升高至规定值，并在规定值持续1min。

（3）直接测量试验变压器高压输出端的试验电压，测量误差不应超过±1%。

（4）试验过程中无击穿或闪络等放电现象产生。

4. 二次绕组匝间绝缘强度试验

（1）试验时二次绕组开路，并使其一端连同底板接地，一次绕组通以额定频率的额定扩大一次侧电流，持续1min。

（2）试验过程无放电发生，试验后互感器误差应无显著变化。

5. 室温条件下的误差试验

互感器出厂时在室温下的误差应控制在规定的误差限值以内（见表3-7）。

表3-7　互感器室温下的误差限值

准确度等级	电流百分数（%）	1	5	20	100	120
0.5S	比值差（%）	±1.2	±0.45	±0.3	±0.3	±0.3
	相位差（′）	±72	±27	±18	±18	±18
0.2S	比值差（%）	±0.67	±0.27	±0.12	±0.12	±0.12
	相位差（′）	±26	±11	±6	±6	±6

注　（1）电流互感器的基本误差以退磁后的误差为准。
（2）对于母线式电流互感器，检定时一次导体与中心轴线的位置偏差，应不大于穿心孔径的1/10。

6. 磁饱和裕度试验

测得误差应不大于额定电流及额定负荷下误差限值的1.5倍。

7. 等安匝误差试验

母线式电流互感器应进行此项试验。试验时使用不少于3匝的一次导线穿绕在电流互感器的一次导体孔内。导线在孔的周边尽量均匀分布；然后用绕好的等安匝母线作为一次绕组，测量互感器的误差；测得的误差与一次单匝条件下测得的误差相比，变化不超过测量点误差限值的1/10。

8. 剩磁误差试验

测得的误差变化应不超过测量点误差限值的1/3。若充磁后剩磁误差的测量结果超出允许值，应重复测量，直到连续的二次测量结果偏差小于基本误差限值的1/10。

9. 其他试验

其他试验包括仪表保安系数试验、短时热电流试验、极限工作温度下的误差试验、温升试验、湿热试验、辐照试验、长霉试验、盐雾试验、阻燃试验等。

二、10kV 计量用电压互感器检定

（一）电压互感器技术指标

10kV 户内电压互感器外观、型号及参数见图 3-5、图 3-6、表 3-8。

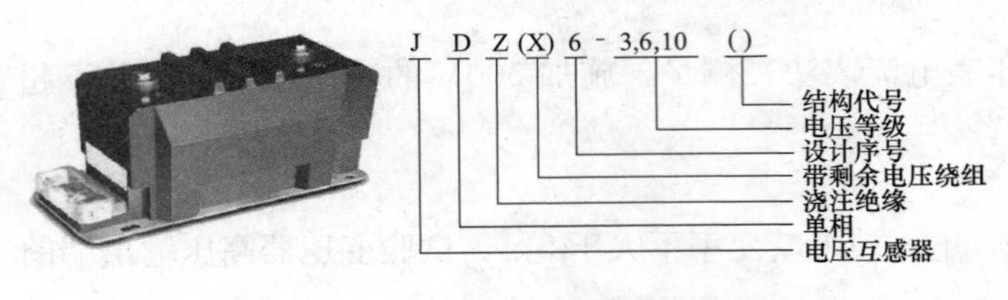

图 3-5 10kV 户内电压互感器的外观及型号

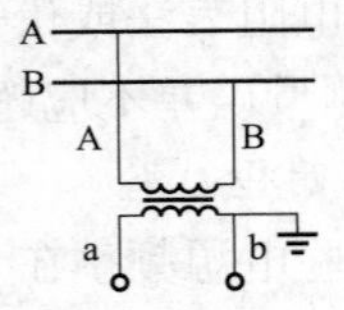

图 3-6 10kV 户内电压互感器接线图

表 3-8 技术参数

型号	额定电压比（kV）	额定频率（Hz）	准确度组合	额定输出（VA）	热极限输出（VA）	额定绝缘水平（kV）
JDZ6-10	10/0.1	50，60	0.2，0.5，1.0	20，50，100	400	12/42/75

（二）电压互感器检定

电压互感器检定项目见表 3-9。

表 3-9 电压互感器检定项目

检定项目	检定类别		
	首次检定	后续检定	使用中检验
外观检查	+	+	+
绝缘电阻测量	+	+	—
绝缘强度试验	+	—	—
绕组极性检查	+	—	—
基本误差测量	+	+	+
稳定性试验	—	+	+

注 表中符号“+”表示必检项目，符号“—”表示可不检项目。

1. 外观检查

有下列缺陷之一的电压互感器，必须修复后检定：

（1）无铭牌或铭牌中缺少必要的标志。

（2）接线端子缺少、损坏或无标志。

（3）有多个电压比的互感器没有标示出相应接线方式。

（4）绝缘表面破损、油位或气体压力不正确。

（5）内部结构件松动。

（6）其他严重影响检定工作进行的缺陷。

2. 绝缘电阻测量

1kV 及以下的电压互感器用 500V 绝缘电阻表测量，一次绕组对二次绕组及接地端子之间的绝缘电阻不小于 20MΩ；1kV 以上的电压互感器用 2500V 绝缘电阻表测量，不接地互感器一次绕组对二次绕组及接地端子之间的绝缘电阻不小于 10MΩ/kV，且不小于 40MΩ；二次绕组对接地端子之间的绝缘电阻不小于 40MΩ。

3. 绝缘强度试验

绝缘强度试验包括一次绕组或二次绕组的外加电压试验，试验电压可从一次绕组或二次绕组施加。有多个电压比的互感器选择一次额定电压最高的绕组进行。

试验过程中如果没有发生绝缘损坏或放电闪络，则认为通过试验。

特殊用途的电压互感器，可根据用户要求进行绝缘强度试验。

试验室作标准用的互感器，在周期复检时可根据用户要求进行工频电压试验。

4. 绕组极性检查

测量用电压互感器的绕组极性规定为减极性。

推荐使用装有极性指示器的误差测量装置按正常接线进行绕组的极性检查。使用没有极性指示器的误差测量装置检查极性时，应在工作电压不大于 5%时进行，如果测得的误差超出校验仪测量范围，则极性异常。

5. 基本误差测量

电压互感器基本误差可以使用标准电压互感器、电压比例标准器或电容式电压比例装置通过比较法测量。

（1）基本误差。当环境温度为 0～40℃，相对湿度不大于 80%，环境电磁干扰和机械振动可忽略，测量用电压互感器在额定频率、额定功率因数及二次负荷为额定二次负荷的 25%～100%的任一数值时，各准确度等级的误差不得超过规定的限值（见表 3-10）。电压互感器的实际误差曲线，不应超过表中所列误差限值连线所形成的折线范围。

表 3-10　　测量用电压互感器的误差限值

准确度级别	比值误差（±）						相位误差（±）					
	倍率因数	额定电流下的百分数值					倍率因数	额定电流下的百分数值				
		20	50	80	100	120		5	20	80	100	120
0.5	%	—	—	0.5	0.5	0.5	(′)	—	—	20	20	20
0.2		0.4	0.3	0.2	0.2	0.2		20	15	10	10	10
0.1		0.2	0.15	0.10	0.10	0.10		10.0	7.5	5.0	5.0	5.0
0.05		0.100	0.075	0.050	0.050	0.050		4.0	3.0	2.0	2.0	2.0
0.02		0.040	0.030	0.020	0.020	0.020		1.2	0.96	0.6	0.6	0.6
0.01		0.020	0.015	0.010	0.010	0.010		0.60	0.45	0.30	0.30	0.30
0.005	10^{-6}	100	75	50	50	50	10^{-6}	100	75	50	50	50
0.002		40	30	20	20	20		40	30	20	20	20
0.001		20	15	10	10	10		20	15	10	10	10

注　额定二次负荷小于等于 0.2VA 时，下限负荷按 0VA 考核。

（2）升降变差。电压互感器在电压上升与电压下降过程中，相同电压百分点误差测量结果之差成为升降变差。准确度等级 0.2 级及以上的电压互感器，升降变差不得大于其误差限值的 1/5。

（3）稳定性。在检定周期内电压互感器的误差变化不得大于其误差限值的 1/3。

电压互感器检定记录单样表见表 3-11。

表 3-11　电压互感器检定记录单样表

电压互感器检定记录

送检单位：______　准 确 度 级 别：______

型　　号：______　一次额定侧电压：______kV

制造厂名：______　二次额定侧电压：______V

出厂编号：______　额 定 功 率 因 数：______

用　　途：______　额　定　负　荷：______VA

证书编号：______　额　定　频　率：______Hz

检定时使用标准器具：

名　　称：______　出厂编号：______　准确度级别：______　设备编号：______

检定时环境条件：

温　　度：______℃　相对湿度：______%

检定结果：

外 观 检 查：______　绝缘电阻：______

绝缘强度试验：______　极　　性：______

最大升降变差：______　稳 定 性：______

误差数据：

误差		额定电流百分值					二次负荷	
		20%	50%	80%	100%	120%	VA	cosφ
f	上升							
	下降							
	平均							
	修约							
δ	上升							
	下降							
	平均							
	修约							

比值差 f 的倍率因数为：　±　%　　相位差 δ 的倍率因数为：　±　′

结论及说明：

三、10kV 计量用电流互感器检定

10kV 计量用电流互感器的外观及型号、技术参数见图 3-7 和表 3-12。

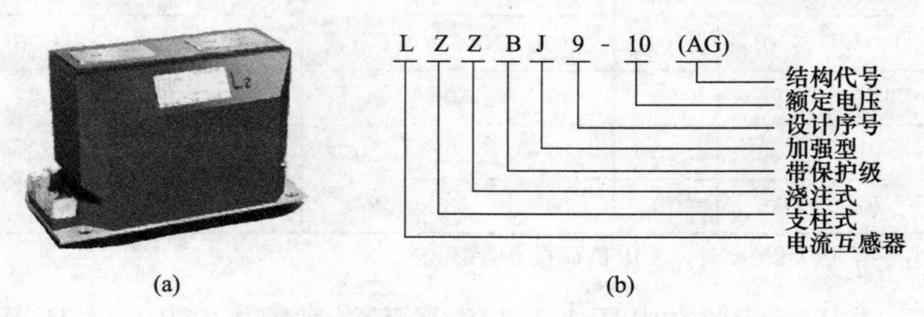

图 3-7　10kV 计量用电流互感器

（a）外观；（b）型号

表 3-12　10kV 计量用电流互感器技术参数

型号	一次侧额定电流（A）	准确级组合	额定输出（VA）	短时热电流（kA/s）	额定动稳定电流（kA）
LZZBJ9-10A1	5，10，15，20，30，40	0.2/10P10	10/15	0.5～1.0	1.25～2.5

电流互感器的检定项目见表 3-13。

表 3-13　电流互感器检定项目

检定项目	检定类别		
	首次检定	后续检定	使用中检验
外观检查	+	+	+
绝缘电阻测量	+	+	−
工频耐压试验	+	−	−
退磁	+	+	+
绕组极性检查	+	−	−
基本误差测量	+	+	+
稳定性试验	−	+	+

注　表中符号“+”表示必检项目，符号“−”表示可不检项目。

电流互感器检定的具体操作过程如下：

（1）核对铭牌参数。

（2）外观检查。有下列缺陷之一的电流互感器，必须修复后再检定。

1）无铭牌或铭牌中缺少必要的标志。

2）接线端子缺少、损坏或无标志。

3）有多个电流比的互感器没有标示出相应接线方式。

4）绝缘表面破损或受潮。

5）内部结构件松动。

6）其他严重影响检定工作进行的缺陷。

（3）绝缘电阻测量试验。用 500V 绝缘电阻表测量各绕组之间和各绕组对地的绝缘电阻，应符合要求；额定电压 3kV 及以上的电流互感器使用 2.5kV 绝缘电阻表测量一次绕组与二次绕组之间以及一次绕组对地的绝缘电阻，应不小于 500MΩ。

（4）工频耐压试验。试验过程中如果没有发生绝缘损坏或放电闪络，则认为通过试验。实验室作标准用的互感器，在周期复检时可根据用户要求进行工频耐压试验。

（5）退磁。若制造厂规定了退磁方法，应按标牌上的标注或技术文件的规定进行退磁。如果制造厂未规定，可根据习惯使用开路法退磁或闭路法退磁。

实施开路法退磁时，在一次（或二次）绕组中选择其匝数较少的一个绕组通以 10%～15%的一次（或二次）侧额定电流，在其他绕组均开路的情况下，平稳、缓慢地将电流降至零。退磁过程中应监视接于匝数最多绕组两端的峰值电压表，当指示值达到 2.6kV 时，应在此电流值下退磁。

实施闭路法退磁时，在二次绕组上接一个相当于额定负荷 10～20 倍的电阻（考虑足够容量），对一次绕组通以工频电流，由 0 增至 1.2 倍的额定电流，然后均匀缓慢地降至 0。

如果电流互感器的铁心绕有两个或两个以上二次绕组，则退磁时其中一个二次绕组接退磁电阻，其余的二次绕组开路。

（6）绕组极性检查。测量用电流互感器的绕组极性规定为减极性，当一次侧电流从一次绕组的极性端流入时，二次侧电流从二次绕组的极性端流出。建议使用装有极性指示器的误差测量装置按正常接线进行绕组的极性检查，也可用直流法或交流法检测极性。

（7）误差测试。进行误差测量时，应按被检电流互感器的准确度级别和规程要求，选择合适的标准器及测量设备。检定线路的接线应符合以下规定：标准互感器一次绕组的极性端和被检互感器一次绕组的极性端对接，标准互感器二次绕组的极性端和被检互感器二次绕组的极性端对接；电流互感器二次极性端与误差装置的差流回路极性端连接，二次测量回路接地端与差流回路非极性端连接，差流回路两端电位应尽量相等并等于地电位。

为了避免被测电流从一次极性端泄漏，一次极性端应尽量接近地电位。检定一次侧额定电流大于或等于5A的电流量程时，一次回路可在被检电流互感器的非极性端接地；检定一次侧额定电流小于5A，准确度高于0.05级的电流量程时，一次回路应通过对称支路间接接地；有一次补偿绕组的标准器或被检电流互感器，应通过该绕组接地。

电流互感器比较法检定接线图如图3-8所示，互感器综合特性实验项目见表3-14。

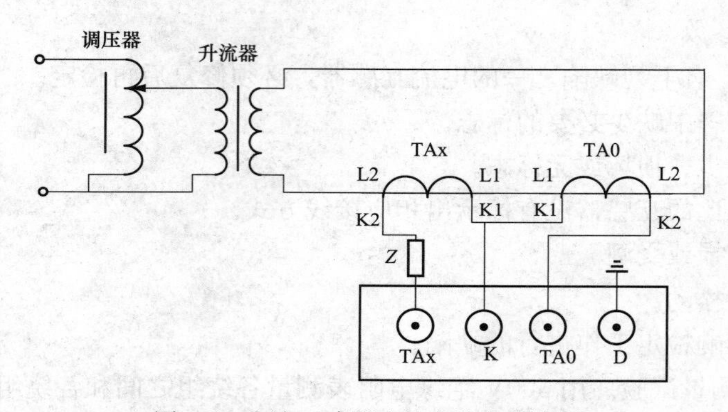

图3-8 电流互感器比较法检定接线图

表3-14 互感器综合特性测试项目

功能组	被测对象类型	测试项目										
		极性判别	变比检查	二次回路阻抗测量	励磁特性试验							
					励磁特性曲线测量	二次绕组电阻测量	额定拐点电动势测量	复合误差测量	额定暂态面积系数测量	峰值瞬时误差测量	二次时间常数测量	剩磁系数测量
1	P类电流互感器	+	+	×	+	×	×	×	−	−	−	−
2	TP类电流互感器	+	+	+	+	+	+	−	+	+	+	+
3	电压互感器	+	+	×	+	×	−	−	−	−	−	−

注 符号+为必须测试，−为不测试，×为不强制测试。

环境温度0～40℃，相对湿度不大于80%，环境电磁干扰和机械振动可忽略时，测量用电流互感器在额定频率、额定功率因数以及二次负荷为额定二次负荷25%～100%的任一数值时，各准确度等级的误差不得超过规定的限值（见表3-15）。为满足特殊使用要求制造的S级电流互感器，各准确度等级的误差不得超过表3-16中的限值。

表3-15　测量用电流互感器的误差限值

准确度级别	比值误差（±）					相位误差（±）				
	倍率因数	额定电流下的百分数值				倍率因数	额定电流下的百分数值			
		5	20	100	120		5	20	100	120
0.5	%	1.5	0.75	0.5	0.5	(′)	90	45	30	30
0.2		0.75	0.35	0.2	0.2		30	15	10	10
0.1		0.4	0.2	0.1	0.1		15	8	5	5
0.05		0.10	0.05	0.05	0.05		4	2	2	2
0.02		0.04	0.02	0.02	0.02		0.2	0.6	0.6	0.6
0.01		0.02	0.01	0.01	0.01		0.6	0.3	0.3	0.3
0.005	10^{-6}	100	50	50	50	10^{-6}	100	50	50	50
0.002		40	20	20	20		40	20	20	20
0.001		20	10	10	10		20	10	10	10

注　1. 二次侧额定电流5A，额定负荷7.5VA及以下的互感器，下限负荷由制造厂规定；制造厂未规定下限负荷的，下限负荷为2.5VA。

2. 限定负荷电阻小于0.2Ω的电流互感器下限负荷为0.1Ω。

3. 制造厂规定为固定负荷的电流互感器，在固定负荷的±10%范围内误差应满足本表要求。

表3-16　特殊使用要求的电流互感器的误差限值

准确度级别	比值误差（±）						相位误差（±）					
	倍率因数	额定电流下的百分数值					倍率因数	额定电流下的百分数值				
		1	5	20	100	120		1	5	20	100	120
0.5S	%	1.5	0.75	0.5	0.5	0.5	(′)	90	45	30	30	30
0.2S		0.75	0.35	0.2	0.2	0.2		30	15	10	10	10
0.1S		0.4	0.2	0.1	0.1	0.1		15	8	5	5	5
0.05S		0.10	0.05	0.05	0.05	0.05		4	2	2	2	2
0.02S		0.04	0.02	0.02	0.02	0.02		1.2	0.6	0.6	0.6	0.6
0.01S		0.02	0.01	0.01	0.01	0.01		0.6	0.3	0.3	0.3	0.3
0.005S	10^{-6}	100	75	50	50	50	10^{-4}	100	75	50	50	50
0.002S		40	30	20	20	20		40	30	20	20	20
0.001S		20	15	10	10	10		20	15	10	10	10

注　1. 二次侧额定电流5A，额定负荷7.5kV及以下的互感器，下限负荷由制造厂规定；制造厂未规定下限负荷的，下限负荷为2.5kV。

2. 额定负荷电阻小于0.2Ω的电流互感器下限负荷为0.1Ω。

电流互感器检定记录单样表见表3-17。

表 3-17　电流互感器检定记录单样表

电流互感器检定记录单

送检单位：________　准确度级别：________

型　　号：________　一次侧额定电流：________

制造厂名：________　二次侧额定电流：________

出厂编号：________　额定功率因数：________

用　　途：________　额 定 负 荷：________VA

证书编号：________　额 定 频 率：________Hz

额定电压：________kV

检定时使用标准器具：

名　　称：________　出厂编号：________　准确度级别：________　设备编号：________

检定时环境条件：

温　　度：________℃　相对湿度：________%

检定结果：

外 观 检 查：________　绝缘检查：________

工频电压试验：________　极　　性：________

最 大 变 差：________　稳 定 性：________

误差数据：

误差		额定电流百分值					二次负荷	
		1%	5%	20%	100%	120%	VA	cosφ
f(比值差)	上升							
	下降							
	平均							
	修约							
δ(相位差)	上升							
	下降							
	平均							
	修约							

比值差 f 的倍率因数为：________　相位差 δ 的倍率因数为：________

结论及说明：

思考与练习

(一) 填空题

(1) 互感器的准确度等级中规定了（　　）误差和（　　）误差两方面的允许值。

(2) 互感器的二次侧电压或电流相位反向后的相量（　　）于一次侧电压或电流相量时，则相位差为（　　）值；反之为（　　）值。

(3) 电压互感器产生空载误差的主要原因是互感器绕组的（ ）、（ ）和（ ）。

(4) 电流互感器产生误差的主要原因是产生互感器铁心中（ ）的（ ）电流。

(5) 由误差测量装置（通常为互感器校验仪）所引起的测量误差，不得大于（ ）允许误差限的（ ），其中，装置（ ）引起的测量误差不大于（ ）。

(6) 检定互感器时，要求电源及调节设备应具有足够的（ ）和（ ），电源的频率应为（ ），波形畸变系数不超过（ ）。

(7) 周围电磁场所引起的测量误差，不应大于被检电流互感器误差限值的（ ），升流器、调压器、大电流线等所引起的测量误差，不应大于被检电流互感器误差限值的（ ）。

(8) 检定电压互感器时，标准电压互感器二次与校验仪之间连接导线应保证其（ ）引起的误差不超过标准电压互感器允许误差限的（ ）。

(9) 电流互感器退磁的方法有（ ）和（ ）。

(10) 选择电流互感器时，应根据下列几个参数确定：（ ）、（ ）、（ ）、（ ）。

(二) 选择题

(1) 电压互感器使用时应将其一次绕组（ ）接入被测电路口。

A. 串联 B. 并联 C. 混联

(2) 电压互感器正常运行范围内其误差通常随一次电压的增大（ ）。

A. 先增大，后减小 B. 先减小，后增大 C. 一直增大

(3) 电压互感器二次负荷功率因数减小时，互感器的相位差（ ）。

A. 变化不大 B. 增大 C. 小

(4) 电流互感器工作时相当于普通变压器（ ）运行状态。

A. 开路 B. 短路 C. 带负载

(5) 一般的电流互感器，其误差的绝对值随着二次负荷阻抗的增大而（ ）。

A. 减小 B. 增大 C. 不变

(6) 对于一般电流互感器，当二次负荷阻抗角 φ 增大时，其比值差（ ），相位差（ ）。

A. 绝对值增大 B. 绝对值变小 C. 不受影响

(7) 用500V绝缘电阻表测量电流互感器一次绕组对二次绕组及对地间的绝缘电阻值应大于（ ）。

A. 1M B. 5M C. 10M D. 20M

(8) 0.5级电压互感器测得的比差和角差分别为－0.275％和＋19′，经修约后的数据应为（ ）。

A. －0.25％和＋18′ B. －0.28％和＋19′

C. －0.30％和＋20′ D. 0.28％和＋20′

(9) 现场检验电流互感器时，如果一次电流最大为500A，则调压器和升流器应选（ ）。

A. 1kVA B. 2kVA C. 3kVA D. 5kVA

(10) 穿芯一匝500/5A的电流互感器，若穿芯4匝，则倍率变为（ ）。

A. 400 B. 125 C. 100 D. 25

（三）简答题

（1）电流互感器的误差补偿常用哪些方法？

（2）电压互感器和电流互感器在作用原理上有什么区别？

（3）继电保护和电能计量用的电流互感器能否并用，为什么？

（4）影响互感器的误差的主要因素有哪些？

（5）简述电压互感器和电流互感器的检定项目和程序。

（6）检定电流互感器误差前为什么要进行退磁试验？有哪几种方法？

（7）运行中的电流互感器二次侧为什么不允许开路。

（四）计算题

（1）已知二次所接的测量仪表的总容量为10VA，二次导线的总长度为100m，截面积为$2.5mm^2$，二次回路的接触电阻按0.05Ω计算，应选择多大容量的二次侧额定电流为5A的电流互感器？（电阻率$\rho=0.018\Omega mm^2/m$）。

（2）有一只0.2级10kV、100/5A的电流互感器、二次额定负载容量为30VA，试求互感器的二次额定负荷总阻抗是多少欧？

第三节 装 表 接 电

一、电能计量装置的配置

（一）计量方式和计量点的选择

1. 计量方式的选择

（1）对用户不同受电点和不同用电类别的用电，原则上应按照不同电价，分别安装计费电能表。在用户受电点内查勘难以按用电类别分别装表，可安装计费总表，采用其他方式分算电费。

（2）多路电源供电的用户，应在每个供电电源侧单独安装一套计量装置。

（3）在有双方送、受电的线路上，应安装两套单方向计量的智能电能表，或安装一块具有双向计量功能的智能电能表。

（4）用户临时用电，一般应装设临时计费电能表。

2. 计量点的选择

计量点的设置应考虑不扰民和方便客户，以及供电企业对计量装置抄表、换表等日常维护工作因素。计费电能表原则上应装在产权分界处，如不宜装在产权分界处，线路、变压器电能损失由产权所有者负担。

（1）220V单相供电客户电能计量点的选择。

1）电能计量点应接近客户负荷中心，保证电气安全、计量准确可靠。

2）分散的单户住宅用电，计量点应设置在客户门外和院墙门外左右侧。

3）相对集中的单户住宅用电，电能表宜采用集中安装方式，应设置在墙面或其他合适的位置。

4）多层住宅（六层及以下）和中高层住宅（七至九层）的计量点一般集中设在单元底层楼梯间或配电间。当底层设有杂物间和车库时，可采用下列方式中的一种：①杂物间和车库另设集中表箱，电源引自集中表箱。②在每户表后并接小空开，以备接入杂物间或车库。

5）对高层住宅（十层及以上）的计量点设置应根据户表数量可选择下列方式设置：①分单元集中设置在底层配电间。②当每层户数在四户以上时，分楼层集中设置在楼梯间或电气竖井内（当设在竖井内，其操作和维护距离不小于0.8m）。③当每层户数在四户及以下时，每三层集中设置在楼梯间或电气竖井内（要求同上）。

（2）400V电能计量点的选择。

1）400V电能计量点的设置应考虑供电方式、进线方式、配电方式等多种因素。

2）不同类别的电价应分别设置相对应的电能计量装置。

（3）10～750kV电能计量点的选择。

1）贸易结算用电能计量点，不适宜设置于产权分界点时，应由购售电双方或多方协商，确定电能计量装置安装位置。

2）考核用电能计量点，根据需要设置在电网经营企业或者供电企业内部用于经济技术指标考核的各电压等级的变压器侧、输电和配电线路端以及无功补偿设备处。

（二）与电网企业有关的电能计量装置的主要设置位置和用途

电能计量装置的主要设备位置和用途见表3-18。

表3-18　电能计量装置的主要设置位置和用途

序号	分类	设置位置	用途	备注
1	独立发电企业变电站	并网线路端	贸易结算	线路产权属电网企业
		并网线路对端		线路产权属发电企业
		启备变线路端		线路产权属电网企业
		启备变线路对端		线路产权属发电企业
		主变压器高压侧		机组产权不同或电价不同
2	电网内部发电企业	并网线路端	指标考核	产权属电网企业
		启备变线路端		
		主变高压侧		
		发电机出口		
		高压厂用变压器		
		高压励磁变		
3	电网企业变电站或配电站或开关站	线路端	指标考核	产权属电网企业
		站用变压器高压侧		
		主变压器高、中、低压侧		
		线路端		
4	售电企业或用电客户变电站/配电站	变电站或配电站进线路端或主变压器侧	贸易结算	线路产权属电网企业
		配电站低压出线端	贸易结算	高供低计
5	箱式变电站/变压器台	高压进线盒低压进线	贸易结算	高供高计或高供低计
6	台区公变	低压三相线路对端	贸易结算	低压三相客户
		低压单相线路对端	贸易结算	低压单相客户
		低压三相线路首端	指标考核	电网企业内部供电台区考核

（三）配置原则

（1）单相低压供电，装单相电能表；三相低压供电装三相四线电能表。

（2）单相供电容量超过10kW时，宜采用三相供电。

（3）用户负荷电流为60A及以下，宜采用直接接入式电能表；负荷电流为60A以上时，宜采用经电流互感器接入式电能表。

（4）应用于中性点非绝缘系统的电能计量装置，应采用三相四线接线方式，不得采用三相三线接线方式；应用于中性点绝缘系统的电能计量装置，可采用三相四线接线方式，也可采用三相三线接线方式，一般采用三相三线接线方式。

各电压等级电能计量装置的接线方式详见表3-19。

表3-19 各电压等级电能计量装置接线方式

电压等级	中性点运行方式	中性点非绝缘系统	中性点绝缘系统	三相四线	三相三线
750、500、330、220、110kV	中性点直接接地	√		√	
66kV	中性点经消弧线圈接地	√		√	
	当接地电流 I_c≤10A时，中性点不接地		√		√
35kV	架空线为主体，中性点经消弧线圈接地	√		√	
	电缆为主体城市电网，中性点经低电阻接地	√		√	
10kV	当接地电流 I_c≤30A时，中性点不接地		√		√
400V	中性点直接接地	√		√	

智能电能表按有功电能计量准确度等级可分为0.2S、0.5S、1、2四个等级，根据安装环境不同推荐使用智能电能表类型见表3-20。

表3-20 不同安装环境适用表类型

安装环境	电能表适用类型（推荐）
关口	0.2S级三相智能电能表、0.5S级三相智能电能表、1级三相智能电能表
100kVA及以上专变用户	
100kVA以下专变用户	0.5S级三相费控智能电能表（无线）、Ⅰ级三相费控智能电能表、Ⅰ级三相费控智能电能表（无线）
公变下三相用户	Ⅰ级三相费控智能电能表、Ⅰ级三相费控智能电能表（载波）、Ⅰ级三相费控智能电能表（无线）
公变下单相用户	Ⅱ级单相本地费控智能电能表、Ⅱ级单相本地费控智能电能表（载波）、Ⅱ级单相本地费控智能电能表、Ⅱ级单相远程费控智能电能表（载波）

（5）电能计量装置的分类及技术要求。

1）电能计量装置分类。运行中的电能计量装置按其所计量电能量的多少和计量对象的重要程度分Ⅰ、Ⅱ、Ⅲ、Ⅳ、Ⅴ五类进行管理。

2）电能计量装置技术要求见表3-21。

表 3-21　电能计量装置

计量装置类别	类型	准确度等级配置表			
		有功电能表	无功电能表	电压互感器	电流互感器
Ⅰ类电能计量装置	月平均用电量 500 万 kWh 及以上或变压器容量为 10000kVA 及以上的高压计费用户、200MW 及以上发电机、发电企业上网电量、电网经营企业之间的电量交换点、省级电网经营企业与其供电企业的供电关口计量点的电能计量装置	0.2S 或 0.5S	2.0	0.2	0.2S 或 0.2*（仅发电机出口配）
Ⅱ类电能计量装置	月平均用电量 100 万 kWh 及以上或变压器容量为 2000kVA 及以上的高压计费用户、100MW 及以上发电机、供电企业之间的电量交换点的电能计量装置	0.5S 或 0.5	2.0	0.2	0.2S 或 0.2*（仅发电机出口配）
Ⅲ类电能计量装置	月平均用电量 10 万 kWh 及以上或变压器容量为 315kVA 及以上的计费用户、100MW 以下发电机、发电企业厂（站）用电量、供电企业内部用于承包考核的计量点、考核有功电量平衡的 110kV 及以上的送电线路电能计量装置	1.0	2.0	0.5	0.5S
Ⅳ类电能计量装置	负荷容量为 315kVA 以下的计费用户、发供电企业内部经济技术指标分析、考核用的电能计量装置	2.0	3.0	0.5	0.5S
Ⅴ类电能计量装置	单相供电的电力用户计费用电能计量装置	2.0	—	—	0.5S

（四）电能表和互感器的选择

1. 电能表选择

（1）对实行两部制电价的用户，应装设具有最大需量计量功能的智能电能表。

（2）对实行按功率因数调整电费的用户，应装设具有无功计量功能的智能电能表。其中，对有无功补偿装置的用户，应装设具有双向无功计量的智能电能表。

（3）对实行分时电价的用户和并网发电企业，应装设具有多费率计量功能的智能电能表。

（4）电能表参数的选择：

1）直接接入电能表，其基本电流应根据额定最大电流确定，其中额定最大电流按经核准的用户申请报装负荷容量计算电流确定。当用户最大电流小于等于 60A 时，选择基本电流为 5A，过载倍数为 12 的电能表；当最大电流大于 60A，小于 100A 时，选择基本电流为 10A，过载倍数为 10 的电能表。

2）与电流互感器联用的电能表，一般应保证：当互感器额定二次电流为 5A 时，应选用过载倍数 4 倍及以上，基本电流为 1.5A 的电能表；当互感器额定二次电流为 1A 时，应选用过载倍数 4 倍及以上，基本电流为 0.3A 的电能表。最大负荷电流不超过电能表额定最大电流，经常性负荷电流，应不低于电能表标定电流的 20%。

3）城市公变台区、农村集镇的居民用户宜采用具有远抄、阶梯电价、预购电功能的单、三相智能电能表。农村非集镇居民宜采用具有红外抄表、具备电量冻结功能的单、三相智能电能表。

4）专变台区总表应采用三相智能电能表，特殊用户应采用带谐波计量的三相智能电能表。

2. 电流互感器选择

（1）贸易结算用关口电能计量装置，应按计量点要求配置计量专用电流互感器或者具有计量专用二次绕组的电流互感器。

（2）除发电机组计量外，其他应选用S级电流互感器。

（3）110kV及以上电压等级电流互感器，计量二次绕组至少应有一个中间抽头。可根据变压器容量或实际一次负荷容量选择额定变比，以保证正常运行的实际负荷电流达到额定值的60%左右，至少应不小于30%，对S级电流互感器为20%，否则应选用高动热稳定电流互感器。

（4）一个半断路器接线，根据计量需要断路器支路应配置相应的电流互感器计量专用绕组，“和电流”的两组电流互感器计量专用二次绕组准确度等级应相同，变比应相同。

（5）实际二次侧负荷必须在互感器额定负荷的25%～100%的范围内。

3. 电压互感器选择

（1）贸易结算用关口电能计量装置应配置计量专用电压互感器或具有计量专用二次绕组的电压互感器。

（2）计量、测量、保护和自动装置等共用电压互感器时，应采用多绕组的电压互感器，设置独立的计量专用二次绕组，其准确等级及额定二次负荷应满足电能计量的要求。当电压互感器计量绕组准确度等级达不到要求时，应装设专用计量电压互感器。

（3）330kV及以上3/2断路器接线，应在每回出线和主变压器进线上装设电压互感器；330kV及以上电压等级双母线接线方式，宜在每回出线和母线上装设电压互感器。

（4）110、220kV的双母线接线方式，宜在主母线上装设母线电压互感器，也可通过技术经济比较，在每回出线上装设电压互感器。

（5）35kV及以下电压等级配电装置宜在母线装设计量专用电压互感器。

（6）330kV及以上电压等级宜采用电容式电压互感器，220kV及以下电压等级宜采用电磁式电压互感器；220kV及以上电压等级SF_6全封闭组合电器宜采用电磁式电压互感器。

（7）10～35kV户内配电装置和户内电能计量柜，宜采用无油结构的电磁式电压互感器；35kV及以下户外配电装置，宜采用无油结构的电流电压组合互感器。

4. 二次回路的配置

（1）计量装置的二次回路应专用。

（2）互感器二次回路的连接导线应采用铜质单芯绝缘线。对电流二次回路，连接导线截面积应按电流互感器的额定二次负荷计算确定，至少应不小于$4mm^2$。对电压二次回路，连接导线截面积应按允许的电压降计算确定，至少应不小于$2.5mm^2$。

（3）35kV以上贸易结算用电能计量装置中电压互感器二次回路，应不装设隔离开关辅助接点，但可装设熔断器；35kV及以下贸易结算用电能计量装置中电压互感器二次回路，不得装设隔离开关辅助触点和熔断器。

（4）Ⅲ类及以上计费计量装置的二次回路中，应装设能加封的专用接线端子盒，安装位置应便于现场带电工作。

5. 安装注意事项

（1）带电更换电能表应遵守的规定：

1）带电更换电能表只允许在装有专用接线端子盒的情况下进行。

2）在专用接线端子盒内将各相电流连接片可靠短接，并观察电能表运转情况，当电能表停止运转或脉冲信号等不闪烁时，再将各相电压连接片断开。

3）拆下原能表，换上新表。

4）按新表接线图将二次线正确接入新表。

5）核对接线正确无误后，在专用端子盒上连通各相电压连接片，解开各相电流的短路连接片。

6）进行通电检查。

（2）在装表接线时，必须遵循以下接线原则：

1）单相电能表必须将相线接入电流线圈。

2）三相电能表必须按正相序接线。

3）三相四线电能表必须接中性线。

4）电能表的中性线必须与电源中性线直接联通，进出有序，不允许相互串联，不允许采用接地、接金属外壳等方式代替。

5）进表导线与电能表接线端钮应为同种金属导体。直接接入式电能表导线截面，应根据正常负荷电流选择。

6）进表线导体裸露部分必须全部插入接线盒内，并将端钮螺丝逐个拧紧，线小孔大时，应采取有效的补救措施。带电压连接片的电能表，安装时应检查其接触是否良好。

（3）电流互感器的安装

1）电流互感器安装必须牢固，互感器外壳的金属外露部分应良好接地。

2）同一组电流互感器应按同一方向安装，以保证该组电流互感器一次及二次网路电流的正方向均一致，并尽可能易于观察铭牌。

3）电流互感器二次侧不允许开路，对双次级只用一个二次回路时，另一个次级应可靠短接。

4）低压电流互感器的二次侧可不接地。

（4）二次回路的安装。

1）用电计量装置的一次与二次接线，必须根据批准的图纸施工。二次回路应有明显的标志，最好采用不同颜色的导线。

2）二次回路走线要合理、整齐、美观、清楚。对于成套计量装置，导线与端钮连接处，应有字迹清楚、与图纸相符的端子编号牌。

3）二次回路的导线绝缘不得有损伤，不得有接头，导线与端钮的连接必须拧紧，接触良好。

4）低压计量装置的二次回路连接方式：

a. 每组电流互感器二次回路接线应采用分相接法或是星形接法。

b. 电压线宜单独接入，不与电流线共用，取电压处和电流互感器一次侧之间不得有任何断口，且应在母线上另行打孔连接，禁止在两段母线连接螺丝上引出。

（5）当需要在一组互感器的二次回路中安装多块电能表（包括有功电能表、无功电能表、最大需量表、多费率电能表等，以下通称为“电能表”）时，必须遵循以下接线原则：

1）每块电能表仍按本身的接线方式连接。

2）各电能表同相所有的电压线圈并联，所有的电流线圈串联，接入相应的电压、电流回路。

3）保证二次侧电流回路的总阻抗，不超过电流互感器的二次侧额定阻抗值。

4）电压回路从母线到每个电能表端钮盒之间的电压降，不应超过额定电压的0.5%。

（6）二次回路安装完成后，应对计量装置进行接线检查。

（7）通电检查的检查内容：

1）对电能计量装置通以工作电压，观察其工作是否正常。

2）用万用表（或电压表）在电能表端钮盒内测量电压是否正常（相对地、相对相），用试电笔核对相线和中性线。

3）用相序表核对相序。

4）带上负荷后观察电能表运行情况。

5）用瓦秒法测算计量装置是否准确。

6）必要时用相量图法核对接线的正确性及对电能表进行现场检验（该工作在专用端子盒上进行）。

7）最大需量是否清零，电能表所示时间是否准确，各个费率时段是否设置正确。

二、电能计量装置的接线

（一）电能计量装置接线方式

（1）接入中性点绝缘系统的电能计量装置，应采用三相三线电能表。接入非中性点绝缘系统的电能计量装置，应采用三相四线电能表。

（2）接入中性点绝缘系统的3台电压互感器，35kV及以上的宜采用Yy方式接线；35kV以下的宜采用Vv方式接线。接入非中性点绝缘系统的3台电压互感器，宜采用Y0y0方式接线。其一次侧接地方式和系统接地方式一致。

（3）低压供电，负荷电流为50A及以下时，宜采用直接接入式电能表；负荷电流为50A以上时，宜采用经电流互感器接入的接线方式。

（4）对三相三线制接线的电能计量装置，其2台电流互感器二次绕组与电能表之间宜采用四线连接。对三相四线制连接的电能计量装置，其3台电流互感器二次绕组与电能表之间宜采用六线连接。

（二）电能表典型接线原理图

1. 单相直接接入式

单相直接接入式电能表接线图如图3-9所示。

2. 三相四线直接接入式

三相四线直接接入式电能表接线图如图3-10所示。

3. 三相四线表经TA接入式

三相四线表经TA接入式的接线图如图3-11所示，采用这种接线方法的条件为负荷电流50A以上，TA二次为5A或1A。

4. 三相四线表经TV、TA接入式

三相四线表经TV、TA接入式的接线图如图3-12所示。

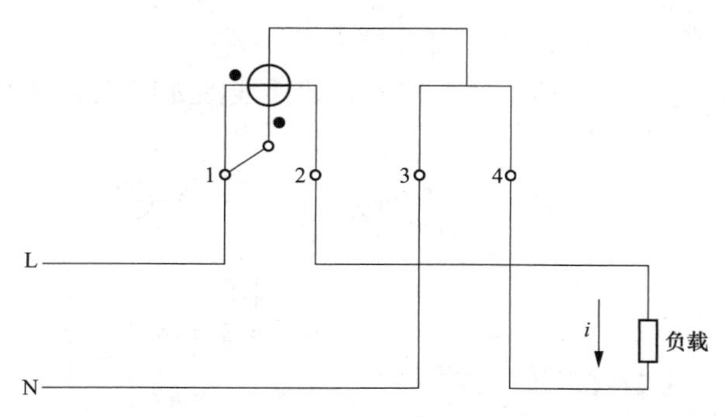

图 3-9　单相直接接入式电能表接线图

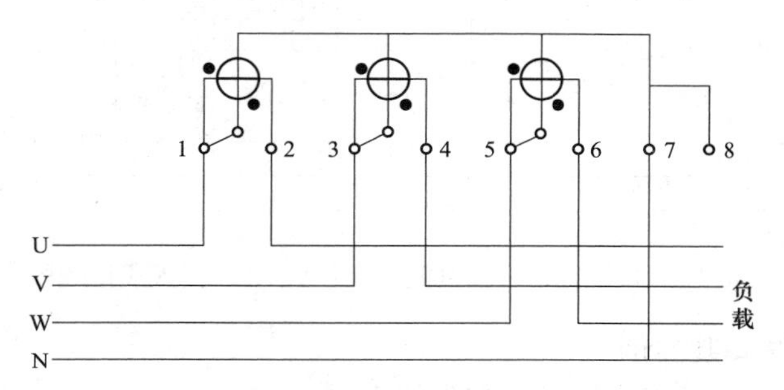

图 3-10　三相四线直接接入式电能表接线图

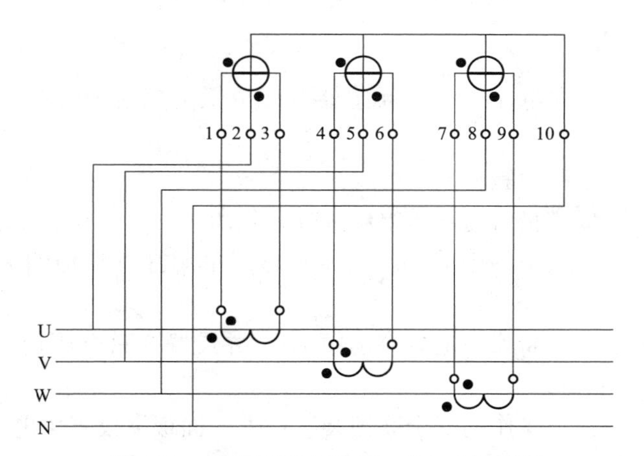

图 3-11　三相四线表经 TA 接入式接线图

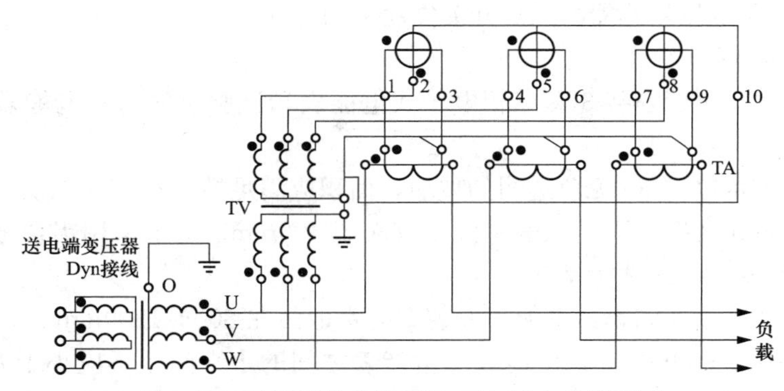

图 3-12　三相四线表经 TV、TA 接入式接线图

5. 高压三相三线电能表接线经 TV、TA 接入式

高压三相三线电能表接线经 TV、TA 接入式的接线图如图 3-13 所示。

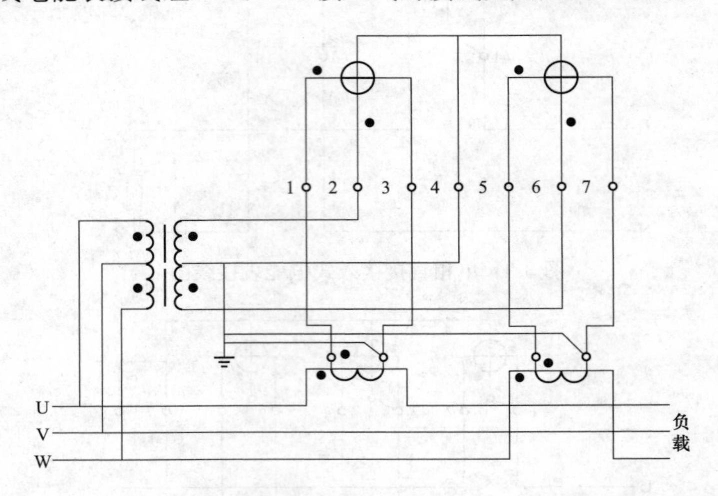

图 3-13 高压三相三线电能表经 TV、TA 接入式接线图

三、电能计量装置安装实例

以 10kV（KYN92A-12）计量柜典型接线图

1. 主要技术要求

（1）基本要求。

1）总柜式计量，含独立电流、电压互感器。计量柜采用落地安装，与其他开关柜外形和谐美观。

2）电能计量柜应有出厂检验和型式检验。

3）柜中各单元以隔板或箱（盒）式组件区分和隔离。

4）电能表室应设在计量柜的中前部；电压互感器单元宜设在柜的下部，一次熔断器的安装位置要求能够方便更换熔断器管。

5）电压互感器的一次熔断器额定电流选用 1A，并设置 3 只电压指示仪表监视计量电压互感器的工作状况。

6）计量柜应装设防止误操作的安全联锁装置；外壳面板上设置主电路模拟图。

7）所有能进入计量柜的途径和有可能影响计量的操动机构都必须装设加铅封机构，如前后门、上盖、计量电压互感器的隔离开关操动机构等。

（2）电能表室的要求。

1）挂表板面积至少能安装 3 套三相电子式电能表和试验接线盒，电能表应固定安装在可调夹具上。

2）观察窗应采用厚 4mm 无色透明的玻璃，面积应满足抄表和监视二次回路的要求，不少于 400mm×500mm（$D\times H$），仪表室深不宜大于 400mm；边框采用铝合金型材或具有足够强度工程塑料构成，密封性能良好。

3）电能表安装高度及间距：电能表安装高度距地面在 800～1800mm 之间；试验专用接线盒安装高度为 1000～1400mm；电能表与电能表之间的水平间距不应小于 80mm；电能表与试验盒之间的垂直间距不小于 150mm；试验盒与周围壳体结构件之间的间距不小于 100mm。

（3）电流、电压互感器的要求。

1）电流互感器一次侧额定电流采用标准值，其确定原则：应保证在正常运行中的实际负荷电流一般不少于30%，特殊情况下至少应不少于25%。当实际负荷电流不可预知时按变压器总容量确定一次侧电流。二次侧额定电流为5A；额定输出不少于30VA，二次绕组负载功率因数为0.8（感性）。

2）电压互感器一次侧电压10kV，二次侧电压100V；额定输出不少于50VA，电能计量绕组负载功率因数为0.3～0.5（感性）。

3）配置的准确度等级见表3-22。

表3-22　　电能表配置准确度等级

变压器总容量（kVA）	准确度等级	
	电流互感器	电压互感器
≥2000	0.2S	0.2
其他	0.5S	0.5

（4）计量回路的要求。

1）2台电压互感器采用Vv方式接线，2台电流互感器二次绕组与电能表之间采用4线连接，接地应在电流、电压互感器的二次侧进行。电能计量二次电路应先经试验盒后接入电能表。

2）电能表及其他设备应分别接于各自专用二次绕组。

3）二次回路采用铜质单芯绝缘线。电流回路的导线面积不小于4mm²，电压回路的导线截面不小于2.5mm²。二次导线外皮颜色：A相黄色，B相绿色，C相红色，中性线淡蓝色，地线黄绿双色。

4）计量二次电路导线的中间不应有接头，包括可移动部件与固定部分间的连接导线也不应有接头。

5）电压互感器二次侧不装设熔断器、不串接隔离开关的辅助触头。计量二次电路不应作为辅助单元的供电电源。

2. 接线图

（1）装配图。

10kV计量柜装配图如图3-14所示。

（2）一次方案图。

10kV计量柜一次方案图如图3-15所示。

（3）电气图。

10kV计量柜电气图如图3-16所示。

四、高压计量装置的检查验收

1. 验收送电安全措施

（1）首先检查一次部分。检查用户高压10kV进线与10kV配电线路之间有无明显断开点。

（2）对高压计量箱等进行验电。首先要检查高压验电器是否良好，然后再对高压计量箱等有裸露金属的高压设备进行验电。

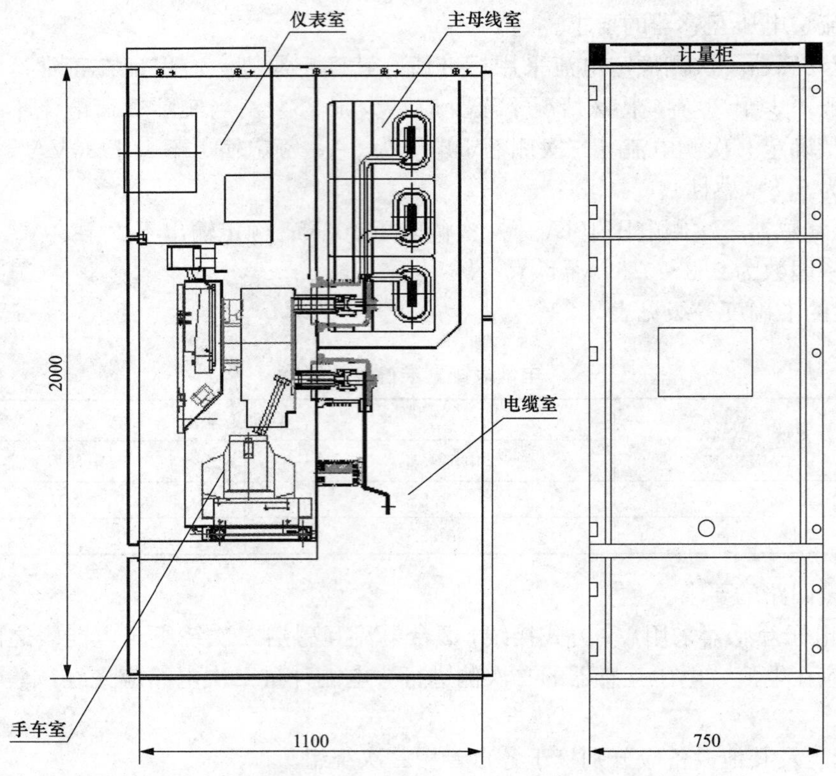

图 3-14　10kV 计量柜典型装配图

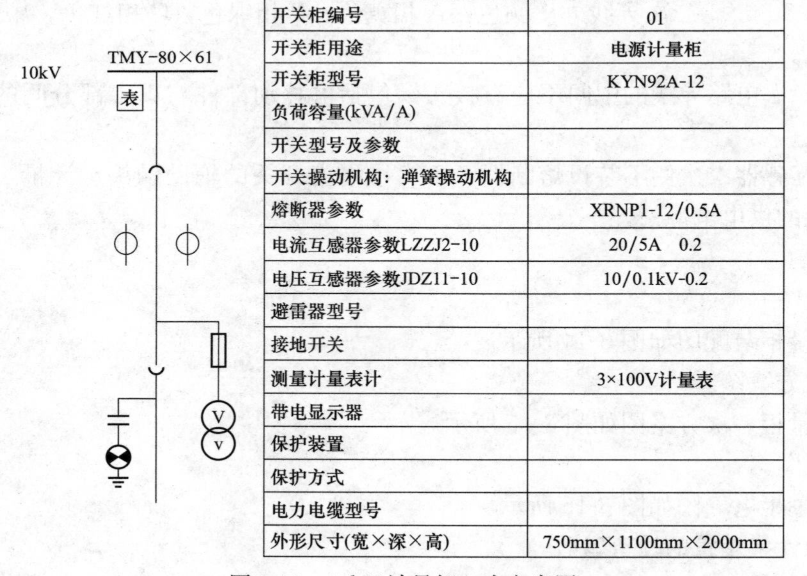

开关柜编号	01
开关柜用途	电源计量柜
开关柜型号	KYN92A-12
负荷容量(kVA/A)	
开关型号及参数	
开关操动机构：弹簧操动机构	
熔断器参数	XRNP1-12/0.5A
电流互感器参数LZZJ2-10	20/5A　0.2
电压互感器参数JDZ11-10	10/0.1kV-0.2
避雷器型号	
接地开关	
测量计量表计	3×100V计量表
带电显示器	
保护装置	
保护方式	
电力电缆型号	
外形尺寸(宽×深×高)	750mm×1100mm×2000mm

图 3-15　10kV 计量柜一次方案图

（3）在验明无电后，应采用三相短路并接地的方法在高计箱电源侧和变压器负荷侧同时挂设接地线，同时应检查接地是否良好。

（4）对用户原有运行的带点设备应保持一定的安全距离，遵照安全规程执行，同时防止误入带电间隔。

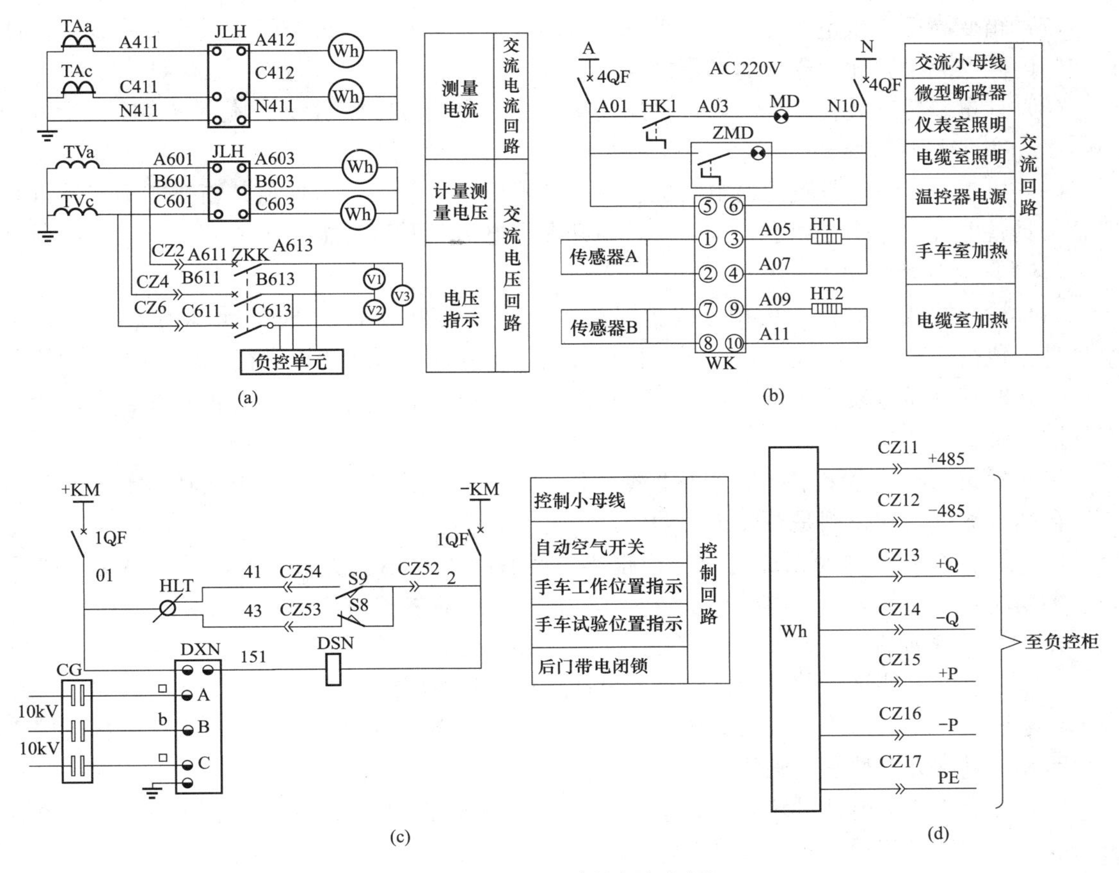

图 3-16　10kV 计量柜电气图

（a）交流电压电流回路图；（b）交流回路展开图；（c）控制回路展开图；（d）电能表辅助端子接线图

（5）对计量二次回路、电能表、负控终端、试验接线盒应用低压验电笔进行验电。

（6）在以上步骤操作完毕后方可进行抄录铭牌信息等送电之前的检查。

2. 送电之前的检查

（1）检查用户计量装置的配置是否满足用户配变容量或用户实际运行负荷的要求。电能表、互感器规格、准确度级别是否满足用户计量要求、表计外观检查是否无瑕疵。

（2）电压、电流互感器安装使用说明书、出厂检验报告、法定计量检定机构的检定证书及绝缘耐压试验报告。

（3）检查用户电能表、互感器在公司营销系统内是否有资产、资产用途是否符合现场安装实际，并在检定有效期内。

（4）检查表计接线应正确、整齐、美观；每个连接线头应套有标号签；试验接线盒各连接片位置正确；各个电气连接应连接紧固；线径粗细满足《电能计量装置技术管理规程》(DL/T 448—2016）的要求；计量装置金属外壳应可靠接地；高计箱一次电源侧 2m 内应安装避雷器，高计二次回路应可靠接地。

（5）检查用电信息采集终端与电能表接线是否正确，掉、合闸回路、报警回路接线是否正确、终端天线是否安装。

（6）检查二次回路中间触电、熔断器、试验接线盒的接触情况。

（7）箱变高压计量室应有接线原理图、室内计量装置安装是否按照接线原理图施工。计量室门内侧安装设备无裸露金属端子。

（8）计量装置安装在室外时，计量用连接电缆、电线应穿管敷设，其穿线管插入箱内不小于2cm并能可靠固定。

（9）检查表计是否具备防窃电功能。计量装置门是否能加锁、加封；箱变或柜式计量装置是否具备电气“五防”功能，至少组合高计在带电情况下门不能打开。

3. 送电之后的带电检查

（1）检查接线正确性。用相序表核对相序，引入电源相序与电能计量装置相序标识一致。带上负荷后观察电能表运行情况。核对接线的正确性并对电能表进行现场校验。

（2）对最大需量表应进行需量清零，对多费率电能表应核对时钟是否正确和各个时段是否整定正确。

（3）检查用电信息采集终端是否上线，登录主站是否成功、连表是否成功；测试开关的掉、合闸，测试终端掉闸是否能正确动作。

（4）通电检查有时因无负荷或负荷很小，使有些项目不能进行，或者是多费率、需量表、多功能表等比较复杂的电能计量装置，均需在送电后三天内到现场进行一次检查。

4. 验收结果处理

（1）验收的电能计量装置应由验收人员加封加锁。封印的位置为互感器二次回路各接线端子、电能表表尾、试验接线盒、计量柜（箱）门应加锁。加封加锁后应由运行人员或用户对封印和锁具的完好性签字确认。

（2）经验收的电能计量装置应由验收人员填写验收报告，注明“电能计量装置验收合格”或“电能计量装置验收不合格”及整改意见，整改后再行验收。验收不合格的电能计量装置禁止投入使用。

高压电能计量装置验收及送电记录见表3-23、表3-24。

表3-23　　高压电能计量装置验收记录表

高压电能计量装置验收记录

编号________　户名________　装置地点________　工单号________

序号	检查项目	检查结果
1	电能表、互感器资料齐全，且检验合格	
2	电能表、互感器规格与工单记载一致	
3	电能表、互感器、接线盒、二次回路接线一致，正确且连接可靠	
4	计量屏封闭性良好，与技术资料一致	
5	电能表起码与工单记载一致	
6	互感器名牌参数、二次回路线径等与设计图纸一致	
7	计量装置整体安装牢固，各施封点均可正常施封	
8	计量装置电压、电流相序正常	
9	计量装置已接入用电管理终端，信号线接线正确，通信正常	
10	计量屏（箱、柜）内无遗留工器具	

续表

<table>
<tr><td rowspan="7">11</td><td colspan="3">本套计量装置共计有封印　　个</td></tr>
<tr><td>加封部位</td><td>数量</td><td>封印编号</td></tr>
<tr><td>1. 智能电能表</td><td>个</td><td></td></tr>
<tr><td>2. 电流互感器二次接线柱</td><td>个</td><td></td></tr>
<tr><td>3. 电压互感器二次接线柱</td><td>个</td><td></td></tr>
<tr><td>4. 接线盒</td><td>个</td><td></td></tr>
<tr><td>5. 计量柜门</td><td>个</td><td></td></tr>
<tr><td colspan="4">施工人员：________　用户代表：________　检查日期：____年__月__日
备注：1. 凡检查结果符合规程要求，在“检查结果”栏内打“√”。
2. 存有问题的项目，在“检查结果”栏内简要记载。
3. 用户核对竣工报告如与实际安装情况相符，应签字。</td></tr>
</table>

表 3-24　　高压电能计量装置送电记录

<table>
<tr><td colspan="4">高压电能计量装置送电记录
户名________　装置地点________　工单号________</td></tr>
<tr><td>序号</td><td colspan="2">检查项目</td><td>检查结果</td></tr>
<tr><td>一</td><td colspan="2">送电前</td><td></td></tr>
<tr><td>1</td><td colspan="2">电能表、互感器检验合格证齐全</td><td></td></tr>
<tr><td>2</td><td colspan="2">电能表、互感器规格与验收结果一致</td><td></td></tr>
<tr><td>3</td><td colspan="2">封印是否完整</td><td></td></tr>
<tr><td>4</td><td colspan="2">电能表、互感器、二次回路接线正确</td><td></td></tr>
<tr><td>二</td><td colspan="2">送电后</td><td></td></tr>
<tr><td>1</td><td colspan="2">计量装置运行正常</td><td></td></tr>
<tr><td>2</td><td colspan="2">电压、电流相序正常</td><td></td></tr>
<tr><td>3</td><td colspan="2">接线盒内电压正常（相对相、相对地电压）</td><td></td></tr>
<tr><td>4</td><td colspan="2">相线、零线正常</td><td></td></tr>
<tr><td>5</td><td colspan="2">接线正确</td><td></td></tr>
<tr><td rowspan="7">三</td><td colspan="3">本套计量装置共计有封印　　个</td></tr>
<tr><td>加封部位</td><td>数量</td><td>封印编号</td></tr>
<tr><td>1. 智能电能表</td><td>个</td><td></td></tr>
<tr><td>2. 电流互感器二次接线柱</td><td>个</td><td></td></tr>
<tr><td>3. 电压互感器二次接线柱</td><td>个</td><td></td></tr>
<tr><td>4. 接线盒</td><td>个</td><td></td></tr>
<tr><td>5. 计量柜门</td><td>个</td><td></td></tr>
<tr><td colspan="4">送电人员：________　用户代表：________　检查日期：____年__月__日
备注：1. 凡检查结果符合规程要求，在“检查结果”栏内打“√”。
2. 存有问题的项目，在“检查结果”栏内简要记载。
3. 用户核对送电记录如与实际安装情况相符，应签字。</td></tr>
</table>

思考与练习

（1）高压计量柜使用场合。
（2）绘制计量柜一次方案图。
（3）高压计量柜主要结构。
（4）高压计量柜型号 KYN92-12 释义。
（5）高压计量柜各个部件作用。
（6）电流互感器表参释义。
（7）电压互感器表参释义。
（8）计量柜整体结构布置。
（9）母排型号释义。
（10）电压互感器一次侧为什么要加装熔断器，何种电压互感器需要加装熔断器，为什么？
（11）电流互感器为什么不加装熔断器？
（12）计量车如何使用？
（13）五防是什么，计量柜五防措施是什么？
（14）外壳防护 IP4X 是什么意思？
（15）方案中接线为什么先 TA 后 TV？
（16）TA 和 TV 使用时的注意事项是什么？
（17）电流互感器与电压互感器接线方式是什么，为什么要采用此接线？
（18）计量车各个部位名称，并解释其功能。
（19）联合试验接线盒的接线分析。
（20）在线进行电能表校验应如何接线？
（21）高压 10kV 电流互感器二次侧为什么必须接地，而且必须一点接地？
（22）电流互感器二次侧为什么严禁开路，电压互感器严禁短路？
（23）低压 0.4kV 电流互感器二次侧为什么通常不接地？
（24）正确绘制表尾接线。

第四节 用 电 检 查

一、接线检查方法

（一）测量工具的选择

在现场实际工作中，考虑到计量运行设备、测量仪表和操作人员的安全问题，所使用的工具及测量方法越简单、越不容易出错越好。为此经过实践总结，认为在判断错误接线时，使用相位伏安表、相序表等即可测量错误接线时所需要的数据。

（二）测量点的选择

为了便于对电能表进行现场测试与维护，互感器二次侧与电能表之间并非直接连接，而是通过试验接线盒转接，其主要功能是断开电压、短接电流，以方便对运行中的电能表进行轮换、检定等其他带电测试、检修工作。

在现场对计量装置进行测试时，测量点的选择不宜选在试验盒的接线端子，而应选在电能表表尾的接线端子进行测量。

（三）检查方法

三相电能表在安装或检修过程中，其电压回路和电流回路往往容易错接而造成计量失准。一般较为常见的故障是互感器的变比、极性、组别接错及连线开路、短路、错接等。判断电能表接线的方法有很多种，如实负荷比较法、力矩法及相量图法等，下面分别予以介绍。

1. 实负荷比较法

实负荷比较法也称为瓦秒法，是将电能表反映的功率（有功或无功）与线路中的实际功率相比较，以核对电能表接线是否正确。该方法的适用条件是：负荷功率稳定，其波动小于±2%。具体方法是：用一只秒表记录电能表在一定负荷功率 P(W) 下转 N(r) 转（或发出 N 个脉冲）所需的时间 t(s)，然后根据电能表常数计算出电能表所需要的理论时间 T(s)，根据误差理论计算出电能表的计量误差），从而判断电能表接线是否正确。理论时间 T 和计量误差 γ 的计算式为

$$T=\frac{3600\times 1000\times N}{CP},\quad \gamma=\frac{T-t}{t}\times 100\%$$

式中：C 为电能表常数。

2. 力矩法

力矩法就是将电能表原有接线故意改动后，观察电能表计量的变化，从而判断接线是否正确。下面主要介绍当三相负荷基本对称时，三相四线有功电能表应用力矩法时的两种具体方法，即断开电压法和短接电流法。

（1）断开电压法。断开电压法是将任一相电流进表线短路或从电流互感器二次侧短路，正常情况下电能表铝盘转速应为短路前的 2/3。

（2）短接电流法。短接电流法是恢复电流进线，再将另外任意一相电压断开，正常情况下铝盘转速应为断开前的 2/3。

3. 相量图法

需要说明的是，力矩法只能用于判断接线正确与否，如果进一步检查误接线的具体原因，则需要通过相量图法来分析判断。现以三相四线有功电能表、电流互感器分相接线为例，说明相量图法的基本方法，其他接线可参照进行。

（1）检查电压。

1）测量电压值。用万用表或相位伏安表的电压挡，测量电能表进线盒电压端子 2、5、8 与端子 10 之间的相电压并做好记录。三个相电压值如接近相等，约为 220V，则说明电压回路不存在断线或接触不良现象；如测得的相电压中出现零伏或电压值较低，则说明电压回路存在断线或接触不良故障；当有某相电压值接近 380V 时，则说明电能表的相线与中性线接反。

2）测定三相电压相序。

a）用相位伏安表，以三相电流中任一相为参考向量，测出 U_{12}、U_{23}、U_{31} 的相位差角，若依次落后 120°，则三相电压为正相序排列；若依次超前 120°，则三相电压为逆相序排列。

b）用相序表，对应电能表电压端子 2、5、8 测出相序，根据相序表的指示判断三相电压是正相序接人还是逆相序接入。若是逆相序接入，则为异常接线。

3）判断相别。测量电能表进线盒电压端子对参考相的电压。检查时将电压表或相位伏安表的交流电压挡一端接参考相，另一端依次触及 2、5、8，若某一电压指示为零，则说明该端子电压对应的相别与参考相相同（参考相一般取 B 相）。结合上述已测出三相电压相序的基础上，确定三相电压的排列顺序。例如所测相序为正相序，且已测定电能表接线盒 5 号端子为和参考相相同的 B 相，则可认为三相电压是 A、B、C 排列。

（2）检查电流。用电流表或相位伏安表的电流挡，测量由电流互感器引至电能表接线盒三根导线的电流值及中性线电流。目的是检查电流互感器是否极性接错及开路或短路故障。当三相负荷平衡时，如三相电流测量值接近相等或中性线电流接近零时，则说明电流互感器接线正确完好，或者全部极性反接；如三相差别较大甚至有的接近为零，则说明有断线或短路故障（当然也有可能是此时三相负荷严重不平衡，此时应根据负荷情况进一步判断）；当中性线电流为某相电流的两倍（三相负荷平衡）时，则说明有一只电流互感器一次侧或二次侧反接，而具体是哪一相电流互感器反接则有待通过下一步检查相位确定。

上述检查工作完成后，通常还应顺便核对“电流互感器变比”。对于 380V 供电的低压用户，可用钳形电流表直接测量一次电流值加以比较；对于 10kV 供电的高压用户，高供低计的可用钳形电流表直接测量一次电流值加以比较，高供高计的可用钳形电流表测量变压器出口总电流通过换算后加以比较；对于无法通过直接或间接测量一次电流的高压电流互感器，其变比检查通常是通过单独做电流互感器变比试验确定，或者已知其他有关电流互感器的实际变比，则可通过测量有关电流互感器的二次电流经换算后比较确定。

（3）检查电压、电流间的相位关系。测量电能表进线电压、电流间的相位差角。用相位伏安表测量电能表进线 U_{1N}与电流互感器引至电能表接线盒三根导线中 I_1、I_2、I_3 之间的相位差（最好是 i 相电流都测出相位差），或者分别测量 U_{1N}与 I_1、U_{2N}与 I_2、U_{3N}与 I_3 的相位差。具体操作方法则根据表计的使用说明进行。

（4）做相量图，判断电表外部电流回路接线。根据实测电压、电流值及相位关系，按一定比例作相量图，并参考正确接线时的相量区间进行分析判断。由于电压回路的错误或故障已经预先排除，电流回路错接引起的相位关系则比较容易从相量图中分析判断。例如，已知负荷的功率因数为 0.85～0.9，即功率因数角 $\varphi \approx 30°$（感性），实测 U_{1N}超前 I_1 约 30°，U_{2N}超前 I_2 约 30°，且 U_{3N}超前 I_3 约 150°，根据电工学原理，即可判断出电能表的错误接线为第三元件电流互感器极性相反。

（5）画误接线图，导出功率表达式。根据检查电压、电流所做的有关记录，并结合相量图分析结果，对照正确接线图和已知的外部接线核对电表端子接线，然后做做完整的误接线图，导出相应的功率表达式，以便得出更正系数，并与所观察到的电表转动情况比较核对。

（6）注意事项。三相电能表接线检查的难点是分析判断相量图，上述方法的指导思想是把电压回路分割出来预先检查和更正作为突破口，因而这一步骤至关重要，具体操作时应特别小心谨慎，尽量做到万无一失。

1）通常经带负荷检查分析判断出电能表接线错误后，还应在停电状态补充做极性与接线等检查工作，确认无误后才能着手更改，并做详细的文字记录和画出更改前后的接线图，更改前后电能表的转动情况也应做详细记录。

2）电能表安装前一般都在校表台做过检验，基本不存在电表内部的误接线问题，但在运行中则可能出现如电压线圈断线或人为窃电时故意错接（或损坏）等故障。对于这类故障或错接的检查比较简单，通常用直观检查或万用表即能检出，在画完整的误接线图和推导功率表达式时应注意不要疏忽。

3）带电检查严格按有关规程办事，尤其注意电压互感器二次严禁短路，电流互感器二次严禁开路。

4）判断三相四线电能表接线正确与否，最简单的方法还是采用断开电压或短接电流的所谓力矩法。因而在做接线检查时第一步就应该采用力矩法，经更改接线或处理故障后也应用力矩法判断接线正确与否。

二、电能计量装置接线

（一）电能计量装置接线的种类

电能计量装置在三相供电中的接线种类可以分为六种：①三相三线（经 TA、TV）简化接线；②三相三线（经 TA、TV）四线制；③三相四线（经 TA、TV）简化接线；④三相四线（经 TA、TV）六线制；⑤三相四线（经 TA、无 TV）六线制；⑥三相四线直接接入。

现在国家电网在电能计量接入中一普遍采用三相三线（经 TA、TV）四线制及三相四线（经 TA、无 TV）六线制。

（二）电能计量装置接线的原理

电能计量装置接线顺序为：互感器一次接线、互感器二次接线、互感器端子排接线、联合接线盒接线、表尾接线。

（三）电能计量装置接线中易出现的错误接线

1. 电压中容易出现的错误接线

（1）电压断路。

（2）表尾电压错相序。

（3）有 TV 的可能出现互感器接反等。

2. 电流中容易出现的错误接线

（1）TA 开路。

（2）TA 短路。

（3）TA 极性反。

（4）电流进错相。

（5）电流表尾反接。

（四）互感器的接线

1. 电压互感器的接线

在三相计量电路中，电压互感器的接线方法一般有两种：Vv 型接线方法和 Y_0y_0 型接线方法；接入中性点绝缘系统的 3 台电压互感器，35kV 以下的宜采用 Vv 方式接线，接入非中性点绝缘系统的 3 台电压互感器，35kV 及以上的宜采用 Y_0y_0 方式接线。其一次侧接线方式和系统接地方式相一致。

2. 电流互感器的接线

低压供电，负荷电流为 50A 及以下时，宜采用直接接入式电能表；负荷电流为 50A 以上的，宜采用经互感器接入的接线方式。

对三相三线制接线的电能计量装置，其 2 台电流互感器二次绕组与电能表之间宜采用四线连接。对三相四线制接线的电能计量装置，其 3 台电流互感器二次绕组与电能表之间宜采用六线连接。

（五）电能表标准接法

1. 单相远程费控智能电能表（载波）接线

单相远程费控智能电能表接线的接入方式如图 3-17（a）、（b）所示，其对应的接线端子定义分别见表（a）和表（b）。

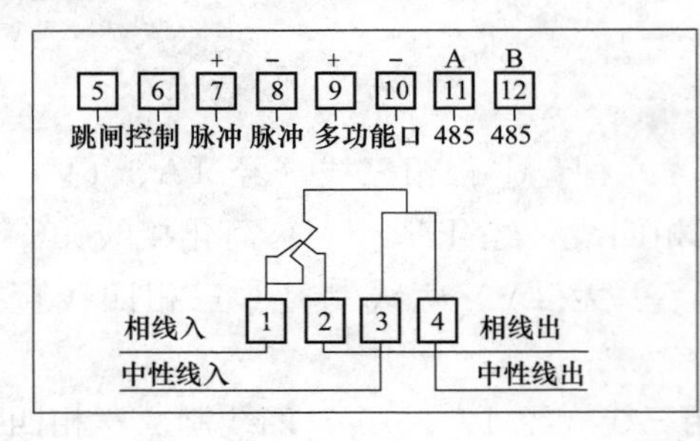

1	相线接线端子	7	脉冲接线端子
2	相线接线端子	8	脉冲接线端子
3	中性线接线端子	9	多功能输出口接线端子
4	中性线接线端子	10	多功能输出口接线端子
5	跳闸控制端子	11	485-A接线端子
6	跳闸控制端子	12	485-B接线端子

(a)

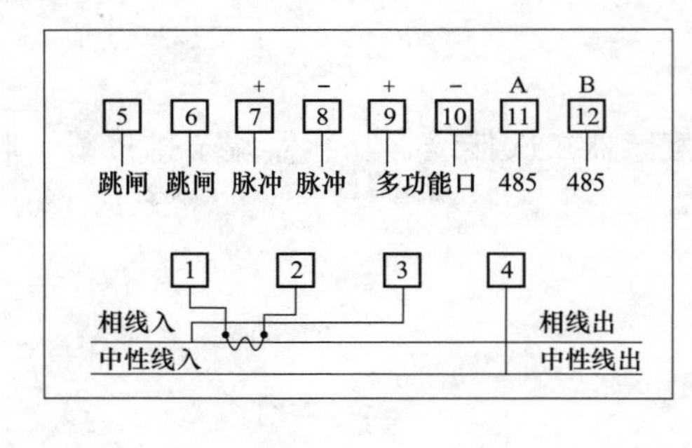

1	电流接线端子	7	脉冲接线端子
2	电流接线端子	8	脉冲接线端子
3	相线接线端子	9	多功能输出口接线端子
4	中性线接线端子	10	多功能输出口接线端子
5	跳闸控制端子	11	485-A接线端子
6	跳闸控制端子	12	485-B接线端子

(b)

图 3-17 电能表接入方式

（a）直接接入式；（b）经互感器接入式

2. 三相费控智能电能表（载波）接线

三相费控智能电能表（载波）接线图如图 3-18 所示。

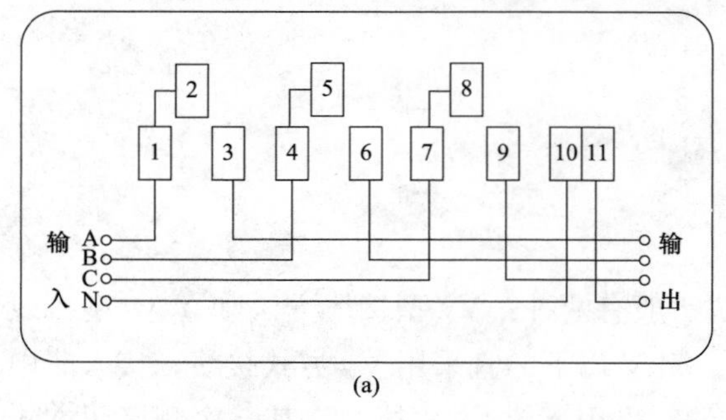

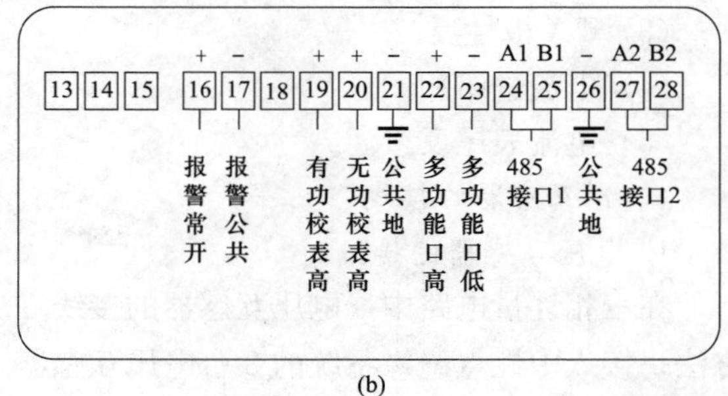

(a) (b)

图 3-18 三相表接入方式（一）

（a）三相四线直接接入式接线图；（b）功能端子接线图

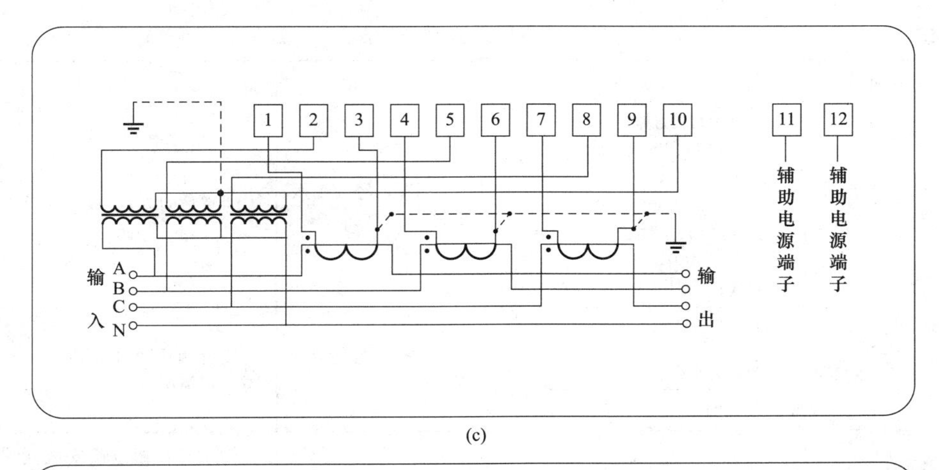

(c)

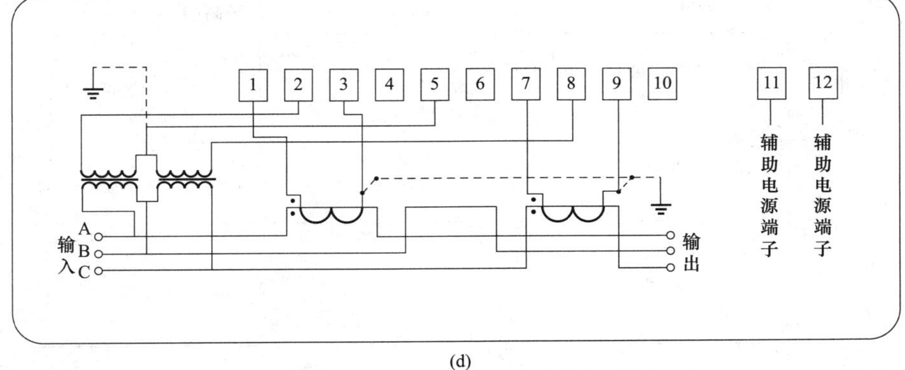

(d)

1	A相电流端子	9	C相电流端子	17	报警端子-公共	25	485-B1
2	A相电压端子	10	电压零线端子/备用端子	18	备用端子	26	485公共地
3	A相电流端子	11	辅助电源端子	19	有功校表高	27	485-A2
4	B相电流端子	12	辅助电源端子	20	无功校表高	28	485-B2
5	B相电压端子	13	备用端子	21	公共地		
6	B相电流端子	14	备用端子	22	多功能口高		
7	C相电流端子	15	备用端子	23	多功能口低		
8	C相电压端子	16	报警端子—常开	24	485-A1		

注：对于三相四线方式，10号端子为电压零线端子；对于三相三线方式，10号端子为备用端子。

(e)

图 3-18 三相表接入方式（二）

（c）三相四线经电压、电流互感器接入式接线图；（d）三相三线经电压、电流互感器接入式接线图；（e）接线芯端子功能标示图

三、误接线检查测试实例

（一）三相四线电能计量装置错误接线分析

已知某用户采用三相四线低压供电，月平均功率因数为 0.9（感性），抄见电量 −60kWh。请现场测试有关电压、电流数据，画图分析，写出错误接线时的功率表达式和更正系数。

（1）现场测试见表 3-25。

表 3-25 **现场测试结果记录**

序号	测试项目	测试结果	分析结论	注意事项
1	记录电能表参数	型号：DTS862 电压：3×220/380V 电流：3×1.5（6）A 常数：1600imp/kWh 准确度：1.0 级 倍率：300/5 示数：00150.00	无 TV，经 TA 六线制	注意核对互感器变比
2	测定电压回路	$U_1=219$V $U_2=220$V $U_3=219$V	正常，无短路、无断线	注意测线电压，避免两个元件接同一相情况
3	测定电压相序	逆相序	可能 BAC 或 ACB 或 CBA	相序表或相位伏安表测量电压端子高端
4	确定 A 相	已知 A 相，即 $U_{ax}=0$，即 $U_2=U_A$	$U_1=U_B$ $U_2=U_A$ $U_3=U_C$	也可以用参考相 B
5	测电流回路	$I_1=2.96$，$I_2=2.98$，$I_3=2.97$	无断线、无短路	用钳形表测量，注意钳口极性
6	确定电流相序（测相位）	$\theta_1=120°$，$\theta_2=180°$，$\theta_3=240°$（θ_1、θ_2、θ_3 分别为各相电流与电压相角度）		
7	画相量图	以相别定坐标，然后标元件电压，遵循相电流靠近相电压的原则	图 3-19	

（2）错误接线相量图见图 3-19。

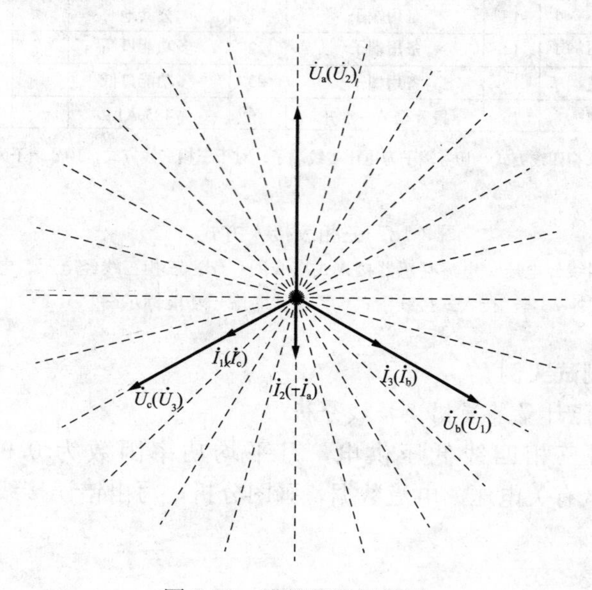

图 3-19 错误接线相量图

（3）故障判断结论见表 3-26。

表 3-26　　故障判断结论

接线组别（电压回路）	第一元件：C
	第二元件：B
	第三元件：A
接线组别（电流回路）	第一元件：C
	第二元件：$-$B
	第三元件：A

（4）错误接线原理图见图 3-20。

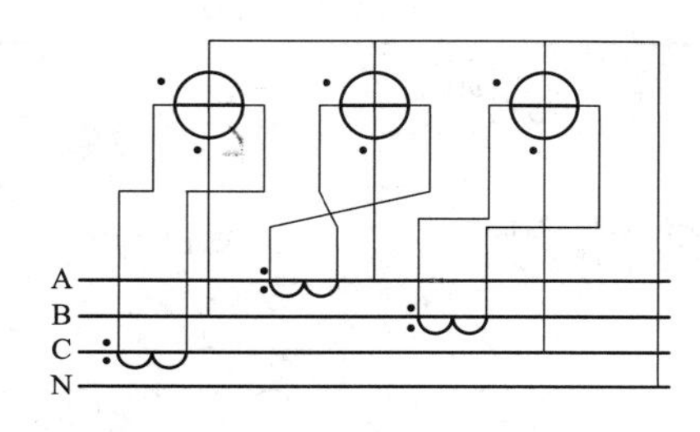

图 3-20　错误接线原理图

（5）写出错误接线时功率表达式并化简，求更正系数 K_G。

$$P_{正确} = U_a I_a \cos\varphi + U_b I_b \cos\varphi + U_c I_c \cos\varphi = 3UI\cos\varphi$$

$$P_{错接} = U_b I_c \cos(120^\circ + \varphi) + U_a I_a \cos(180^\circ + \varphi) + U_c I_b \cos(240^\circ + \varphi) = -2UI\cos\varphi$$

$$K_G = \frac{P_{正确}}{P_{错接}} = -\frac{3}{2}$$

注：$K=1$ 计量正确，$K>1$ 少计表示慢，$K<1$ 多计表示快，$K<0$ 表反转。

（6）现场校验电能表误差结果 $\gamma=0.98\%$，操作步骤参考现场电能表校验方法测试。

（7）退补电量计算。

$$\Delta W = \left(1 - \frac{K_G}{1+\gamma}\right) W_c$$

代入数值得$-$150kWh（补交）。

如果计算退补电费和总电费，按照供电营业规则和电费计算办法制定，具体电价可参考表 3-27。

表 3-27　　电网销售电价表　　单位：元/kWh

用电类别	电度电价						基本电价	
	1kV 以下	1～10kV	20kV	35～110kV 以下	110kV	220kV 及以上	最大需量（元/千瓦·月）	变压器容量（元/千伏安·月）
一、居民生活用电	0.5000	0.4900	0.4900	0.4900				
二、一般工商业及其他用电	0.8896	0.8796	0.8776	0.8696				

续表

用电类别		电度电价						基本电价	
		1kV以下	1～10kV	20kV	35～110kV以下	110kV	220kV及以上	最大需量（元/千瓦·月）	变压器容量（元/千伏安·月）
其中：中小化肥生产用电		0.6556	0.6456	0.6436	0.6356				
三、大工业用电			0.5606	0.5576	0.5476	0.5346	0.5246	33	22
其中	电石、电解烧碱、合成氨、电炉黄磷生产用电		0.5506	0.5476	0.5376	0.5246	0.5146	33	22
	中小化肥生产用电		0.4336	0.4306	0.4206	0.4076		22	15
四、农业生产用电		0.4946	0.4846	0.4826	0.4746				

（8）表尾接线状态与更正，见图3-21。

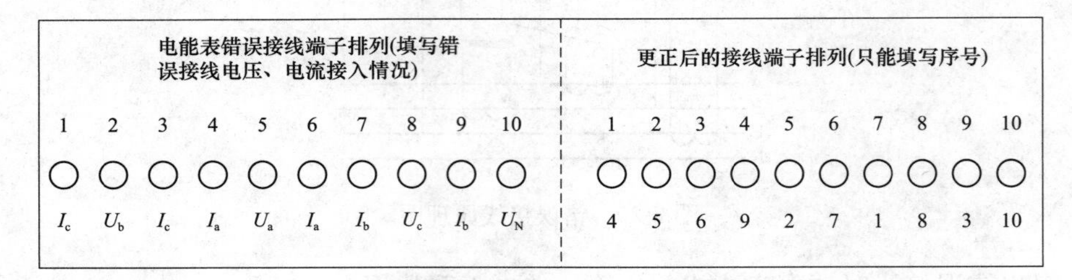

图3-21　表尾接线状态与更正

（二）三相三线电能计量装置错误接线分析

某高供高计用户采用三相三线制供电，月平均功率因数为0.9（感性）。请现场测试有关电压、电流数据，画图分析，写出错误接线时的功率表达式和更正系数（详见表3-28、图3-22、表3-29、图3-23、图3-24）。

（1）现场测试见表3-28。

表3-28　　**现场测试结果**

序号	测试项目	测试结果	分析结论	注意事项
1	记录电能表参数	型号：DSS862 电压：3×100V 电流：3×1.5(6)A 常数：1600imp/kWh 准确度：1.0级 倍率：TV：10/0.1kV，TA：200/5A 示数：00150.00	经TV，经TA	注意核对互感器变比
2	测定电压回路	$U_{12}=99V$	正常，无短路、无断线	
		$U_{23}=99V$		
		$U_{13}=99V$		
3	测定电压相序	正相序	可能ABC或BCA或CAB	相序表或相位伏安表测量电压端子

续表

序号	测试项目	测试结果	分析结论	注意事项
4	确定 A 相	已知 A 相，$U_{1A}=100$，$U_{2A}=100$，$U_{3A}=0$，所以 $U_3=U_A$	$U_1=U_B$ $U_2=U_C$ $U_3=U_A$	可以用参考相 B
5	测电流回路	$I_1=2.96$，$I_2=0$，$I_3=2.97$	无断线、无短路	用钳形表测量，注意钳口极性
6	确定电流相序（测相位）	$(U_{12}, I_1)=150°$ $(U_{12}, I_3)=90°$		可以多测几组
7	画相量图	以相别定坐标，然后标元件电压，遵循相电流靠近相电压的原则	见图 3-22	

（2）画出错误接线相量图，见图 3-22。

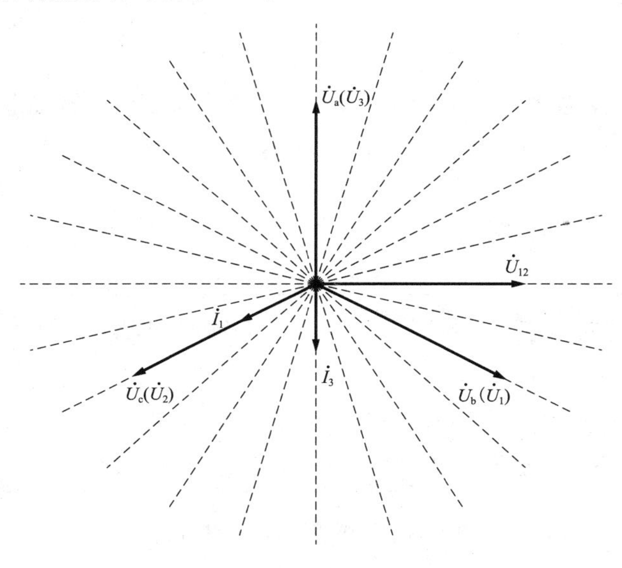

图 3-22　错误接线相量图

（3）故障判断结论见表 3-29。

表 3-29　故障判断结论

接线组别	第一元件：U_{bc}，I_c	说明： 1. 电压分别为 BCA 2. 电流分别为 CA 3. 第二元件电流表尾接反
	第二元件：U_{ac}，$-I_a$	

（4）画出错误接线电路图见图 3-23。

（5）写出错误接线时功率表达式并化简。

计算更正系数

$$
\begin{aligned}
P_{正确} &= P_1+P_2=U_{AB}I_A\cos(U_{AB},I_A)+U_{CB}I_C\cos(U_{CB},I_C)\\
&= U_{AB}I_A\cos(30°+\varphi_A)+U_{CB}I_C\cos(30°-\varphi_C)\\
&= \sqrt{3}UI\cos\varphi
\end{aligned}
$$

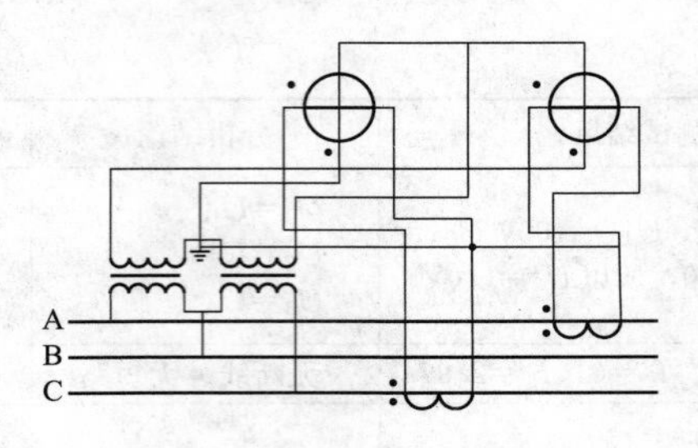

图 3-23　错误接线电路图

$$P_{错接}=P_1+P_2=U_{BC}I_C\cos(150°+\varphi)+U_{AC}I_A\cos(330°+\varphi)$$
$$=-UI(\sqrt{3}\cos\varphi+\sin\varphi)$$

$$K_G=\frac{P_{正确}}{P_{错接}}=-\frac{\sqrt{3}UI\cos\varphi}{-UI(\sqrt{3}\cos\varphi+\sin\varphi)}=-\frac{\sqrt{3}}{\sqrt{3}+\tan\varphi}$$

注：这里的 U 是指线电压，I 是指相电流。

(6) 现场校验电能表误差，结果为 $\gamma=0.98\%$，操作步骤参考现场电能表校验方法测试。

(7) 计算退补电量。已知 $\cos\varphi=0.9$，所以 $K_G=-0.7815$，代入公式得 -106.4kWh（少计）。

(8) 表尾接线状态与更正见图 3-24。

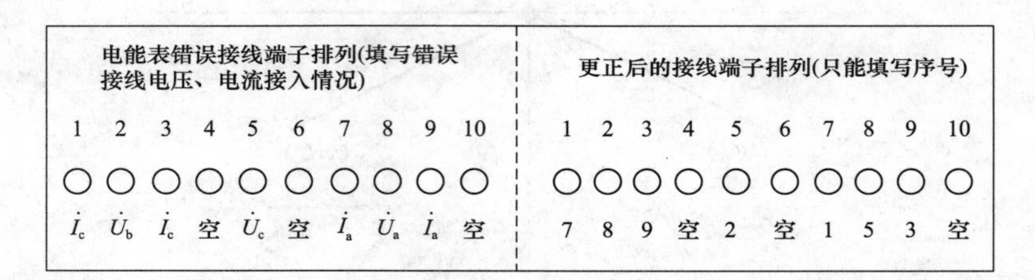

图 3-24　表尾接线状态与更正

四、电能计量装置现场检验

(一) 术语

(1) 电能计量装置：直接与电网连接用于计量电能量的一套装置，包括了电能表，计量用电压、电流互感器以及连接它们的二次回路的全部或其中的一部分。

(2) 电能计量装置现场检验：对电能计量装置在安装现场实际工作状态下实施的在线（电能表、电压互感器二次压降）或离线（电流、电压互感器）检测。

(3) 电压互感器二次实际负荷：电压互感器在实际运行中，二次所接的测量仪器以及二次电缆间及其与地线间电容组成时总导纳。

(4) 电流互感器二次实际负荷：电流互感器在实际运行中，二次所接测量仪器的阻抗、二次电缆和接点电阻的总有效阻抗。

(5) 电压互感器二次回路压降：由于电压互感器二次回路电缆的电阻、隔离开关和接点电阻造成相对于电压互感器二次端子与接入电能表对应端子之间的电压差，它是一个交流相量。

（6）合成误差：计量用电流、电压互感器的比差和角差以及计量用电压互感器二次回路压降的正交分量、同相分量在测量功率时的误差合成。

（7）综合误差：电能表误差和计量用互感器以及计量用电压互感器二次回路压降合成误差的代数和。

（二）工作人员与带电高压设备的安全距离

工作人员与带电高压设备的安全距离见表 3-30。

表 3-30　高压设备带电时的安全距离

电压等级（kV）	安全距离（m）
10 及以下	0.70
20～35	1.00
66～110	1.50
220	3.00
330	4.00
500	5.00

（三）电能表现场实际负荷（在线）检验

1. 安全工作要求

（1）办理第二种工作票。

（2）至少有两人一起工作，其中一人进行监护。

（3）应在工作区范围设立标示牌或护栏。

（4）工作时应戴绝缘手套，并站在绝缘垫上，操作工具绝缘良好。

（5）在接通和断开电流端子时，必须用仪表进行监视。

（6）电压互感器二次侧严禁短路，电流互感器二次侧严禁开路。

2. 检验项目

运行中电能表应检验以下项目：

（1）测量实际负荷下电能表的误差。

（2）多费率电能表内部时钟校准。

（3）电池检查。

（4）失压记录检查。

（5）多功能电能表检测项目（如果主站端具有远方功能，则该项目不需要）：

1）检查各费率电量之和与总电量是否相等（多费率电能表的组合误差）。

2）检查电能表内部日历时钟是否正确。

3）检查费率时段设置是否正确。

4）检查电能表访问权限设置及最近编程次数及最近一次编程时间。

5）检查多费率（多功能）电能表的负荷曲线（若电能表具有此项功能）。

6）检查最大需量寄存器设置是否正确。

7）检查多费率（多功能）电能表的结算日（冻结时间）是否正确。

（6）检查电能表和与之连用的互感器的二次回路接线是否正确。

（7）检查计量差错和不合理的计量方式。

3. 检验条件

（1）在现场检验时，工作条件应满足下列要求：

1）环境温度范围为0～35℃。

2）电压对额定值的偏差不应超过±10%。

3）频率对额定值的偏差不应超过±2%。

4）现场检验时，当负荷电流低于被检电能表标定电流的10%（对于5级的电能表为5%）或功率因数低于0.5时，不宜进行误差测定。

5）负荷相对稳定。

（2）检验标准。现场实负荷测定电能表误差时，采用标准表法。所用的标准电能表应满足下列要求：

1）必须具备运输和保管中的防尘、防潮和防震措施。

2）标准表必须按固定相序使用，表上有明显的相别标志。

3）标准表接入电路的通电预热时间，应严格遵照使用说明中的要求。如无明确要求，通电时间不得少于15min。

4）标准表和试验端子之间的连接导线应有良好的绝缘，中间不允许有接头，并应有明显的极性和相别标志。其中，标准表的电流连接端子应具有自锁功能。

5）连接标准表与试验端子之间的导线及连接点接触电阻造成的标准表与被试表对应电压端子之间的电位差，相对于额定电压比值百分数，应不大于被试表等级指数的1/10。

4. 检验方法

（1）在实际负荷下测量电能表的误差。

1）现场检验电能表误差时，标准电能表应通过专用试验端子接入和被检电能表相同的电流、电压回路，且连接必须可靠。

2）严禁在检验过程中使电流回路开路，电压回路短路。

3）在标准电能表达到热稳定后，且在负荷相对稳定的状态下，测定误差。测定次数一般不得少于2次，取其平均值作为实际误差。但对有明显错误的读数应该舍去。当实际误差在最大允许值的80%～120%时，至少应再增加2次测量，取多次测量数据的平均值作为实际误差。

4）读取标准表在被检表转动 n 圈或输出 n 个低频脉冲的同时输出的高频脉冲数 m，作为实测脉冲和算定脉冲相比较，算得被检电能表相对误差。

5）现场检验时，推荐用光电转换器采集被试表的信号，在特殊情况下也可采用手动定圈比较法，但应适当增加检验圈数。

6）现场检验三相三线两元件电能表时，应选用B相接地与否对测量误差没有影响的标准电能表。

（2）电能表内部时钟校准。

1）电能表内部时钟校准的范围及周期：现场运行的电能表内部时钟与北京时间相差原则上每年不得大于5min；校准周期每年不得少于1次或酌情缩短其校准周期。

2）电能表内部时钟校准的步骤：

a. 检查电能表内部日历时钟是否正确。检查被试电能表内部的日历时钟，若与北京时间相差在 5min 及以内，现场调整时间即可；若与北京时间误差在 5min 以上，则需分析原因，必要时更换表计。

b. 采用 GPS 法校对电能表内部时钟。将 GPS 的通信接口（串口）接至便携式电脑的一个通信接口，电能表通信接口接便携式电脑的另一个通信接口。时钟校对前，首先使 GPS 处于有效接收状态（工作现场注意 GPS 接收天线摆放位置和接收电缆的屏蔽），校准便携式电脑的时钟后，再用便携式电脑中的电表校时软件对电能表内部时钟进行校准，校准时记录电表时差，校准后检查电表时钟。

注：GPS 与便携式电脑间采用专用校时软件，校时误差不确定度小于 50ms。便携式电脑与电能表间可采用厂家提供编程软件或自制软件。

若现场不具备 GPS 法校时条件，可在试验室先将便携式电脑时钟校准，再在工作现场对电能表内部时钟进行校准，注意时间不得超过 1 周。

c. 采用北京时间校对法校准电能表内部时钟。将便携式电脑与北京时间校准后，再用便携式电脑中的电表校时软件对电能表内部时钟进行校准，校准前记录电表时差，校准后检查电表时钟。当电表具备硬件校时功能时，可采用手动方式。

3）电池检查：检查电能表内部用电池的使用时间或使用情况的记录，当发现异常情况时，应及时更换并做相应的记录。

4）失压记录检查：检查多功能电能表事件记录寄存器，并记录所计的失压次数和起止时间。

5）如果主站端不具备多功能电能表的远方功能，尚需进行以下检测项目：

a. 检查各费率电量之和与总电量是否相等（多费率电能表的组合误差）。对多费率表（或多功能表），应检查各费率电量之和与总电量是否相等，其相对误差如果大于 0.2%，应检查原因。

b. 检查多费率表费率时段设置是否正确。检查运行表计的费率时段结构是符合本部门规定，如有疑问，可进一步检查电表费率时段的设置是否正确，分析原因，必要时更换表计。

c. 当多用户访问电能表时，应检查电能表访问权限设置是否正确，并记录下编程总次数及最近一次编程时间是否正确。如有异常，应检查原因。

d. 检查多费率（多功能）电能表的负荷曲线（若电能表具有此项功能）。检查多费率（多功能）电能表的负荷曲线通道数目及被测量设置是否正确，时间间隔是否满足规定，负荷曲线数据是否有效。当出现异常情况时，应给予更正或更换表计。

e. 检查最大需量寄存器设置是否正确。检查多费率（多功能）电能表最大需量寄存器的需量周期、滑差间隔及复位时间设置是否正确。当出现异常情况时，应给予更正。

f. 检查多费率（多功能）电能表的结算日（冻结时间）是否正确。当出现异常情况时，应给予更正。

6）检查电能表和与之连用的计量用互感器的二次回路接线是否正确：

a. 检查运行中的电能表和计量用互感器二次接线是否正确，可以采用相位表或带接线检查功能的现场校验仪检查接线。检查应在电能表接线端进行。

根据做出的相量图或现场校验仪给出的结果与实际负荷电流及功率因数相比较，分析判断电能表的接线是否正确。如有错误，先经有关管理人员确认，然后按分析结果更正电能表接线，重新检查。如仍然不能确定其错误接线的实际情况，则应停电检查。

b. 对于判断为错误接线的电能计量装置应有详细的记录，包括错误接线的形式、相量图、计算公式、更正后的接线形式、相量图等。

7）检查电能表倍率和计量方式。在现场检验电能表时，应检查下列项目：

a. 电能表倍率是否正确。电能表的计费倍率 K_G 计算式

$$K_G = \frac{K_L K_Y}{K'_L K'_Y} K_N$$

式中：$K_L K_Y$ 为与电能表连用的计量用电流互感器和电压互感器的变比；$K'_L K'_Y$为电能表铭牌上标示的电流互感器和电压互感器的变比；K_N 为电能表铭牌标示的倍率，未标示者为 1。

b. 电压互感器熔断器是否熔断或二次回路接触是否良好。

c. 电流互感器二次回路接触是否良好。

d. 电压相序是否正确。

e. 电流回路极性是否正确。

在现场检验电能表时，还应检查是否存在下列不合理的计量方式：①电流互感器的变比过大，致使电流互感器经常在 20%（S 级：5%）额定电流以下运行的；②电能表接在电流互感器非计量二次绕组上；③电压与电流互感器分别接在电力变压器不同侧；电能表电压回路未接到相应的母线电压互感器二次侧。④无换向计度器的感应式无功电能表和双向计量的感应式有功电能表无止逆器的。

5. 检验结果的处理

（1）现场检验电能表的误差均应在其等级允许范围内，将检验结果和有效期等有关项目填入检验证（单）。

（2）当现场检测电能表的误差超过其等级指标时，应及时更换电能表，同时应填写详细的检验报告，现场严禁调表。

（3）现场检验电能表多功能部分有问题时，应及时更正，并填写更正情况报告。

（4）对于现场计量有差错的，或发现有不合理计量的，应及时更正，并填写更正情况报告。

（5）如电能表现场检验误差，在考核一年后，在合格范围内，且变差小于等级指标的 1/2，经相关部门批准后，可以延长一个测试周期。

（6）电能表现场检验原始记录：

1）原始记录填写应用签字笔或钢笔书写，不得任意修改。

2）电能表现场检验误差原始记录档案应妥善保管。

3）电能表轮换或故障时，应在资产卡上记录。

五、计量用互感器的现场测试

对于关口和大电力用户计量用互感器的现场测试，应做好以下测试前的准备工作。

1. 现场勘测内容

（1）确定现场测试工作地点和工作内容。

（2）被测对象的技术参数（包括互感器及二次回路的所有参量）及出厂测试技术数据。

（3）确定现场运行的主接线方式及被测回路的正常运行方式。

（4）确定被测回路运行参数（常用负荷曲线、功率因数等）。

（5）确认现场有符合要求的测试用供电电源。

（6）根据被试设备现场位置，确定合理放置试验设备及相应的准备工作。

（7）测试设备应在现场试验前（一周内）自检，确保其处于良好的工作状态。

2. 现场测试工作的技术要求（措施）

（1）制订现场测试方案。现场测试方案包括以下内容：

1）测试项目。

2）测试方法及步骤。

3）安全措施的要求。

4）计算方法（包括误差合成方法及公式）。

（2）现场测试方案须经相应审批程序后执行。

六、计量用电流互感器现场测试

（一）安全工作要求

（1）办理现场工作第一种工作票。

（2）工作票许可后，工作负责人应前往工作地点，核实工作票各项内容。

（3）做好包括以下内容的安全工作技术措施：

1）电流互感器从系统中隔离，并在一次侧两端挂接地线。

2）确认电流互感器被测的计量二次绕组及回路。

3）电流互感器二次有关保护回路应退出。

4）核对电能计量装置计量方式（三相三线或三相四线）。

5）电流互感器除被测二次回路外其他二次回路应可靠短路。（注：短路电流互感器二次绕组时，必须使用短路片或短路线，短路应可靠，严禁用导线缠绕）

6）对被测试设备一、二次回路进行检查核对，确认无误后方可工作。

7）试验中禁止电流互感器二次回路开路。

8）严禁在电流互感器与短路端子间的回路和导线上进行任何工作。

（4）现场工作负责人应指定一名有一定工作经验的人员担任安全监护人。安全监护人负责检查全部工作过程的安全性，一旦发现不安全因素，应立即通知暂停工作并向现场工作负责人报告，安全监护人不得从事现场实际操作。

（5）测试工作完毕后应按原样恢复所有接线，工作负责人会同被试单位指定的责任人检查无误后，交回工作票并立即撤离工作现场。

（二）测试项目

（1）首次检验的计量用电流互感器测试项目如下（注：应在做完绝缘强度试验，确保被测设备绝缘性能良好后，方能进行，试验按有关的标准和规程的规定进行）：

1）外观检查。

2）绕组的极性检查。

3）充磁和退磁。

4）计量绕组的误差测试（包括在现场实际二次负荷下按实际接线对互感器误差的测试）。

5）实际二次负荷测试。

（2）运行中的计量用电流互感器周期检验项目如下：

1）计量绕组的误差测试（包括在现场实际二次负荷下按实际接线对互感器误差的测试）。

2）退磁。

3）实际二次负荷测试。

电能计量装置现场测试记录单见表3-31～表3-34。

表3-31　电能计量装置现场检测原始记录格式（电能表现场检验原始记录）

厂站			电能计量点		
电流互感器变化		（A）	计量用电压互感器		（kV）
被测关口电能表					
型号	等级		规范	相线	
电能表常数			编号		
测试时条件					
温度		（℃）	湿度		（%）
实际电流值					
A相		B相		C相	
实际电压值					
A相		B相		C相	
实际相位值（或功率）					
A相		B相		C相	
所用测试设备情况					
测试结果（%）					
正向有功电能	反向有功电能		正向无功电能	反向无功电能	
其他功能检查和测试					
序号	测试项目		测试结果	备注	
1	组合误差				
2	日历时钟				
3	费率时段				
4	问权限设置				
5	负荷曲线				
6	最大需量寄存器设置				
7	结算日（冻结时间）				
测试单位： 测试人员： 测试日期：					

表 3-32　电流互感器现场检验原始记录

厂站名称＿＿＿＿＿＿	准确度等级＿＿＿＿＿＿
馈路名称＿＿＿＿＿＿	额定一次电流＿＿＿＿＿＿A
型号＿＿＿＿＿＿	额定二次电流＿＿＿＿＿＿A
制造厂名＿＿＿＿＿＿	额定功率因数＿＿＿＿＿＿
出厂编号＿＿＿＿＿＿	额定负荷＿＿＿＿＿＿VA
极性＿＿＿＿＿＿	额定频率＿＿＿＿＿＿Hz
接线方式＿＿＿＿＿＿	额定电压＿＿＿＿＿＿kV
计量二次绕组＿＿＿＿＿＿	标准互感器＿＿＿＿＿＿
环境温度＿＿＿＿＿＿	环境湿度＿＿＿＿＿＿
	测　试：
	审　核：
	测试日期：　年　月　日
测试记录：	变　比：

A相

额定电流的百分数值 / 误差	1	5	10*	20	30*	40*	50*	100	120	二次负荷		实际负荷	
										VA	$\cos\varphi$	R	X
f													
δ													
f													
δ													

B相

额定电流的百分数值 / 误差	1	5	10*	20	30*	40*	50*	100	120	二次负荷		实际负荷	
										VA	$\cos\varphi$	R	X
f													
δ													
f													
δ													

C相

额定电流的百分数值 / 误差	1	5	10*	20	30*	40*	50*	100	120	二次负荷		实际负荷	
										VA	$\cos\varphi$	R	X
f													
δ													
f													
δ													

注　*为可选测试点，根据本部门规定执行，在馈路常用负荷曲线下应增加必要的测试点（最好为3～5个点）。

表 3-33　　　　电压互感器现场检验记录

厂站名称：________________　　　　报告编号：________________

馈路名称：________________　　　　报告日期：________________

生产厂家：________________　　　　检验日期：________________

型　　号：________________　　　　检验人员：________________

额定变比：________________________________

额定频率：________　温度：________℃　湿度：________%

额定频率：____________　　　　准确等级：a_1，x_1a_2，x_2

出厂编号：A________　B________　C________

导线截面：________________　　　　导线长度：________________

接线方式：________________________________

相别	序号	U_p/U_N	80	100	110	二次负荷			
						a_1，x_1		a_2，x_2	
						容量（VA）	$\cos\varphi$	容量（VA）	$\cos\varphi$
A	1	f(%)							
		δ(′)							
	2	f(%)							
		δ(′)							
	3	f(%)							
		δ(′)							
	4	f(%)							
		δ(′)							
B	1	f(%)							
		δ(′)							
	2	f(%)							
		δ(′)							
	3	f(%)							
		δ(′)							
	4	f(%)							
		δ(′)							
C	1	f(%)							
		δ(′)							
	2	f(%)							
		δ(′)							
	3	f(%)							
		δ(′)							
	4	f(%)							
		δ(′)							
合成		γ(%)							

表 3-34　　电压互感器实际二次负荷测试记录

（a）伏安相位法			
相别	A(AB)	B(CB)	C(CA)
电压（V）			
电流（A）			
功率因数（相角）			
二次负荷（VA）			

（b）三相测试电源箱			
相别	A	B	C
电导分量（mS）			
电纳分量（mS）			
功率因数			
二次负荷（VA）			

（c）PT 二次压降测试原始记录					
厂站			天关号		
电压互感器所带出线					
熔断器或自动空气开关					
型号		规格		电压降（A/B/C）	
二次回路电缆					
截面积	（mm^2）	长度	（m）		
电压互感器二次负载（A/B/C）	/　/　（A）				
测试时条件					
温度	（℃）	湿度			
所用测试设备情况					

测试结果				
相别	幅值差（%）	相位差（′）	电压降（%）	
AO				
BO				
CO				
AB				
CB				

思考与练习

1. 试分析以下三相四线电能表异常时的工作情况。

（1）三相四线有功电能表中性线断开。

（2）一相电流断开或一相电压断开。

（3）两相电流线断开或两相电压线断开。

（4）三相电压线或电流线断开。

（5）电流线极性接反。

（6）三相三元件有功电能表有两元件电压、电流线圈未接对应相。

（7）三元件电压、电流全未接对应相。

（8）三相三线表计量三相四线有功电能。

2. 根据实际测试案例，对下面几种情况进行错误接线分析。

（1）电压错相序情况。

已知为三相四线（经 TA、无 TV，TA 六线制）低压接线方式，感性负载。在台子表尾处用万用表测量电压为 $U_1=U_2=U_3=220V$，$U_1=U_{(u)}$；用钳表测量 $I_1=I_2=I_3=1.5A$；用相序表测得的电压的相序为逆相序；用相位伏安表测量的电压电流之间的角度为 $\angle U_1I_1=27°$，$\angle U_2I_2=267°$，$\angle U_3I_3=147°$。

（2）电流错相序情况。

已知为三相四线（经 TA、无 TV，TA 六线制）低压接线方式，感性负载。在台子表尾处用万用表测量电压 $U_1=U_2=U_3=220V$，$U_1=U_{(u)}$；用钳表测量 $I_1=I_2=I_3=1.5A$；用相序表测得的电压的相序：正相序；用相位伏安表测量的电压电流之间的角度是 $\angle U_1I_1=259°$，$\angle U_2I_2=259°$，$\angle U_3I_3=259°$。

（3）电流极性反情况。

已知为三相四线（经 TA、无 TV，TA 六线制）低压接线方式，感性负载。在台子表尾处用万用表测量电压 $U_1=U_2=U_3=220V$，$U_1=U_{(u)}$；用钳表测量 $I_1=I_2=I_3=1.5A$；用相序表测得的电压的相序为正相序；用相位伏安表测量的电压电流之间的角度是 $\angle U_1I_1=201°$，$\angle U_2I_2=21°$，$\angle U_3I_3=21°$。

（4）电流开路情况。

已知为三相四线（经 TA、无 TV，TA 六线制）低压接线方式，感性负载。在台子表尾处用万用表测量电压 $U_1=U_2=U_3=220V$，$U_1=U_{(u)}$；用钳表测量 $I_1=0A$，$I_2=I_3=1.5A$；用相序表测得的电压的相序为正相序；用相位伏安表测量的电压电流之间的角度是 $\angle U_1I_1=201°$，$\angle U_2I_2=21°$，$\angle U_3I_3=21°$。

3. 某低压电力用户，采用低压 380/220V 计量，在运行中电流互感器 A 相二次断线，后经检查发现，抄见电能为 10 万 kWh，试求应向该用户追补多少用电量？

4. 某电力用户的电能表经校验走慢 5%，抄见用电量为 19000kWh，若该用户的用电单价为 0.519 元/kWh，试问应向该用户追补多少用电量？实际用电量是多少？应缴纳的电费是多少？

5. 某电力用户装有一块三相四线有功电能表，标定电压为 3×380/220V，标定电流为 5A，与电能表配套用有三台 200/5A 的 TA。某日有一台 TA 因用电过负荷而烧毁，用户在请示供电部门的情况下，自行更换一台 TA。半年后在用电普查中发现用户自行更换的 TA 的变比是 300/5A，与原配套使用的 TA 的变比不同，在此期间有功表共计量 5 万 kWh，试计算应追补电能是多少？

第五节　用电信息采集系统简介

电力用户用电信息采集系统是对电力用户的用电信息进行采集、处理和实时监控的系统，具有用电信息的自动采集、计量异常监测、电能质量监测、用电分析和管理、相关信息发布、分布式能源监控、智能用电设备的信息交互等功能。早期，用电信息采集系统又称为电力负荷管理系统、远程集中抄表系统。

一、系统结构

用电信息采集系统由主站系统、通信信道、采集对象三部分组成。

1. 主站系统

主站是整个系统的管理中心，是一个包括硬件和软件的计算机网络系统，它负责全系统的数据采集、数据传输、数据处理和数据应用以及系统运行和系统安全，并管理与其他系统的数据交换。

主站系统的物理结构主要由数据库服务器、磁盘阵列、应用服务器、前置服务器、Web服务器、接口服务器、备份服务器、磁带库、工作站以及相关的网络设备组成。

2. 通信信道

通信信道是指系统主站与采集终端的通信信道。采集终端和系统主站之间的数据通信称为远程通信，可分为专网通信和公网通信两类。

专网信道是电力系统为满足自身通信需要建设维护的专用信道，可分为230MHz无线专网及光纤专网两大类。光纤专网是指依据电力通信规划而建设的以光纤为信道的一种电力系统内部通信网络。

公网信道可分为无线和有线两大类，常用的公网信道类型有中国移动和中国联通的GPRS、中国电信的CDMA等无线通信方式以及中国电信的ADSL、PSTN等有线通信方式。

3. 采集对象

采集对象是指安装在现场的采集终端及计量设备。采集终端是用电信息采集终端的简称，是对各信息采集点用电信息进行采集的设备，可以实现电能表数据的采集、数据管理、数据双向传输以及转发或执行控制命令。用电信息采集终端按应用场所分为厂站采集终端、专变采集终端、公变采集终端、集中抄表终端（包括集中器、采集器）、分布式能源监控终端等类型。

（1）厂站采集终端。厂站采集终端可以对发电厂或变电站电能表数据进行采集、对电能表和有关设备的运行工况进行监测，并对采集的数据实现管理和远程传输。

（2）专变采集终端。专变采集终端是对专变用户用电信息进行采集的设备，可以实现电能表数据的采集、电能计量设备工况和供电电能质量监测，以及用户用电负荷和电能量的监控，并对采集数据进行管理和双向传输。

（3）公变采集终端。公变采集终端可以实现配电区内公用变压器侧电能信息的采集，包括电能量数据采集、配电变压器和开关运行状态监测、电能质量监测，并对采集的数据实现管理和远程传输，同时还具有集成计量、台区电压考核等功能。公变采集终端也可与低压集中器交换数据，实现配电区内低压用户电能表数据的采集。

（4）集中抄表终端。集中抄表终端是对低压用户用电信息进行采集的设备，包括集中器和采集器。集中器是指收集各采集器或电能表的数据，并进行处理储存，同时能和主站或手持设备进行数据交换的设备。采集器是用于采集多个或单个电能表的电能信息，并可与集中器交换数据的设备。依据功能采集器可分为基本型采集器和简易型采集器两种类型。基本型采集器是先抄收和暂存电能表数据，再根据集中器的命令将储存的数据上传给集中器。简易型采集器直接转发集中器与电能表间的命令和数据。

（5）分布式能源监控终端。分布式能源监控终端是对接入公用电网的用户侧分布式能源系统进行监测与控制的设备，可以实现对双向电能计量设备的信息采集、电能质量监测，并可接收主站命令对分布式能源系统接入公用电网进行控制。

采集终端和用户电能表之间的数据通信称为本地通信。对于不同用电信息采集应用，本地通信差异很大。专用变压器、公用变压器的用电信息采集的本地通信通常采用 RS-485 总线，比较简单；居民用电信息采集的本地通信相对比较复杂，主要有电力线载波（窄带、宽带）、RS-485 总线及微功率无线等多种通信方式共存。

用电信息采集系统物理架构如图 3-25 所示。

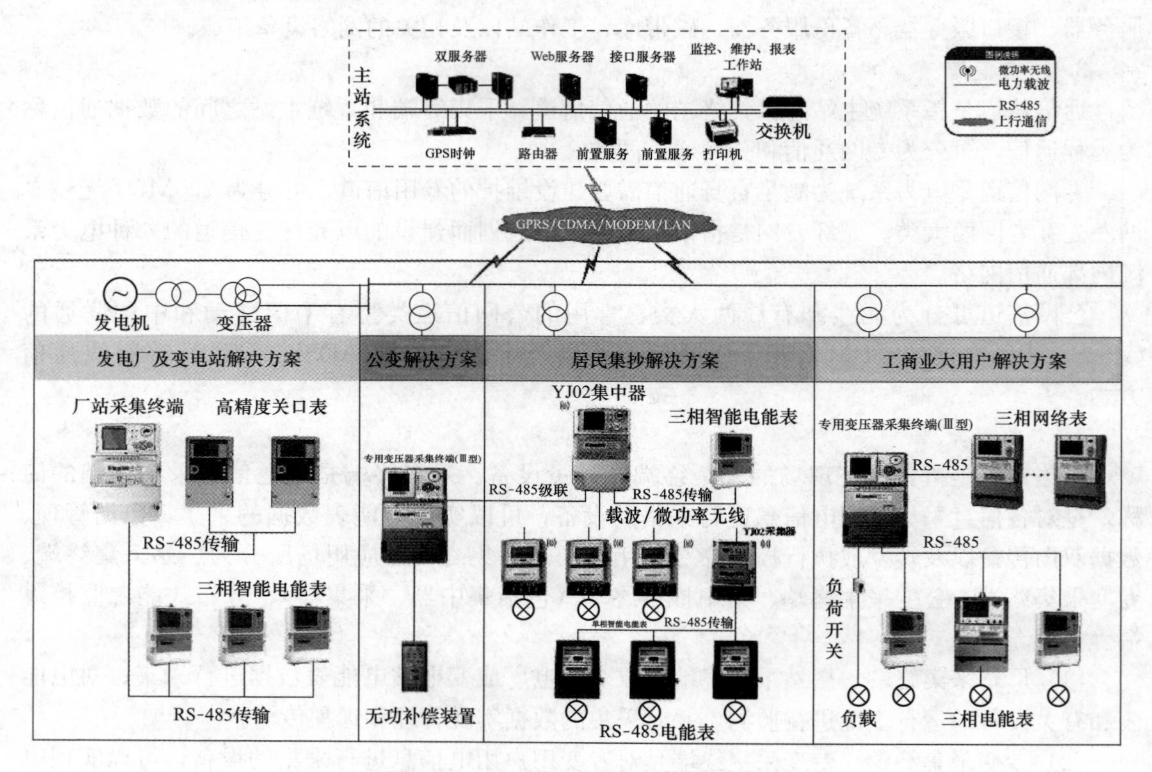

图 3-25 用电信息采集系统物理架构

二、系统功能

系统主要功能包括系统数据采集、数据管理、定值控制、远方控制、综合应用、运行维护管理、系统接口等。具体系统功能见表 3-35。

表 3-35 系统功能配置表

序号	项目	功能	备注
1	数据采集	实时和当前数据	必备功能
		历史日数据	必备功能
		历史月数据	必备功能
		事件记录	必备功能
2	数据管理	数据合理性检查	必备功能
		数据计算、分析	必备功能
		数据存储管理	必备功能

续表

序号	项目	功能	备注
3	定值控制	功率定值控制	必备功能
		电量定值控制	必备功能
		费率定值控制	必备功能
4	远方控制	遥控	必备功能
		保电	必备功能
		剔除	必备功能
5	综合应用	自动抄表管理	配合其他业务应用系统
		费控管理	配合其他业务应用系统
		有序用电管理	配合其他业务应用系统
		用电情况统计分析	配合其他业务应用系统
		异常用电分析	配合其他业务应用系统
		电能质量数据统计	配合其他业务应用系统
		线损、变损分析	配合其他业务应用系统
		增值服务	配合其他业务应用系统
6	运行维护管理	系统对时	必备功能
		权限和密码管理	必备功能
		采集终端管理	必备功能
		档案管理	配合其他业务应用系统
		通信和路由管理	必备功能
		运行状况管理	必备功能
		维护及故障记录	必备功能
		报表管理	必备功能
		电能表通信参数的自动维护	可选功能
7	系统接口		与其他业务应用系统连接

三、采集终端

1. 集中抄表终端

（1）集中器（concentrator）。收集各采集终端或电能表的数据，并进行处理储存，同时能和主站或手持设备进行数据交换的设备（集中器类型标识代码分类说明见表3-36）。

表3-36　集中器类型标识代码分类说明

DJ	×	×	2	×	－××××
集中器分类	上行通信信道	I/O配置/下行通信信道		温度级别	产品代号
DJ—低压集中器	W—230MHz专网 G—GPRS无线公网 C—CDMA无线公网 J—微功率无线 Z—电力线载波 L—有线网络 P—公共交换电话网 T—其他	下行通信信道： J—微功率无线 Z—电力线载波 L—有线网络	1-9—1-9路电能表接口 A-W—10-23路电能表接口	1—C1 2—C2 3—C3 4—CX	由于大于8位的英文字母和数学组成。英文字母可由生产企业名称拼音简称表示；数字代表产品设计序号

（2）采集器（acquisition unit）。用于采集多个电能表电能信息，并可与集中器交换数据的设备，采集器依据功能可分为基本型采集器和简易型采集器，基本型采集器抄收和暂存电能表数据，并根据集中器的命令将存储的数据上传给集中器，简易型采集器直接转发低压集中器与电能表间的命令和数据。

（3）手持设备（hand-held unit）。能够近距离直接与单台电能表、集中器、采集器及计算机设备进行数据交换的设备，又称手持抄表终端。

类型标识代码为DJ××2×-××××。上行通信信道可选用230MHz专网、GPRS无线公网、CDMA无线公网、以太网，下行通信信道可选用微功率无线、电力线载波、RS-485总线、以太网等，可选配交流模拟量、4～20mA直流模拟量、标配2路遥信输入和2路RS-485接口，温度选用C2或C3级。集中器的外观结构示意图如图3-26所示。

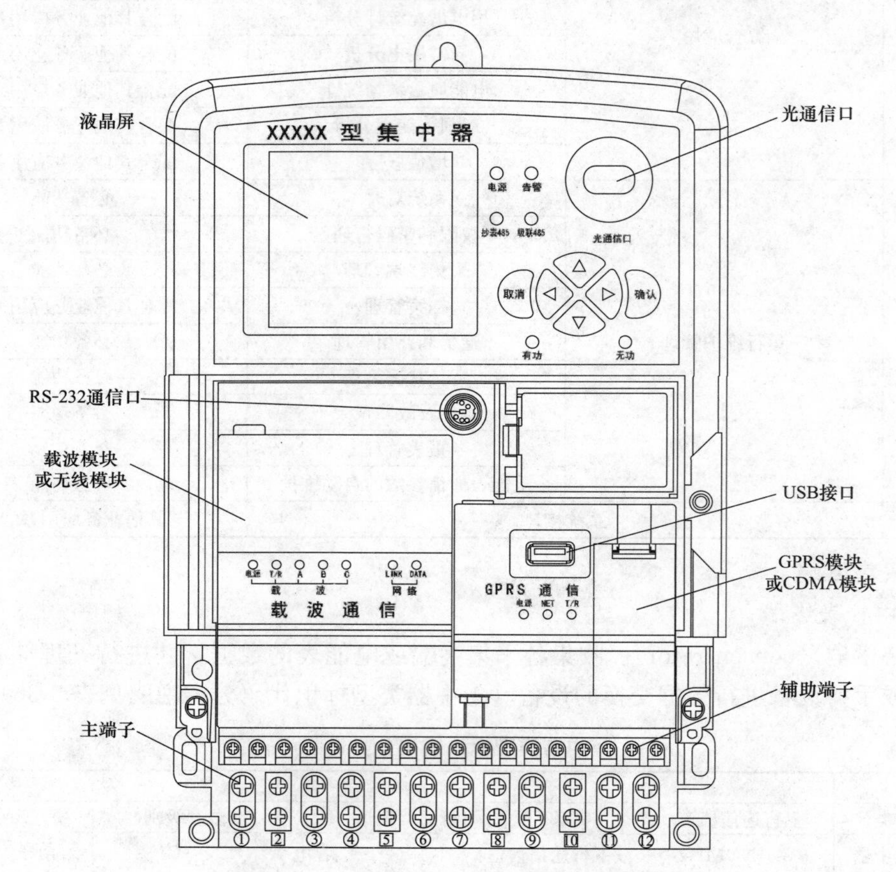

图3-26　集中器外观结构示意图

2. 专变采集终端

专变采集终端是对专变用户用电信息进行采集的设备，可以实现对电能表数据的采集、对电能计量设备工况和供电电能质量监测，以及对客户用电负荷和电能量的监控，并对采集数据进行管理和双向传输。专变采集终端标识代码分类说明见表3-37；建议选用类型见表3-38，其Ⅲ型结构见图3-27；接线端子定义见表3-39和图3-28，Ⅲ型终端显示内容见表3-40。

表 3-37　专变采集终端类型标识代码分类说明

FK/FC	×	×	×	×	—××××
终端分类	上行通信信道	I/O 配置及路数		温度级别	产品代号
FK—专变采集终端（控制型） FC—专变采集终端（非控制型）	W—230MHz 专网 G—GPRS 无限公网 X—CDMA 无限公网 J—微功率无线 Z—电力线载波 L—有线网络 P—公共交换电话网 T—其他	配置：A—交流模拟量输入 B—基本型 D—外接装置	路数：1～9—1～9 路控制输出/遥信输入、脉冲输入、电能表接口（厂站采集终端）A～W—10～32 路控制输出/遥信输出、脉冲输入、电能表接口（厂站采集终端） X—大于 32 路	1—C1 2—C2 3—C3 4—CX	由于大于 8 位的英文字母和数学组成。英文字母可由生产企业名称拼音简称表示；数字代表产品设计序号

表 3-38　建议选用的专变采集终端的类型

类型	类型标识	配置描述
专变采集终端Ⅰ型	FK×A4×	大型壁挂式，有控制功能，上行通信信道可选用 230MHz 专网、GPRS 无线公网、CDMA 无线公网、以太网，配置交流模拟量输入、4 路遥信输入、4 路脉冲输入、4 路控制输出、2 路 RS-485，温度选用 C2 或 C3 级
	FK×B8×	大型壁挂式，有控制功能，上行通信信道可选用 230MHz 专网、GPRS 无线公网、CDMA 无线公网、以太网，配置 8 路遥信输入、8 路脉冲输入、4 路控制输出、2 路 RS-485，温度选用 C2 或 C3 级
专变采集终端Ⅱ型	FK×B2×	中型壁挂式，有控制功能，上行通信信道可选用 230MHz 专网、GPRS 无线公网、CDMA 无线公网、以太网，配置 2 路遥信输入、2 路脉冲输入、2 路控制输出、2 路 RS-485，温度选用 C2 或 C3 级
	FK×B4×	中型壁挂式，有控制功能，上行通信信道可选用 230MHz 专网、GPRS 无线公网、CDMA 无线公网、以太网，配置 4 路遥信输入、2 路脉冲输入、4 路控制输出、2 路 RS-485，温度选用 C2 或 C3 级
专变采集终端Ⅲ型	FK×A2×	小型壁挂式，有控制功能，上行通信信道可选用 230MHz 专网、GPRS 无线公网、CDMA 无线公网、以太网，配置交流模拟量输入、2 路遥信输入、2 路脉冲输入、2 路控制输出、2 路 RS-485，温度选用 C2 或 C3 级
	FK×A2×	小型壁挂式，有控制功能，上行通信信道可选用 230MHz 专网、GPRS 无线公网、CDMA 无线公网、以太网，配置交流模拟量输入、2 路遥信输入、2 路脉冲输入、2 路控制输出、2 路 RS-485，温度选用 C2 或 C3 级

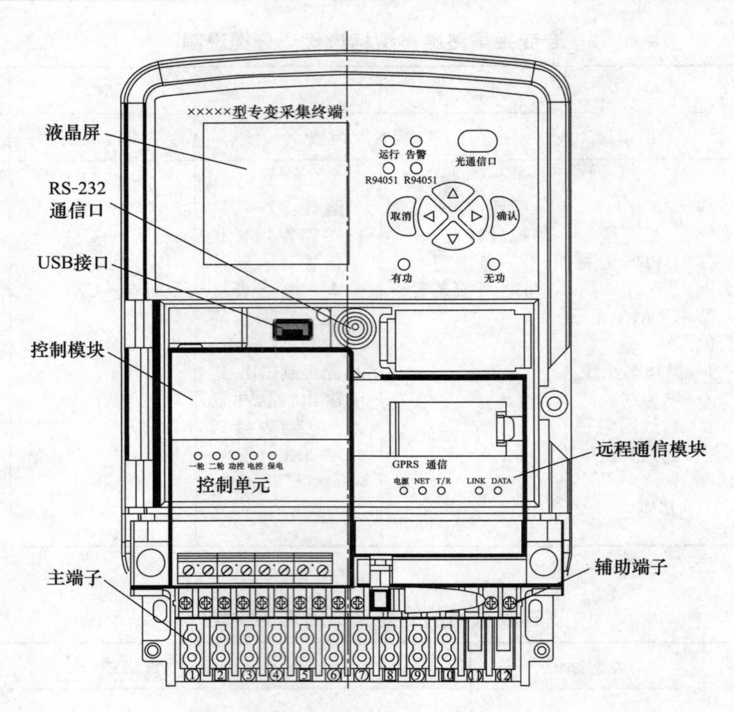

图 3-27　专变采集终端Ⅲ型结构示意图

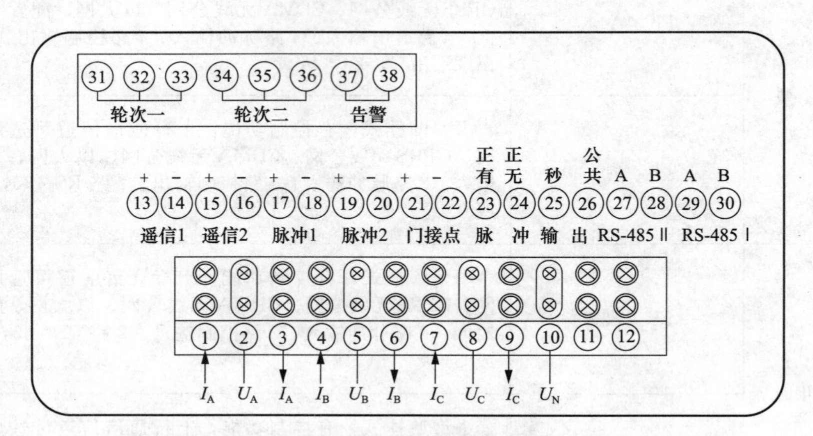

图 3-28　专变采集终端Ⅲ型接线端子示意图

表 3-39　　接线端子定义表

序号	接线端子	序号	接线端子	序号	接线端子
1	A相电流端子	8	C相电压端子	15	遥信端子 2＋
2	A相电压端子	9	C相电流端子	16	遥信端子 2－
3	A相电流端子	10	电压中性线端子	17	脉冲端子 1＋
4	B相电流端子	11	辅助电源正（选配）	18	脉冲端子 1－
5	B相电压端子	12	辅助电源负（选配）	19	脉冲端子 2＋
6	B相电流端子	13	遥信端子 1＋	20	脉冲端子 2－
7	C相电流端子	14	遥信端子 1－	21	门接点＋

续表

序号	接线端子	序号	接线端子	序号	接线端子
22	门接点一	28	RS-485ⅡB	34	轮二次动合点
23	脉冲输出　正有	29	RS-485ⅠA	35	轮二次公共点
24	脉冲输出　正无	30	RS-485ⅠB	36	轮二次动断点
25	脉冲输出　秒脉冲	31	轮一次动合点	37	告警动合点
26	脉冲输出　公共地	32	轮一次公共点	38	告警公共点
27	RS-485ⅡA	33	轮一次动断点		

表 3-40　　专变采集终端Ⅲ型显示菜单内容表

<table>
<tr><td rowspan="24">主菜单</td><td rowspan="9">1. 实时数据</td><td>1. 当前功率</td><td>当前总加组功率和当前各个分路脉冲功率</td></tr>
<tr><td>2. 当前电量</td><td>当月电量（有功总、尖、峰、平、谷、无功总）
当前月量（有功总、尖、峰、平、谷、无功总）</td></tr>
<tr><td>3. 负荷曲线</td><td>功率曲线</td></tr>
<tr><td>4. 开关状态</td><td>当前开关量状态</td></tr>
<tr><td>5. 功控记录</td><td>当前功控记录</td></tr>
<tr><td>6. 电控记录</td><td>当前电控记录</td></tr>
<tr><td>7. 遥控记录</td><td>当前遥控记录</td></tr>
<tr><td>8. 失电记录</td><td>失电及其恢复时间</td></tr>
<tr><td>9. 交流采样信息</td><td>电压、电流、相角、功率因数、正向有功无功功率、反向有功无功功率</td></tr>
<tr><td rowspan="8">2. 参数定值</td><td>1. 时段控参数</td><td>时控段方案及相关设置</td></tr>
<tr><td>2. 厂体控参数</td><td>厂体定值、时段及厂休日</td></tr>
<tr><td>3. 报停控参数</td><td>报停控定值、起始时间、结束时间、控制投入轮次</td></tr>
<tr><td>4. 下浮控参数</td><td>控制投入轮次、第一轮告警时间、第二轮告警时间、控制时间、下浮指数</td></tr>
<tr><td>5. 月电控参数</td><td>控制投入轮次、本月累计用电量、月电控电量定值、月电控定值浮动系数</td></tr>
<tr><td>6. K_v K_i K_p</td><td>各路 K_v K_i K_p 配置</td></tr>
<tr><td>7. 电能表参数</td><td>月编号、通道、协议、表地址</td></tr>
<tr><td>8. 配置参数</td><td>行政区码、终端地址等</td></tr>
<tr><td>3. 控制状态</td><td colspan="2">功控类：时段控解除/投入、报停控解除/投入、厂体控解除/投入、下浮控解除/投入
电控类：月电控解除/投入、购电控解除/投入、保电解除/投入</td></tr>
<tr><td>4. 电能表示数</td><td colspan="2">电能表数据：月编号，正向有功电量总峰，平、谷示数，正/反向无功示数，月最大需量及时间</td></tr>
<tr><td>5. 中文信息</td><td colspan="2">信息类型及内容</td></tr>
<tr><td>6. 购电信息</td><td colspan="2">购电单号、购电方式、购前电量、购后电量、报警门限、跳闸门限、剩余电量</td></tr>
<tr><td>7. 终端信息</td><td colspan="2">行政区域代码、终端地址、软件版本</td></tr>
</table>

第六节　用电信息采集系统仿真应用

一、设备结构

本系统由四个计量模拟柜组成：专变模拟柜（见图 3-29）、公变模拟柜（见图 3-30）、大用户模拟柜（见图 3-31）、居民用电模拟柜（见图 3-32）。

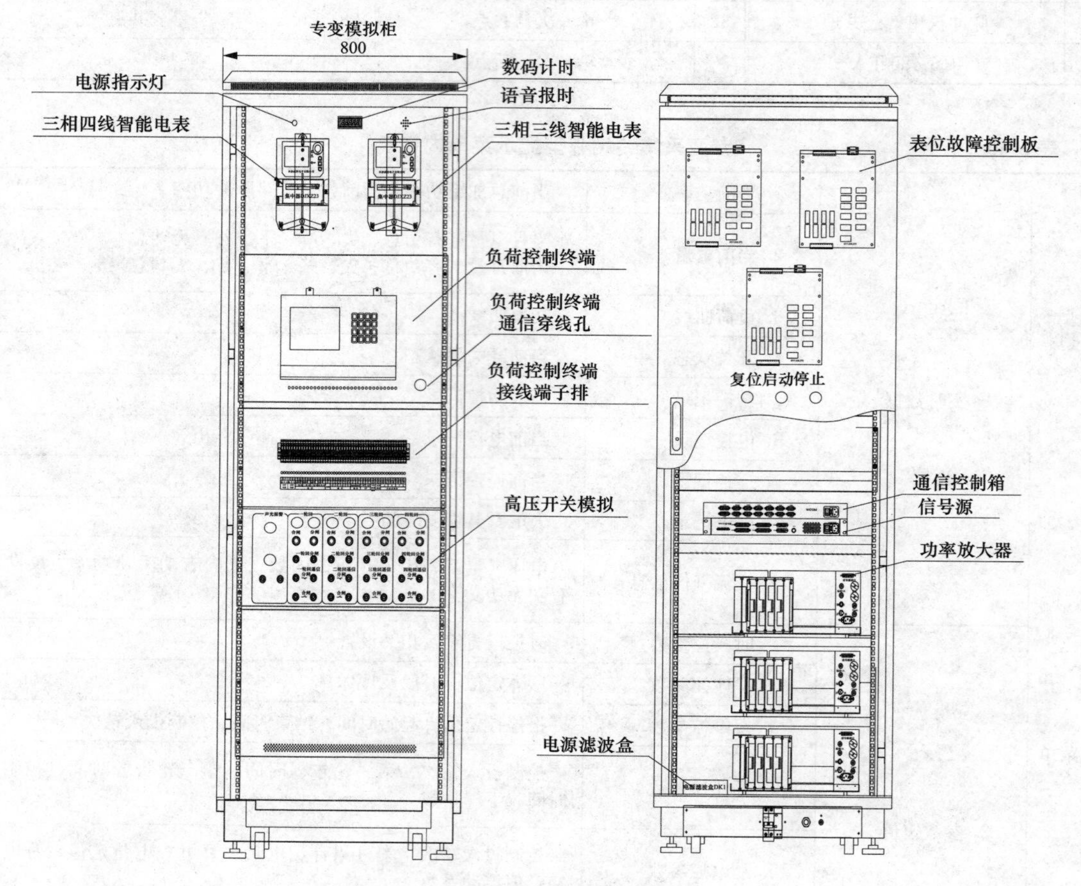

图 3-29　专变模拟柜视图

以专变模拟柜为例说明装置的主要结构。

1. 装置总电源

装置总电源部分如图 3-33 所示，在机柜后面底部，有一个单相漏电断路器用于控制机柜进线总电源（单相 220V），启动设备前将电源线插上，合上总电源自动空气开关，长时间不使用设备时请关闭电源。

2. 设备电源启动控制

柜体电源控制部分如图 3-34 所示，把单相电源插头插入电源插座，合上单相断路器，如果要启动柜体，按启动按钮（绿色）后，5s 后，请按一下复位（橙色）按钮，保证柜体内部所有的部件处于同步状态，这时设备所有部件已通电，可进行培训考核操作，如果要停止柜体内部部件供电，按下停止按钮（红色）即可。

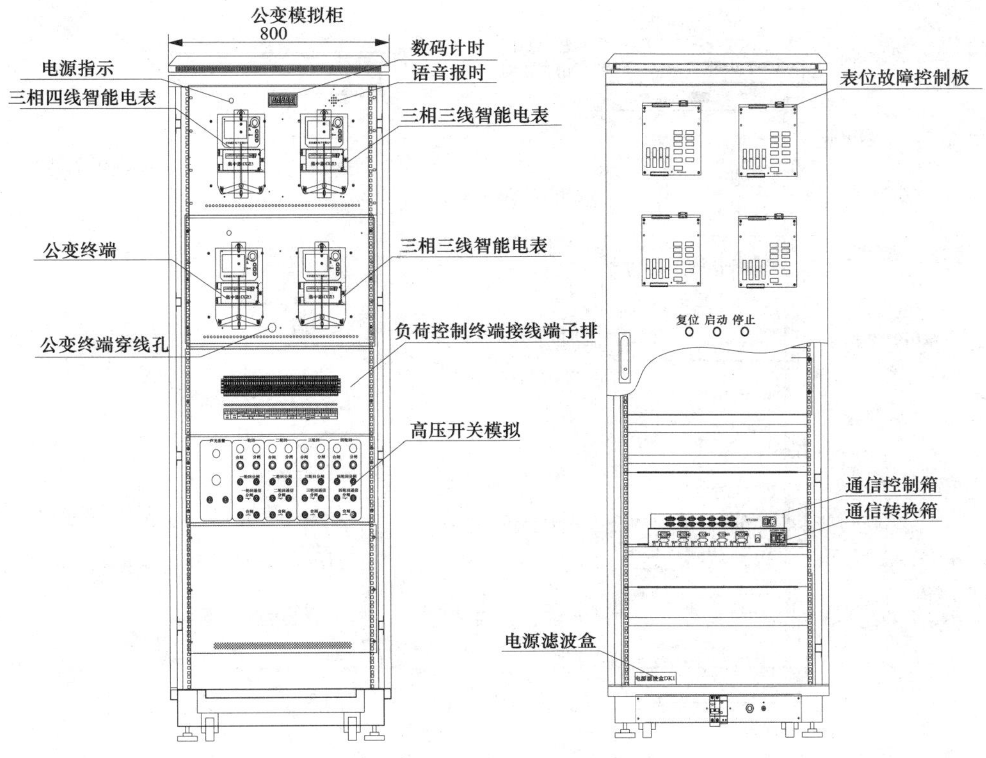

图 3-30　公变模拟柜视图

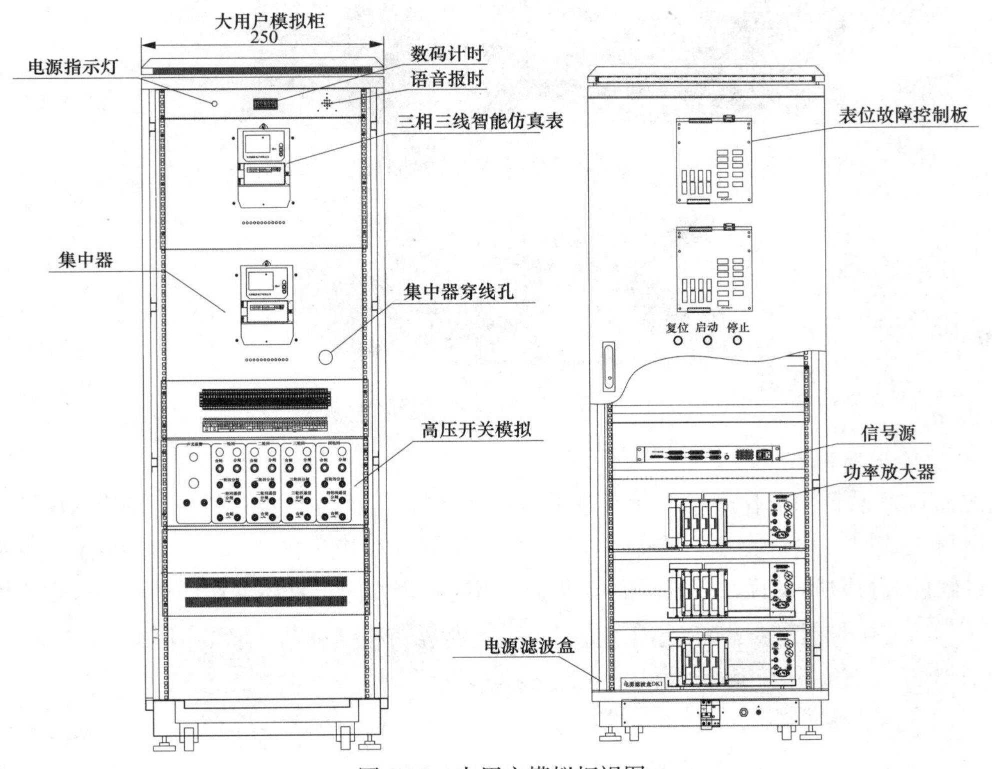

图 3-31　大用户模拟柜视图

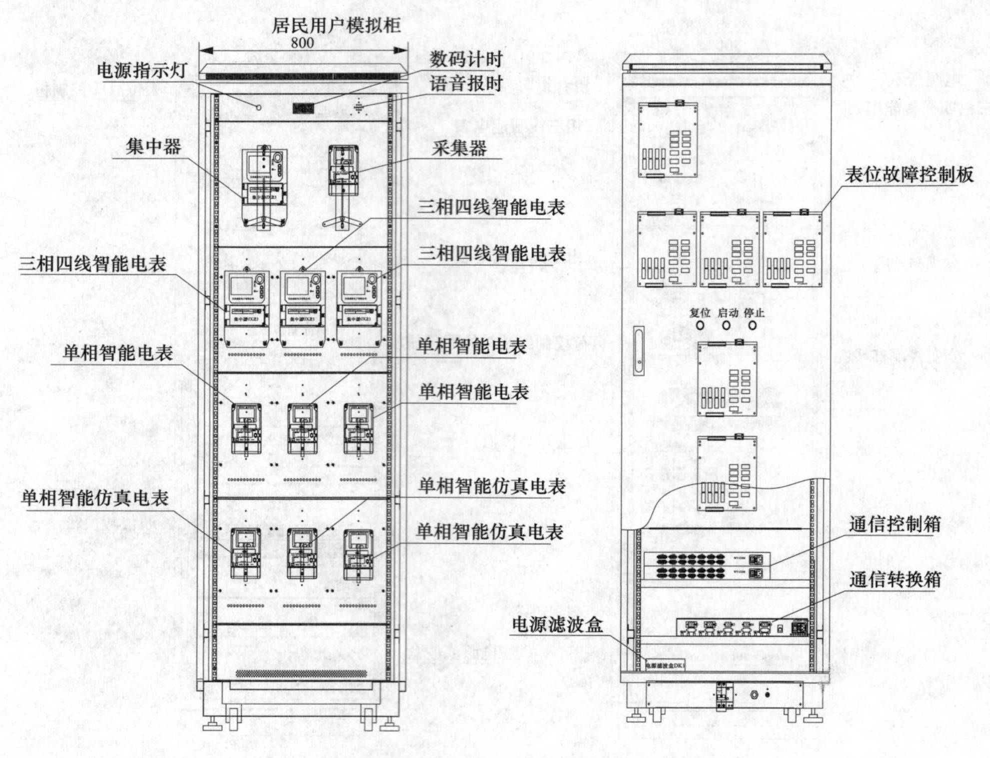

图 3-32 居民用户模拟柜视图

图 3-33 装置总电源部分

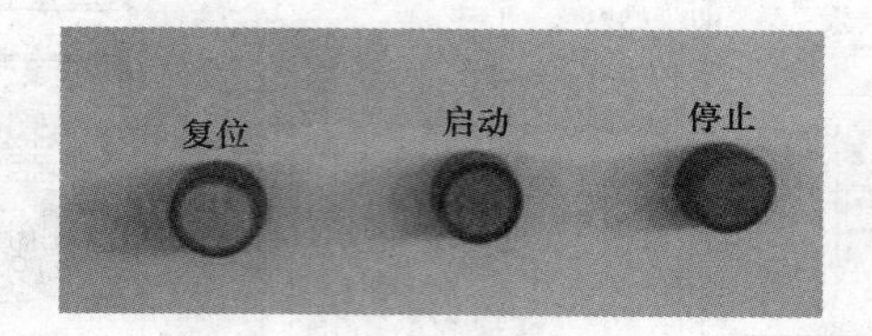

图 3-34 柜体电源控制部分

3. 电源监视及语音

电源监视及语音部分位于前门上部如图 3-35 所示，上面红色指示灯为电源指示灯，当柜体升起电压电流时，电源指示灯会点亮，如果需要学员在指定的时间内完成所有实训操作，可以通过软件进行时间设置，在显示窗口可显示当前剩余时间，具体操作详见软件操作说明。

图 3-35 电源监视及语音部分

4. 三相计量单元

柜体包含两个部分三相计量单元，柜体正面顶部分布着两块三相智能仿真电表，左侧为三相四线仿真表，右侧为三相三线仿真表（智能仿真表不但可以和真表一样正常计量，而且智能仿真表内部的各种电量都可以通过计算机控制软件进行修改，包括电能表的表地址），可以实现计量回路的实训演示，以及装表接电等项目的练习和培训；当负荷控制管理终端控制第一路高压开关断开时，三相四线电能表各相电流原有 1/2，三相三线电能表电流正常，负控终端电流为原有 1/4，当负荷控制管理终端控制第二路高压开关断开时，三相四线电能表各相电流为 0，三相三线电能表电流正常，负控终端电流为原有 1/2，当负荷控制管理终端控制第三路高压开关断开时，三相四线电能表各相电流正常，三相三线电能表各相电流为原来 1/2，负控终端电流为原有 1/4，当负荷控制管理终端控制第四路高压开关断开时，三相四线电能表各相电流正常，三相三线电能表各相电流为 0，负控终端电流为原有 1/2。

5. 终端回路轮控部分

打开柜体前门中部分由Ⅲ型专变负荷控制管理终端挂接位置、负荷控制管理终端接线端子排、高压开关模拟等组成。负荷控制管理终端用于采集各个计量计的电能量和控制高压开关模拟、高压开关模拟部分用来模拟现场中的各种高压开关柜，需要对哪一路进行拉闸限电时，通过主站软件可以给负荷控制管理终端下发分闸命令，负荷控制管理终端接收到分闸命令后，控制高压开关模拟动作，达到拉闸限电的目的，终端接线端子排不仅为负荷控制管理终端提供电源，而且还可以模拟现场的交采信号，交采信号接入负荷控制管理终端后可以上传给主站软件，可以模拟负荷控制管理终端回路轮控的整个过程。终端回路轮控部分按钮见图 3-36。

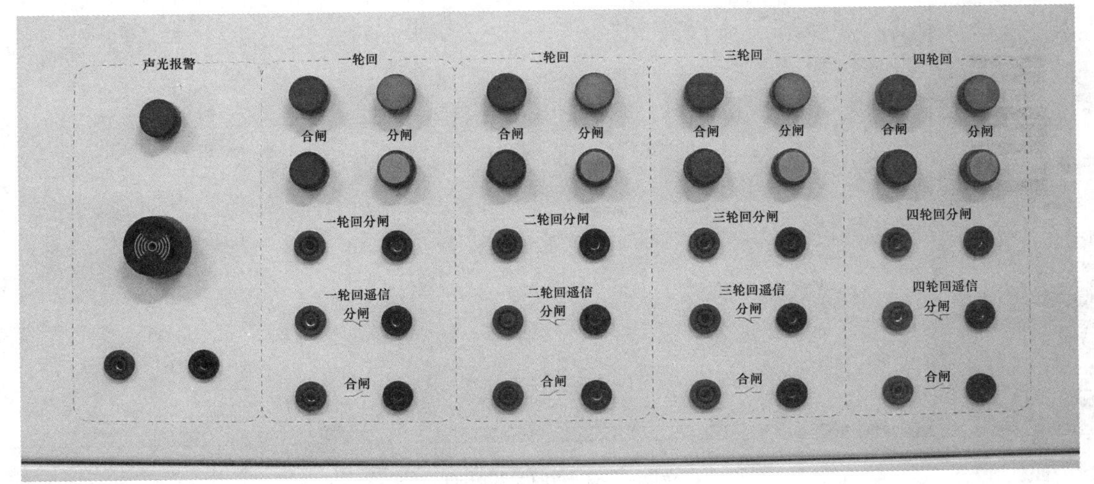

图 3-36　终端回路轮控部分

6. 表计故障类型

两个表位和终端表位都可以设置以下故障（见表 3-41）。

表 3-41　　故障设置方法及现象

序号	故障点	设置方法	故障现象
1	三相表计 A 相断压	参见软件说明	计量不正常
2	三相表计 B 相断压	参见软件说明	计量不正常
3	三相表计 C 相断压	参见软件说明	计量不正常

续表

序号	故障点	设置方法	故障现象
4	三相表计A相电流短路	参见软件说明	计量不正常
5	三相表计B相电流短路	参见软件说明	计量不正常
6	三相表计C相电流短路	参见软件说明	计量不正常
7	三相表计A相电流短路	参见软件说明	计量不正常
8	三相表计B相电流短路	参见软件说明	计量不正常
9	三相表计C相电流短路	参见软件说明	计量不正常
10	三相表计A相电流开路	参见软件说明	计量不正常
11	三相表计B相电流开路	参见软件说明	计量不正常
12	三相表计C相电流开路	参见软件说明	计量不正常

二、软件使用

软件主界面介绍如下：

（1）软件区域介绍。主界面分为菜单区、工具栏、设备状态栏、背景窗口。进入系统后主界面如图3-37所示，主菜单包括系统主要功能，即系统菜单、设备控制、负荷控制、窗口查看、帮助。

图3-37 软件主界面

（2）工具栏常用功能快捷按钮（见图3-38）。

图3-38 工具栏常用功能快捷按钮

（3）系统设备状态栏。该栏显示设备基本信息，显示设备电源状态（见图3-39）。

（4）软件操作及功能介绍。系统菜单：通信设置、表位处理板配置、表位信息管理、设备表位配置。

1）通信设置。设置所有设备与 PC 机的通信的 IP 和端口号，如图 3-40 所示。

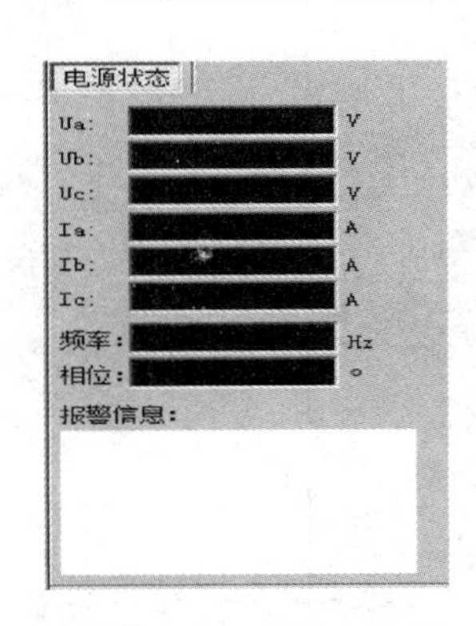

图 3-39　系统设备状态栏显示界面

串口设置

通信参数设置

设备列表	网络地址	端口序号
专变模拟柜	192.168.1.205	4196
公变模拟柜	192.168.1.204	4196
大用户模拟柜	192.168.1.201	4196
居民用户模拟柜	192.168.1.202	4196
计时器2	192.168.1.206	4196
计时器3	192.168.1.203	4196

手持抄表器通讯：Com1　COM箱高级设置　确定

图 3-40　串口设置界面显示

窗口最下方有“手持抄表器通信”即手持抄表仪通信设置，设置完成后，可点开“COM 箱高级设置”，会出现如图 3-41 所示界面。在其中设置每个柜体内的各个部件的串口信息。

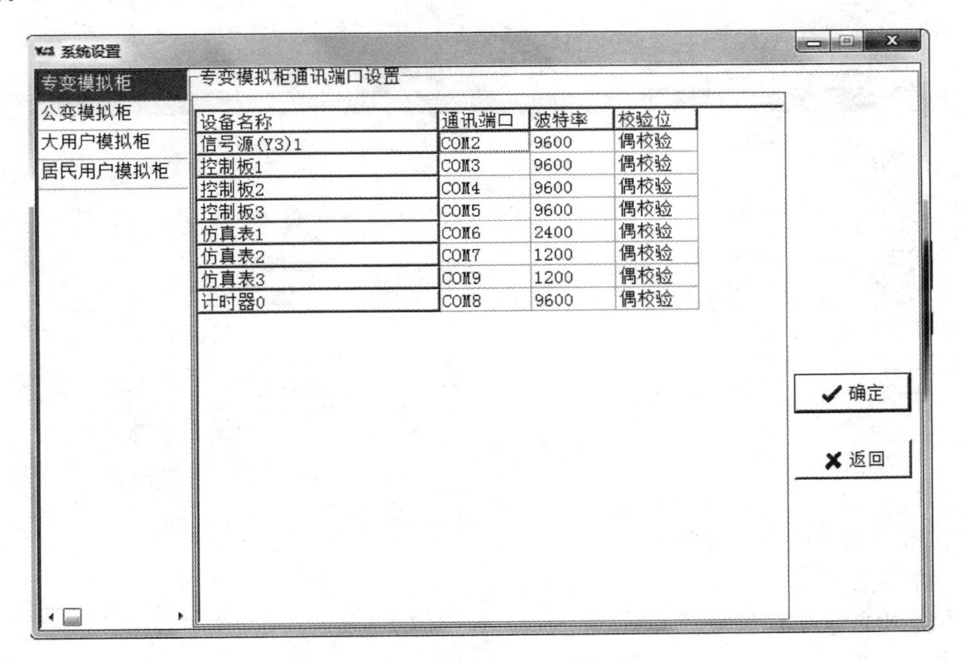

系统设置

专变模拟柜　公变模拟柜　大用户模拟柜　居民用户模拟柜

专变模拟柜通讯端口设置

设备名称	通讯端口	波特率	校验位
信号源(Y3)1	COM2	9600	偶校验
控制板1	COM3	9600	偶校验
控制板2	COM4	9600	偶校验
控制板3	COM5	9600	偶校验
仿真表1	COM6	2400	偶校验
仿真表2	COM7	1200	偶校验
仿真表3	COM9	1200	偶校验
计时器0	COM8	9600	偶校验

确定　返回

图 3-41　系统设置显示界面

2）表位处理板配置。此处是根据各个模拟柜所挂的电能表和终端的接线方式进行配置（见图 3-42），控制板根据接线方式切换到相应的状态，可参照各个模拟柜结构图，如专变模拟柜第一表位挂接三相四线 220V 电能表，选择专变模拟柜、控制板 1，接线方式选择三相四线，选择电压 220。

3）表位信息管理。根据设备的挂表情况建立相应的电能表信息，此项功能与手持抄表仪配合使用，此功能参数应严格按照所挂电能表信息填写（详见图 3-43）。

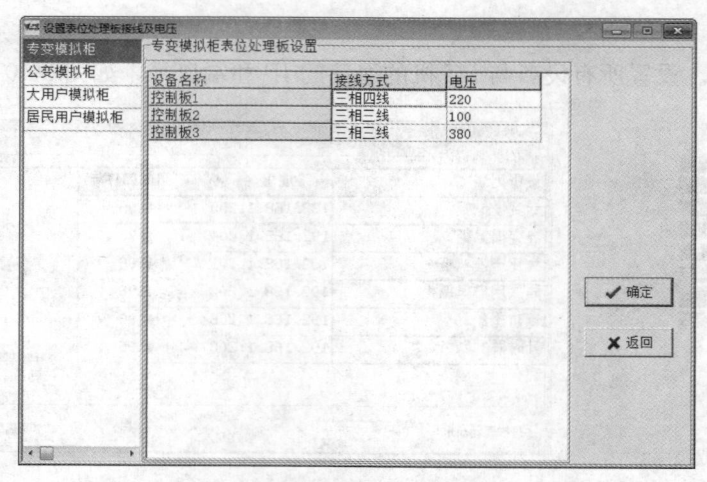

设备名称	接线方式	电压
控制板1	三相四线	220
控制板2	三相三线	100
控制板3	三相三线	380

图 3-42　表位处理板配置显示界面

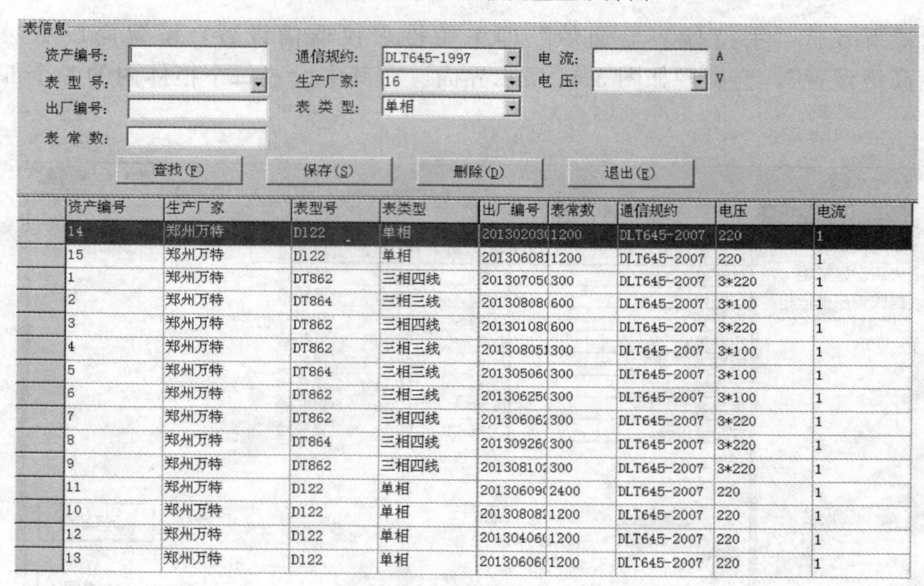

资产编号	生产厂家	表型号	表类型	出厂编号	表常数	通信规约	电压	电流
14	郑州万特	D122	单相	20130203	1200	DLT645-2007	220	1
15	郑州万特	D122	单相	20130608	1200	DLT645-2007	220	1
1	郑州万特	DT862	三相四线	20130705	300	DLT645-2007	3*220	1
2	郑州万特	DT864	三相三线	20130808	600	DLT645-2007	3*100	1
3	郑州万特	DT862	三相四线	20130108	600	DLT645-2007	3*220	1
4	郑州万特	DT862	三相三线	20130805	300	DLT645-2007	3*100	1
5	郑州万特	DT864	三相三线	20130506	300	DLT645-2007	3*100	1
6	郑州万特	DT862	三相三线	20130625	300	DLT645-2007	3*100	1
7	郑州万特	DT862	三相四线	20130606	300	DLT645-2007	3*220	1
8	郑州万特	DT864	三相四线	20130926	300	DLT645-2007	3*220	1
9	郑州万特	DT862	三相四线	20130810	300	DLT645-2007	3*220	1
11	郑州万特	D122	单相	20130609	2400	DLT645-2007	220	1
10	郑州万特	D122	单相	20130808	1200	DLT645-2007	220	1
12	郑州万特	D122	单相	20130406	1200	DLT645-2007	220	1
13	郑州万特	D122	单相	20130606	1200	DLT645-2007	220	1

图 3-43　表位信息管理界面

a. 在资产编号里填写资产编号。

b. 选择表型号，可直接输入，输入后软件会记忆，下次会直接选择。

c. 填写电能表出厂编号。

d. 填写表常数。

e. 选择通信规约，本软件提供两种通信协议 DL/T 645—1997，DL/T 645—2007 协议，直接单击下拉键选择。

f. 填写生产厂家，可直接输入，输入后软件会记忆，下次会直接选择。

g. 选择表类型，只可选择单相、三相四线和三相三线。

h. 输入电能表的额定电流，如 1.5(6)A。

i. 电压选择是根据选择的表类型进行的，单相 220V，三相四线 3×220V、3×57.7V，三相三线 3×100V、3×380V。

j. 填写完毕后单击【保存】。

k. 可在资产编号内填写需要查找资产编号对应的表类型，然后单击【查找】。

l. 如果需要删除表信息，可直接选中单击【删除】。

4）设备表位配置。装表信息，根据实际装表情况，对每个表位设置装表信息，指定仿真表，指定总分关系，指定用户信息（详见图 3-44）。

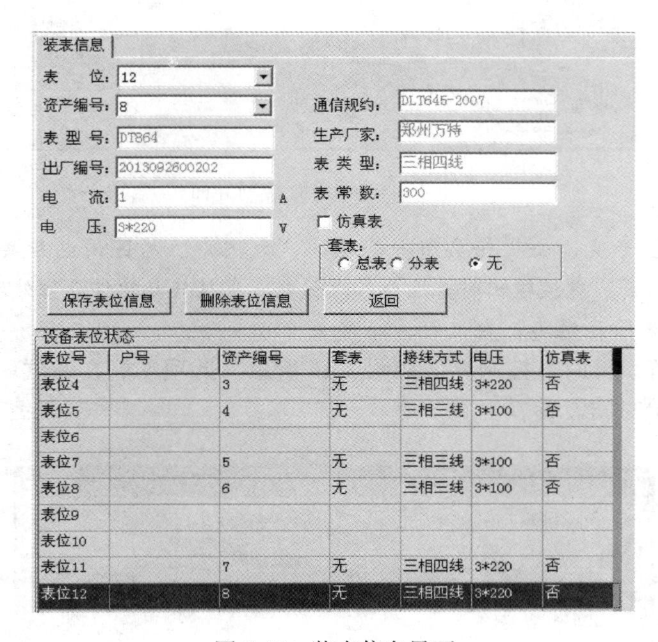

图 3-44　装表信息界面

a. 选择挂表表位，选择资产编号。

b. 设置电能表形式，是否为仿真表，是则单击【仿真表】之前的方框位置，出现‘√’。

c. 设置电能表与同一模拟柜其他电表之间关系，如套表、分表或者无，方便学生进行电能计算。

注：仿真表可以进行仿真表读写功能，真表只能进行抄读数据；表位 3、6、9、10 为终端挂表位。

（5）电源控制。控制设备运行，启动虚负荷电源，在此功能下可以设置电源的电流大小，设置电源的频率和相位。电源设置界面如图 3-45 所示。

启动电源：

1）选择需要启动的设备，在模拟柜名称下方复选框内打“√”。

2）设置电源电流大小，设置相位大小，（电流 0～5A，相位 0°～399.99°，频率 45～65Hz，电压不可选择）。

3）单击【开电源】按钮，发送指令，然后在电源状态栏可以看到电流、相位、频率等实时信息，在查看时可在设备列表内选择相应的设备。

4）完成启动电源后，可在电源状态栏内看到当前电压、电流、频率、相位信息；关闭电源可单击【关电源】按钮。

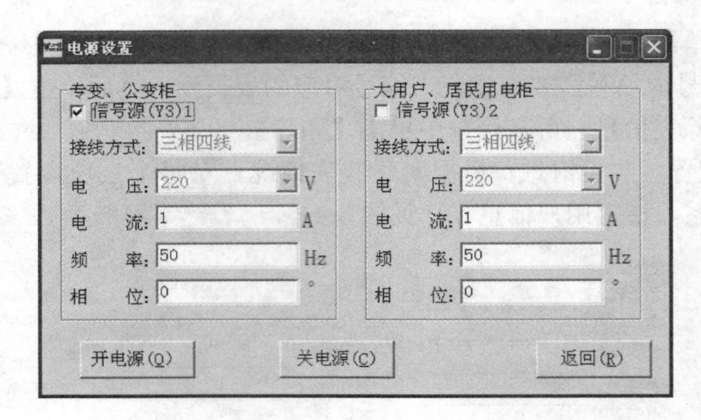

图 3-45 电源设置控制界面

注：a. 本套装置专变、公变柜共用一套电源，大用户、居民用电柜共用一套电源。

b. 在启动电压、电流输出时先检查各表位电能表挂接与软件表位处理板配置是否正确。

c. 各表位电压无短路，电流无开路现象。

（6）计时器设置。计时器控制界面如图 3-46 所示。此项功能在考试环境中使用，可对相应的模拟柜进行开始时间设置。

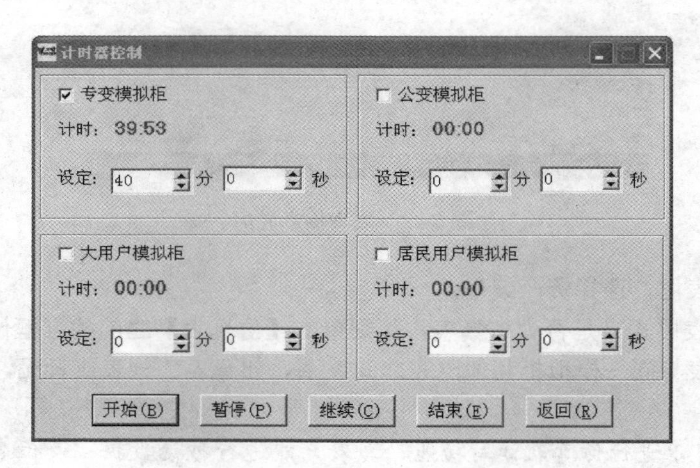

图 3-46 计时器控制界面

1）选中需要设置考试时间的模拟柜，在名称前方框内打“√”。

2）设定考试时间，可直接输入数字，范围最大值为 99 分 99 秒。

3）考试时间设置完成后，单击【开始】。

4）在考试中出现情况或需要暂停考试时可单击【暂停】，若恢复当前考试时间可单击【继续】，当前开始时间为暂停止时间。

5）结束当前考试时间可单击【结束】。

（7）故障设置。故障设置界面如图 3-47 所示。此项功能模拟现场部分典型错误接线方式。

1）在“设备列表”标签内选择需要设置的模拟柜，如专变模拟柜。

2）在“表位列表”标签内选择相应的表位，如表位 1。

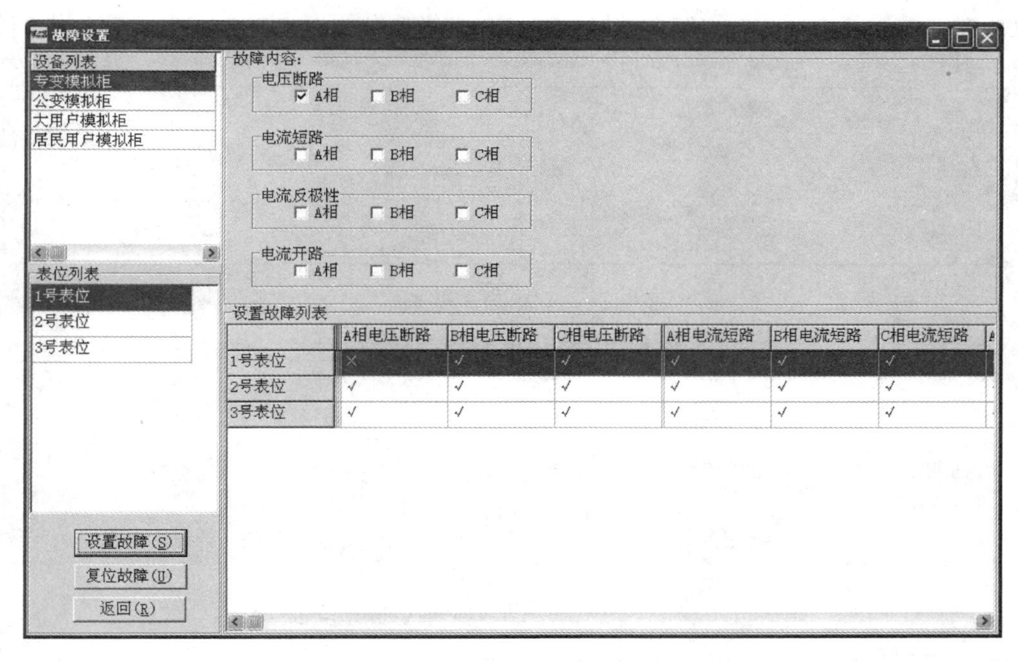

图 3-47　故障设置界面

3）在“故障内容”标签里可设置电压、电流故障，设置时在故障前方框内打“√”，单击【设置故障】，如电压 A 相断路。

4）在“设置故障列表”内可查看到当前表位故障设置内容，设置故障后故障列表内“√”变换为“×”，恢复故障时，单击【复位故障】，清除当前表位所有故障设置。

5）在居民用户里面若选中表位为单相表时，则故障内容只有一相电压、电流相应的故障；单相表如要一起设置故障，必须 A、B、C 三相的表都选择上故障再设置故障，不然之前设置的单相表的故障会消失。

（8）负荷控制。负荷曲线包括运行日负荷曲线、月平均负荷曲线、年平均负荷曲线。

1）运行日负荷曲线。负荷曲线功能可以模拟现场用户的用电量，具体功能如下：

a. 练习安排发电计划。

b. 编制出次日的负荷曲线，以便据此安排各电厂发电出力计划。

c. 电力系统计划部门用于进行电力系统的电力电量平衡和确定运行方式（如调峰容量、调压和无功补偿方式等）以及进行安全分析。

d. 通过对负荷曲线的分析进行电力负荷控制。

e. 通过对负荷曲线的分析，判断用户用电状态是否正常。

如图 3-48 所示的曲线（红色）为设置过的电流曲线，纵向的为电流值，横向为时间值，下方为当前设置的曲线在各个时段的电流值。电流曲线的设置，可单击【随机设置】，也可用鼠标单击图上的虚线方格处，设置完成后可单击【开始动行负荷】，程序会自动从时间 0 运行到时间 24，也可在【设置 24 小时运行时间】中改变运行的时间，例如，设置为 10min，则 24 个小时的负荷曲线会在 10min 后完成，停止时单击【停止日负荷曲线】。

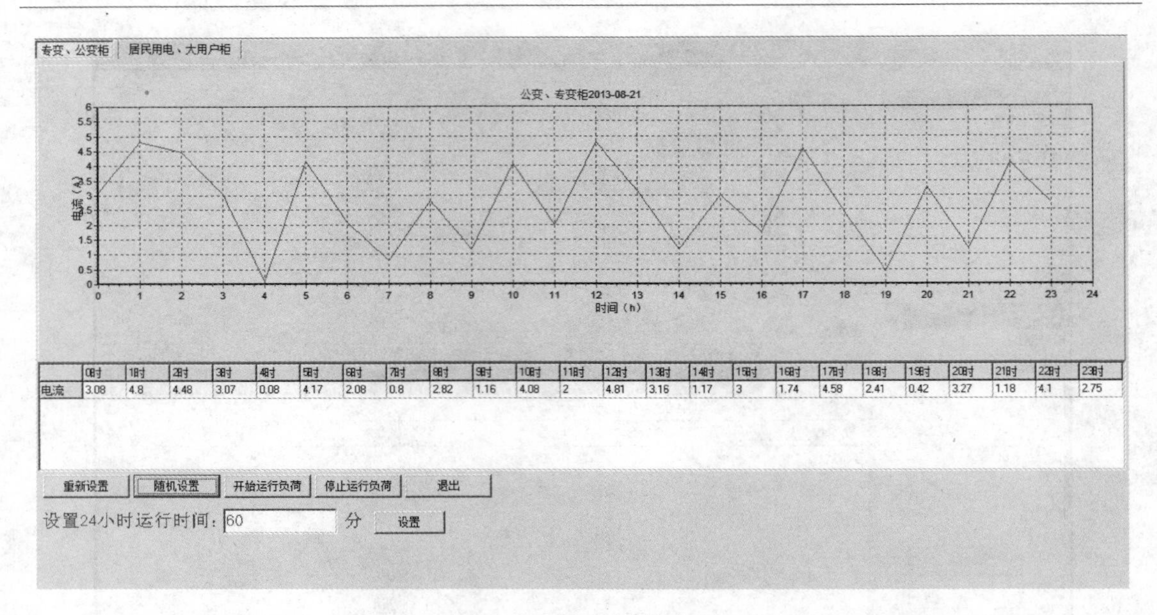

图 3-48　日负荷曲线分析

2）月平均负荷曲线，如图 3-49 所示。

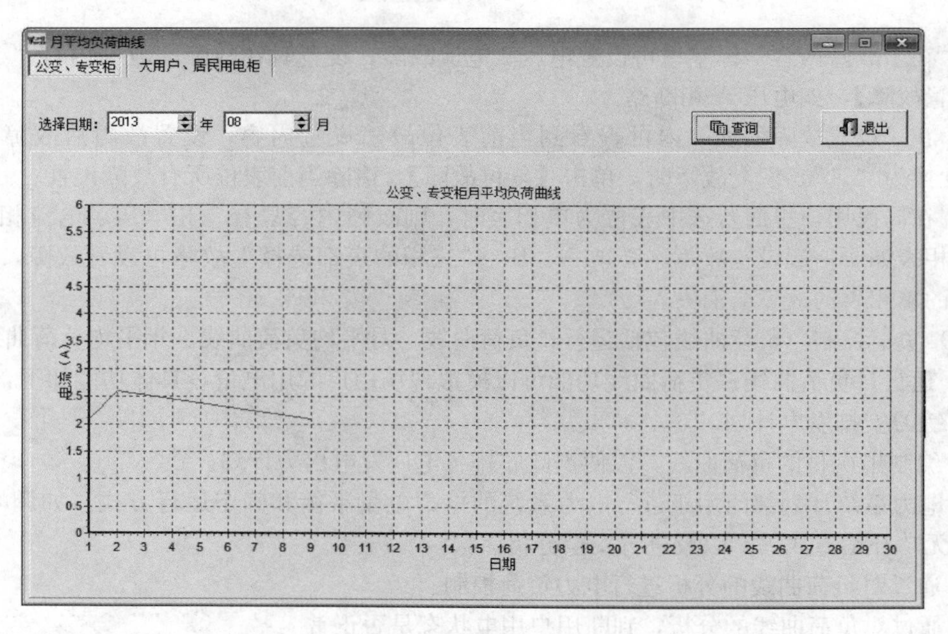

图 3-49　月负荷曲线分析

以月为单位查询每月的电流负荷，选择查询日期，单击【查询】。

注：以上查询当月内容，必需当月运行过日负荷曲线。

3）年平均负荷曲线，如图 3-50 所示。

以年为单位查询每年的电流负荷，选择查询日期，单击【查询】。

注：以上查询当年内容，必需当年运行过日负荷曲线。

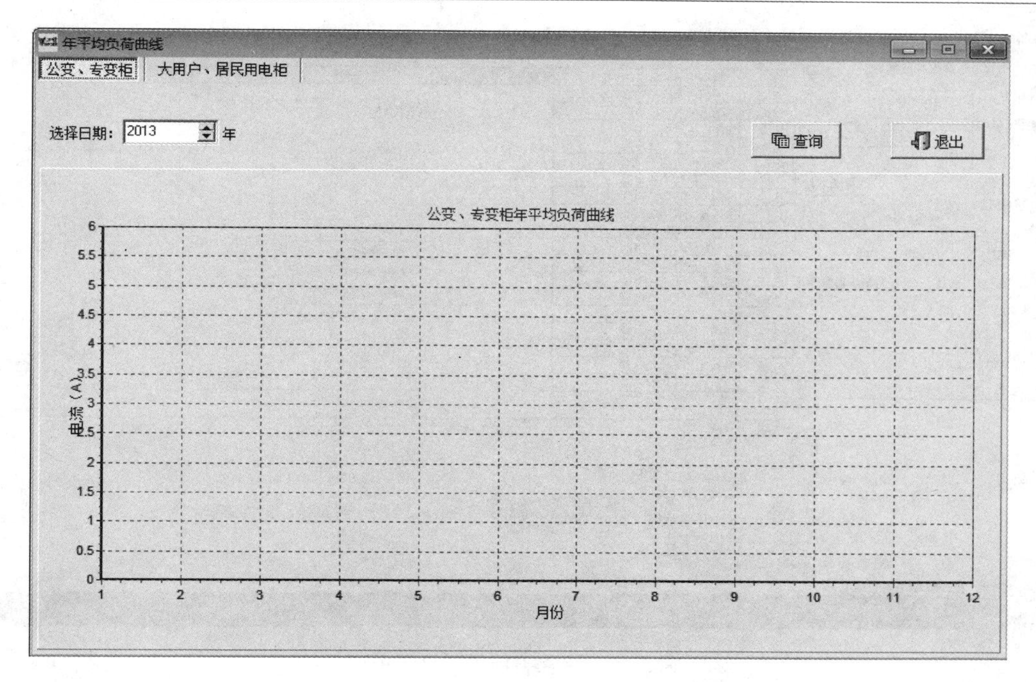

图 3-50　年负荷曲线

4）窗口查看：在打开多个窗口的情况下，可单击里面的上一个、下一个或是某个窗口名称，可调出其窗口。

（9）启停信息提示。系统运行信息，以及设备运行状况都会在此窗口中显示，默认是启动状态，当有需要提示的信息时，窗口自动弹出。当不需要提示时，可以单击【停止信息提示】（见图 3-51）。

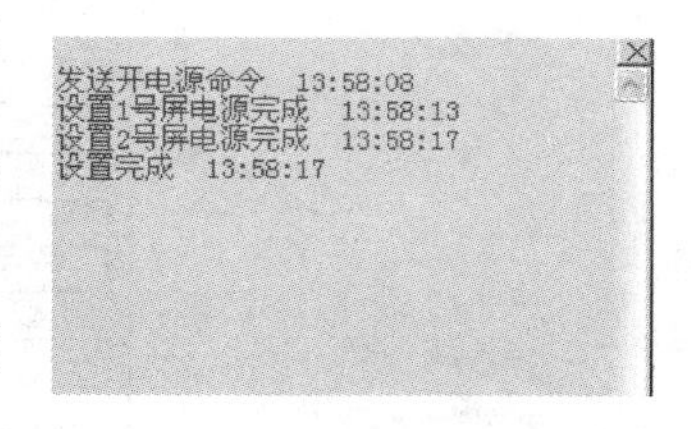

图 3-51　启停信息提示界面

（10）仿真表读写。仿真表读写功能可以对仿真表内部电量数据进行更改，不需要长时间加载负荷电源进行走字，方便教学，如图 3-52 所示。

1）选择需要读写的仿真表。

2）选择仿真表通信规约。

3）选择“当前表”，只对当前选择的电能表数据进行读写，选择“所有表”，对所有表进行读写操作。

4）在右方“电能量”栏中空白处单击右键，选中【设置数据选项】，可以选择需要读取数据的项目，双击选中，选择完成后单击【确定】，若不需修改读取项，可以不进行此项操作，如图 3-53 所示。

5）根据通信协议选择相应的广播地址，单击【读取表地址】，然后可对当前电能表进行读/写表数据操作。读取的数据会保存在数据库中；在写数据时，将写入数据按照规定格式输入到电能量栏中各个电能量项目中。

6）在右方“电能量”栏中空白处单击右键，可以选择【删除当前表位数据】和【删除所有表位数据】，对各项电能量保存的数据进行清除。

7）提示信息栏中显示当前操作时发送和收到的数据信息。

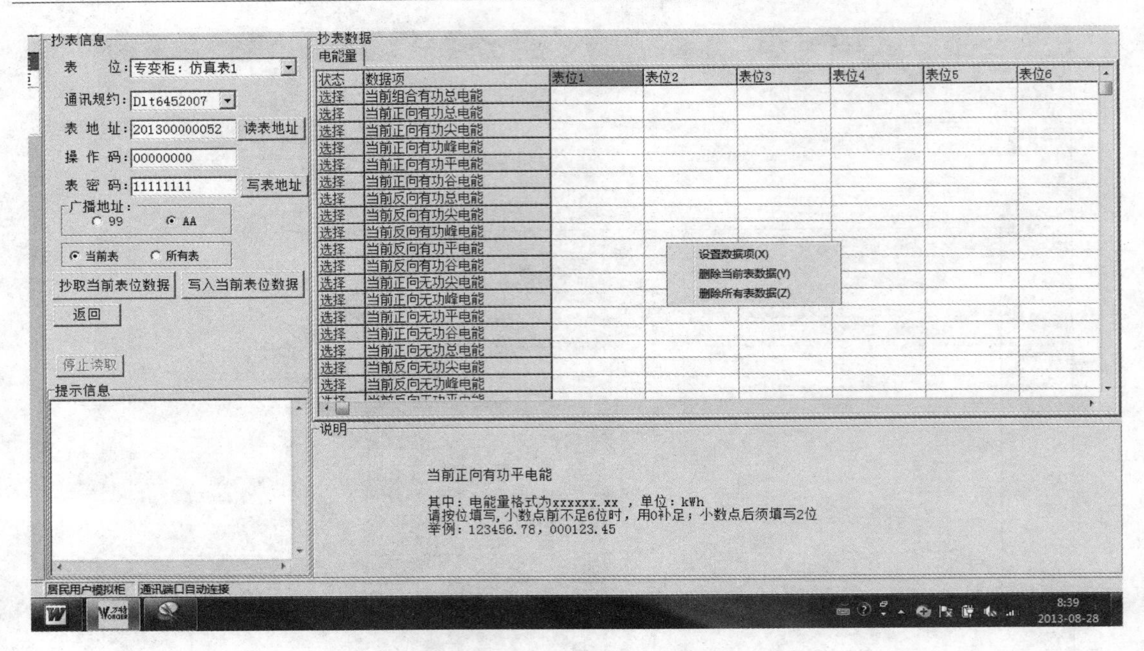

图 3-52　仿真表抄表信息界面

设置[电能量]数据项

状态	数据项	
	当前组合有功总电能	0(
	当前正向有功总电能	0(
	当前正向有功尖电能	0(
	当前正向有功峰电能	0(
	当前正向有功平电能	0(
	当前正向有功谷电能	0(
	当前反向有功总电能	0(
	当前反向有功尖电能	0(
	当前反向有功峰电能	0(
	当前反向有功平电能	0(
	当前反向有功谷电能	0(
	当前正向无功尖电能	0(
	当前正向无功峰电能	0(
	当前正向无功平电能	0(
	当前正向无功谷电能	0(
	当前正向无功总电能	0(
	当前反向无功尖电能	0(
	当前反向无功峰电能	0(
	当前反向无功平电能	0(
	当前反向无功谷电能	0(
	当前反向无功总电能	0(
	当前一象限无功总电能	0(

确定　取消　全选　全取消

图 3-53　设置电能量数据项界面

注：由于 DL/T 645—1997 与 DL/T 645—2007 的协议中，读取项的名称不同，如果在协议为 DL/T 645—1997 下选择了数据读取项，则不能同时读取协议为 DL/T 645—2007 的数据项，需在 DL/T 645—2007 协议下重新选择读取项，相反也是如此（只有其中个别项目是相同的，可以同时读取）。

（11）抄表器抄表。手持抄表机项目可以训练学员使用手持终端设备进行电能量采集，抄表人员手持着抄表机到现场接收抄表数据，回到营业所将数据自动传输到电脑收费系统，完成抄表工作。此方式主要适用于电表分散区域，如偏远地区、农村。其操作界面如图 3-54 所示。

图 3-54　操作提示界面

1）选择抄表机厂家，本软件共提供 3 个厂家的手持抄表机，深圳华蓝佳声，北京振中，捷宝 A188。

2）选择需要发送抄表任务的表位，双击需要发送数据的表位，在发送状态栏里会显示“发送”，然后在表地栏中输入相应的表地址，或在“仿真表读写”功能里已对各表位进行表地识读操作，软件会自动提取各表位地址。

3）在手持抄表机连接正常后单击【发送抄表任务】，在“提示信息”栏中会显示当前操作状态。

4）抄表完成后，连接手持抄表机，单击【接收抄表数据】，抄表数据会上传到软件。

5）单击【电能量数据处理】，选择相应的操作项目，可对当前数据进行操作。

（12）主接线图（110kV）功能。主接线图功能可模拟整个电力计量系统，即整个省局各个计量点的电能表组网和计量套扣关系。其可以根据各个电压等级模拟输电线路的线损，设置线损的大小；可以指定升压和降压变压器的类型，模拟各种损耗，设置变损大小；可以设置各个电能表 TA 变比；根据采集到的电能表电量，各个电能表之间的关系，设置的各项参数，自动推算上一级电量。

1）打开主接线图界面。

2）将鼠标指针移动到相应的电能表，如公变柜 1 号表位，出现红色方框后，单击右键，可读取当前表位数据，若没有出现红色方框则不能对当前表位进行读数据操作。

3）在设置 TA 变比和线损时，将鼠标指针移动到需要设置参数的白底方框上，出现红色方框后，单击右键，设置变比值。

4）数据抄读结束后，软件会自动根据设置的参数进行电量计算。

（13）设备使用示例。

1）将电能表挂接到相应的表位，现在以专变模拟柜1号表位，挂接三相四线220/380V为例进行操作说明介绍。

2）将设备总电源自动空气开关打开，按【启动】按钮持续2s，设备开启后按【复位】按钮，对设备部件进行复位。

3）打开设备PC软件。

4）单击【系统菜单】，选择【表位处理板配置】，出现如图3-55所示对话框，选择“专变模拟柜”，在专变模拟柜表位处理板设置栏中，将控制板1的接线方式选择为“三相四线”，电压为“220V”，单击【确定】，设置完成后单击【返回】，软件自动执行初始化表位处理板配置。

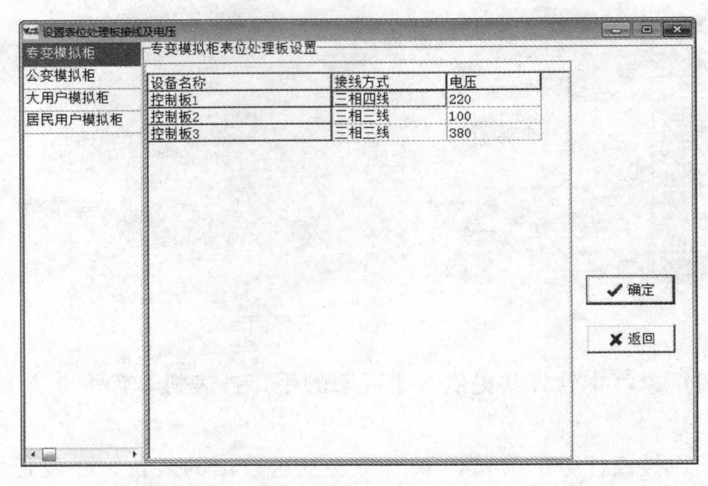

图3-55　设置表位处理板接线及电压图

5）在【系统菜单】，选择【表位信息管理】，出现图3-56所示对话框，按照相应的项目填写电能表信息。表型号、生产厂家在首次填写完成后系统会自动保存；通信规约、表类型、电压在下拉菜单中选择相应的信息，其他项目为手动输入。

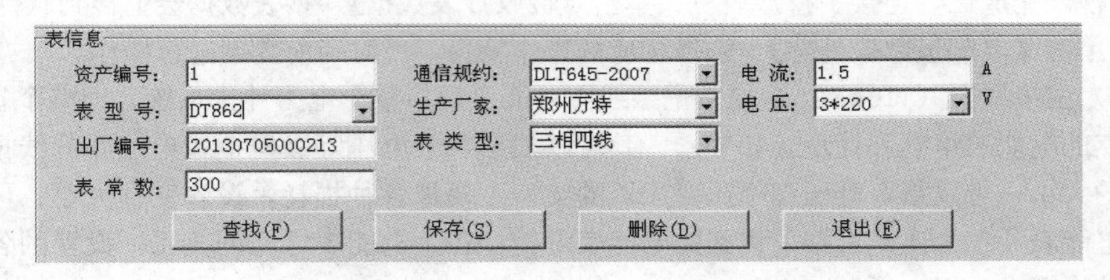

图3-56　表位信息界面

6）在【系统菜单】，选择【设备表位配置】，出现如图3-57所示对话框，选择表位、资产编号、表类型。若为仿真表，在“仿真表”选项前方框内点“√”，在“套表”项目中选择本表位电能表状态，即“总表”“分表”或“无”。

7）单击【电源控制】，选择相应的设备，开启电源。

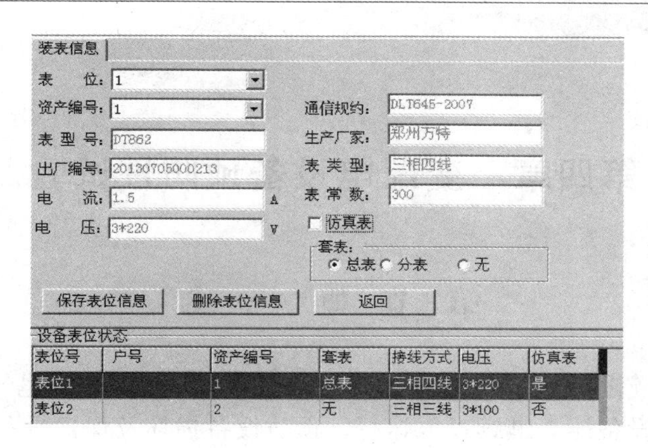

图 3-57　装表信息界面

8）开启电源后，可进行电能表典型接线故障即故障设置项目，手持抄表项目参照前面过程，配合主站软件进行相关教学。

9）单击【负荷控制】，选择【运行日负荷曲线】，设置日负荷曲线运行图，使设备电能表按照设置曲线进行走字，配合主站软件进行日负荷曲线功能及相关项目的教学。

第四章　变配电设备预防性试验

第一节　概　　述

预防性试验是电气设备运行和维护工作中一个重要环节，是保证电气设备安全运行的有效手段之一，是判断设备能否继续投入运行，预防设备损坏及保证设备安全运行的重要措施。凡电力系统的电气设备，应根据国家电网公司颁发的《电气设备预防性试验规程》（DL/T 596—2015）的要求进行预防性试验。

一、试验分类

《电气设备预防性试验规程》分章规定了各种常用电气设备的试验项目、试验周期和技术要求。这些试验项目综合了近代基本诊断技术。按专业来说，分属于电气、化学、机械等技术领域，其中大部分是电气试验项目。

根据试验性质，试验项目可分为四类。

（1）定期试验。定期试验是为了及时发现设备潜在的缺陷或隐患，每隔一定时间对设备定期进行的试验。例如，油中溶解气体色谱分析、绕组直流电阻、绝缘电阻、介质损耗因数、直流泄漏、直流耐压、交流耐压、绝缘油试验等。

（2）大修试验。大修试验指大修时或大修后做的检查试验项目。除定期试验项目外，还需做变压器穿心螺栓绝缘电阻、局部放电、油箱密封试验，以及断路器分合闸时间和速度、电动机间隙等试验。其中有些是纯属于机械方面的检查项目。

（3）查明故障试验。查明故障试验指定期试验或大修试验时，发现试验结果有疑问或异常，需要进一步查明故障或确定故障位置时进行的一些试验，或称诊断试验。这是在“必要时”才进行的试验项目。例如，空载电流、短路阻抗、绕组频率响应、振动、绝缘油含水量和油介损、压力释放器、氧化锌避雷器工频参考电压试验等。

（4）预防性试验。预防性试验是为了鉴定设备绝缘的寿命，查清被试设备的绝缘是否还能继续使用一段时间，或者是否需要在近期安排更换而进行的试验。例如，发电机或调相机定子绕组绝缘老化鉴定、变压器绝缘纸（板）聚合度、油中糠醛含量试验等。

根据电力系统运行需求，一般只做定期试验即可。当设备大修，或者经定期试验不合格后，根据需求另做其他试验。本章着重介绍设备的预防性试验中的定期试验，即带有一定周期性的试验。

各类设备（如变压器、电容器、SF_6 开关设备、支持绝缘子等）的试验项目和试验周期，由设备运行的可靠性和安全情况决定是否需要增减或修改。

技术要求的来源和依据，大体上可归纳成两类。

（1）由电力系统绝缘配合设计出发制定交流耐压试验电压标准。

（2）由试验经验的积累，经统计分析确定，并经多年实践，逐步修改、完善的（如介损、泄漏电流、吸收比等的技术要求）。

二、试验条件及环境要求

根据GB/T 16927.1—2011《高电压试验技术》第一部分的试验条件和环境要求，结合现场试验的实际情况，应满足以下要求：

1. 试品布置和试验条件

（1）试品：试品应完整装上对绝缘有影响的所有部件，并按照规定的工艺处理。

（2）试品与周围接地体的距离：设备或部件（如套管、绝缘子等）试验时，其电场应尽可能和运行情况相似。且试品与接地体或邻近物物体的距离，一般应不小于试品高压部分与接地部分间最小空气距离的1.5倍。

（3）试品环境：如试品和邻近物体的距离受到限制，允许在试品高压出线端装设特制的屏蔽或防晕装置，以防止产生严重的放电，但此类装置不应影响试品内绝缘的电场。

2. 试验的环境要求

试品应干燥、清洁。为保证试验结果的可靠性，户内试验的环境温度一般为10～40℃。试品温度达到环境温度后方可进行试验，保证此项要求的措施（如试品在试验环境中的放置时间等）在各设备标准中规定。当试验条件受到限制时，允许试验环境温度的下限为5℃。为了提高设备绝缘诊断的可靠性，应尽量避免在低温下进行绝缘试验。空气相对湿度一般不应高于80%。

三、试验常规步骤

（1）准备阶段：首先要明确“被测量”的性质及测量所要达到的目标，然后选定测量方式，并找出测量依据的函数关系，选择合适的测量方法及相应的测量仪器设备。

（2）测量阶段：建立测量仪器所必需的测量条件，慎重地进行测量操作，认真记录测量数据。

（3）数据处理阶段：根据记录的数据，考虑测量条件的实际情况，进行数据处理，以求得测量结果和测量误差。

四、试验参数换算

当试验环境与《电气设备预防性试验规程》要求不符时，需将环境温度换算成标准温度。设备在运行时，参数是实时变化的，这样单凭一点取值，不能准确说明设备运行状态，因此，取值标准化对预防性试验影响同样重大。

在绝缘试验中，对于发电机，设备温度一般以定子绕组的平均温度（一般取值3～4个位置）为准，对电力变压器绕组，设备温度一般以上层油温为准，对断路器、互感器等，设备温度一般以环境温度为准。绝缘电阻、直流泄漏和介质损耗因数的测量受温度的影响很大，一般绝缘电阻随温度上升而减小，介质损耗因数则随温度的上升而增加，并与温度变化的程度，绝缘材料的性质、结构及绝缘内部的含水量等有关。

1. 绝缘电阻温度换算

A级绝缘：$M\Omega_2 = M\Omega_1 \times 10^{2(t_1 - t_2)} = M\Omega_1 K_1 (K_2)$

B级热塑：$M\Omega_2 = M\Omega_1 \times 2^{0.1(t_1 - t_2)} = M\Omega_1 K_3$

热固：$M\Omega_2 = M\Omega_1 \times 1.6^{0.1(t_1 - t_2)} = M\Omega_1 K_4$

式中：$M\Omega_2$ 为 t_2 温度时的绝缘电阻；$M\Omega_1$ 为 t_1 温度时的绝缘电阻；K 为温度换算系数，K_1、K_2 为铜线换算至20℃或75℃的温度系数；K_3、K_4 为铝线换算至20～75℃的温度系数。

2. 泄漏电流温度换算

1）油浸式A级绝缘换算公式

$$I_2=I_1 e^{\alpha(t_1-t_2)}=I_1 K$$

式中：I_2 为温度为 t_2 时的泄漏电流 μA；I_1 为温度为 t_1 时的泄漏电流，μA；X 为取0.05（0.05～0.06）；$K=e^{\alpha(t_1-t_2)}$ 为换算系数。

2）B级热塑及热固性绝缘换算公式

$$I_2=I_1\times 1.6^{0.1(t_1-t_2)}=I_1 K$$

3）d—铜、铝线圈直流电阻换算系数换算公式

$$R_2=R_1(T+t_2)/(T+t_1)$$

式中：T 为常数，铜线取235，铝线取225；R_1 为温度为 t_1 时的直流电阻值；R_2 为温度为20℃（或75℃）时的直流电阻值；K_1、K_2 为铜线换算至20℃或75℃的温度系数；K_3、K_4 为铝线换算至20℃或75℃的温度系数。

按温差进行换算时的温度换算系数

$$R_2=R_1[1+\alpha(t_2-t_1)]=R_1[1\pm K]$$

式中：α 为电阻温度系数，铜的为0.003921/℃，铝的为0.004082/℃；$K=\alpha(t_2-t_1)$。

五、试验结果分析

《电气设备预防性试验规程》着重指出，对试验结果应进行综合分析和判断。一般应进行下列三步：

第一步，应与历年各次试验结果比较。

第二步，与同类型设备试验结果比较。

第三步，对照《电气设备预防性试验规程》技术要求和其他相关试验结果，进行综合分析，特别注意缺陷发展趋势，做出判断。

综合分析、判断有时有一定复杂性和难度，而不是单纯地、教条地逐项对照技术要求（技术标准）进行。特别是当试验结果接近技术要求限值时（尚未超标），更应考虑气候条件的影响、测量仪器可能产生的误差甚至要考虑操作人员的技术素质等因素。综合分析、判断的准确与否在很大程度上取决于判断者的工作经验、理论水平、分析能力和对被试设备的结构特点、采用的试验方法、测量仪器及测量人员的素质等。

根据综合分析，一般可对设备做出判断结论：合格、不合格或对设备有怀疑。对不合格的，应及时进行检修。为了能做到有重点地或加速处理缺陷，应根据设备结构特点，尽量做部件的分节试验，以进一步查明缺陷的部位或范围。对有怀疑或异常、一时不易确定是否合格的设备，应采用缩短试验周期的措施，或在良好天气下或在温度较高时进行复测，来监视设备可疑缺陷的变化趋势，或验证过去测量的准确性。

六、试验相关概念

在线监测：在不影响设备运行的条件下，对设备状况连续或定时进行的监测，通常是自动进行的。

带电测量：对在运行电压下的设备，采用专用仪器，由人员参与进行的测量。

绝缘电阻：在绝缘结构的两个电极之间施加的直流电压值与流经该对电极的泄漏电流值之比。常用绝缘电阻表直接测得绝缘电阻值。若无说明，均指加压1min时的测得值。

吸收比：在同一次试验中，1min 时的绝缘电阻值与 15s 时的绝缘电阻值之比。

极化指数：在同一次试验中，10min 时的绝缘电阻值与 1min 时的绝缘电阻值之比。

七、试验相关符号

U_N：设备额定电压（对发电机转子是指额定励磁电压）；

U_m：设备最高电压；

U_0/U：电缆额定电压（其中 U_0 为电缆导体与金属套或金属屏蔽之间的设计电压，U 为导体与导体之间的设计电压）；

U_{1mA}：避雷器直流 1mA 下的参考电压；

tanδ：介质损耗因数。

八、试验基本项目

1. 绝缘电阻、吸收比和极化指数的测量

测量电气设备的绝缘电阻是检查设备绝缘状态最简便和最基本的方法。在现场普遍用绝缘电阻表测量绝缘电阻。绝缘电阻值的大小常能灵敏地反映绝缘情况，能有效地发现设备局部或整体受潮和脏污，以及绝缘击穿和严重过热老化等缺陷。用绝缘电阻表测量设备的绝缘电阻，由于受介质吸收电流的影响，绝缘电阻表指示值随时间逐步增大，通常取施加电压后 60s 的数值，作为绝缘电阻值。

对于大容量和吸收过程较长的大型发电机、变压器等，有时吸收比值尚不足以反映吸收的全过程，可采用较长时间的绝缘电阻比值即绝缘的极化指数作为参考参数。绝缘电阻和吸收比（或极化指数）能反映发电机或油浸变压器绝缘的受潮程度。绝缘受潮后吸收比值（或极化指数）降低，因此它是判断绝缘是否受潮的一个重要指标。

绝缘电阻试验最常用的测量仪表为绝缘电阻表。绝缘电阻表按电源型式通常可分为发电机型和整流电源型两大类。发电机型绝缘电阻表一般为手摇（或电动）直流发电机或交流发电机经倍压整流后输出直流电压；整流电源型绝缘电阻表由低压 50Hz 交流电（或干电池）经整流稳压、晶体管振荡器升压和倍压整流后输出直流电压。

影响绝缘电阻的因素：温度的影响、湿度的影响、表面脏污和受潮的影响、被试设备剩余电荷的影响、绝缘电阻表容量的影响。

绝缘电阻测量应注意以下几项：

（1）绝缘电阻值应大于规程规定的允许数值。

（2）将所测得的结果与有关数据比较。通常采用与同一设备的各相间的数据、同类设备间的数据、出厂试验数据、耐压前后数据等，如发现异常，应立即查明原因或辅以其他测试结果进行综合分析、判断。

（3）对同一台设备的历次测量，最好使用同一只绝缘电阻表，以消除由于不同的绝缘电阻表输出特性差异给测量结果带来影响。

（4）当所测绝缘电阻过低时，能分解的设备应进行分解试验，找出绝缘电阻最低的部位。

（5）设备绝缘电阻受温度的影响较大，测量结果应在相近的温度或换算至相同的温度下进行纵、横比较。在环境温度低于 5℃时，不宜进行绝缘测量和换算。

2. 交流耐压试验

交流耐压试验，是检查主绝缘电气强度普遍采用的方法，应直接测量试品的电压，防止容升现象。大容量试品可采用并联或串联谐振电路以及超低频试验装置等进行工频耐压试验。交流耐压试验只能检查全绝缘变压器的主绝缘和分级绝缘变压器的中性点绝缘，绕组层间、匝间及线段间的绝缘要用倍频感应耐压试验进行检验。后者是以二倍频或三倍频装置作电源，在低压线圈施加 1.7～2.0 倍的额定电压，可同时考核主绝缘和从绝缘。工频高电压通常采用高压试验变压器来产生；对于发电机等大电容的被试品，采用串联谐振回路产生高电压；对于电力变压器、电压互感器等具有绕组的被试品，采用 100～300Hz 的中频电源，对其低压侧绕组励磁在高压绕组感应产生高电压。

3. 测量泄漏电流及直流耐压试验

测量泄漏电流与测量绝缘电阻的原理相似，在一定电压范围内，当绝缘良好时，所加直流电压与泄漏电流的比值和绝缘电阻表的测量结果是对应的，但测泄漏电流时所加的电压要高得多，所以能发现绝缘电阻试验所不能发现的某些缺陷。如 35kV 及以上变压器测泄漏电流时，能灵敏发现套管开裂、绝缘纸沿面碳化、绝缘油劣化及内部受潮等缺陷。泄漏电流试验与直流耐压试验的方法是一致的，但作用不同。前者是检查绝缘状况或缺陷；后者是考验绝缘的电气强度，试验电压更高，在额定电压的两倍以上，对发现局部缺陷更有特殊意义。目前，直流耐压试验在高压电机、高压电缆等设备的预防性试验中广泛应用。

与交流耐压试验相比，直流耐压试验有突出特点，表现在试验中只有微安级电导电流，远小于交流耐压试验时的电流，试验设备轻巧，方便现场试验；由试验结果绘制的“电压-电流”曲线能有效地反映绝缘内部的集中性缺陷或受潮；可使电机定子绕组端部绝缘上也受到较高电压的作用，这有利于发现端部绝缘缺陷，如端部绑扎不紧、绝缘损伤以及鼻部绝缘损坏等缺陷；局部放电弱，不会加速有机绝缘材料的分解或氧化变质，在某种程度上带有非破坏性试验的性质；绝缘内部的电压分布由电导决定，与交流运行电压作用下的电压分布不同，对绝缘的考验不如交流耐压那样接近实际。

试验影响因素：高压连接导线的对地泄漏电导、试品绝缘表面的泄漏电导、试品温度、试品的残余电荷、测量中的异常情况（电压不稳、交流分量大等）。

将泄漏电流测量值与同一温度下的规定值比较，符合要求为合格；如无规定则可与历年数据做比较，不应有显著变化；还可通过同一设备相间比较以及与同类设备做比较等办法进行分析判断。对发电机、变压器等重要设备，可做出电流与电压或电流与时间曲线进行分析判断。变压器的绝缘结构也会影响泄漏电流，试验结果应以与历年试验数据做比较以及与同类型变压器做比较为主，并结合绝缘电阻、介损值进行综合比较。总之，对试验结果必须进行全面的综合分析，以掌握设备性能变化规律和趋势。

4. 介质损耗因数测量

电介质在交流电压作用下，除电导和周期性缓慢极化引起的损耗外，有时可能产生游离损耗，即电晕和局部放电损耗，这些损耗统称为介质损耗。介质损耗因数 $\tan\delta$ 的测量，习惯上简称“介损试验”。$\tan\delta$ 是绝缘品质的重要指标，$\tan\delta$ 越小意味着介质损耗越小。介质在交流电压作用下，通常将绝缘介质看成由一个等值电阻 R 和一个等值无损耗电容 C 并联组成的电路，通过介质的总电流 I 是由通过 R 的有功电流 I_R 和通过 C 的无功电流 I_C 所组成的。I_R 流过电阻 R 所产生的功率代表全部的介质损耗，I_R 越大，介质损耗越大。

测量电气设备绝缘的损耗因数，能有效地发现设备绝缘的普遍老化、受潮、充油设备的油质劣化、油质脏污等整体绝缘缺陷，对小电容设备如套管、互感器等也能够发现绝缘内部存在气隙以及固体绝缘开裂等局部绝缘缺陷。测量设备介质损耗因数的同时，可以计算出设备的电容量。根据损耗因数的大小、电容量的变化，能有效发现电容量较小的设备，如套管、电流互感器等设备的绝缘缺陷。

介质损耗测量常采用 QS1 型交流电桥以及与其相配合的升压变压器 BR16 型标准电容器。目前也采用微机介质损耗测试仪这一种新型的绝缘测试仪器。QS1 型交流电桥（西林电桥）最常用的试验接线为正接线和反接线两种，此外还有对角接线、低压接线等方式。

介损试验的影响因素外界的电场和磁场干扰、温度、绝缘整体老化、油质老化、严重局部缺陷、受潮、试验电压。

第二节　变压器预防性试验

电力变压器是发电厂、变电站、用电部门最主要的电气设备之一。变压器按用途一般分为电力变压器和特殊变压器两大类。电力变压器是指电力系统一次回路中输、配、供电用的变压器；特殊变压器指的是特殊电源、控制系统、电信装置中用的用途特殊、性能特殊、结构特殊的变压器。

变压器的主要参数及特性有型号、额定容量、额定电压、额定电压比、额定频率、阻抗电压、极性和绕组联结组标号、空载电流 I_0、空载损耗 ΔP_0（铁损）、负载损耗 ΔP_d（铜损）、分接范围、冷却方式、温升、过负荷能力。

伴随着电力系统的发展，电力变压器无论从数量还是容量上均日益增加。变压器绝缘结构、冷却方式、运行方式都在不断发展中，对电力变压器做好预防性试验是保证电力系统可靠运行的重要措施。

本项目主要是检查变压器的绝缘是否有受潮、脏污以及贯穿性的集中缺陷。在测量变压器的绝缘电阻时应将变压器从电网上断开，宜待其上、下层油温基本一致后，再进行测量。一般 66/10kV 变电站年检主要内容包括外观检查、绝缘电阻测量试验、直流电阻测量试验、交流耐压试验等相关试验。

一、外观检查

每年进行变压器预防性试验之前，需进行变压器外观检查。主要检查内容为：外表是否破损、外表有无油污、套管外部有无破损裂纹、严重油污、放电痕迹及其他异常现象。变压器室的门、窗、照明是否完好，房屋是否漏水，温度是否正常，通风设备是否完好。消防设施配备是否齐全。

二、绝缘电阻试验

在绝缘结构的两个电极之间施加的直流电压值与流经该对电极的泄流电流值之比称为绝缘电阻。在同一次试验中，1min 时的绝缘电阻值与 15s 时的绝缘电阻值之比，称为吸收比。在同一次试验中，10min 时的绝缘电阻值与 1min 时的绝缘电阻值之比称为极化指数。

绝缘电阻常用绝缘电阻表直接测得绝缘电阻值。测量绕组绝缘电阻时，应依次测量各绕组对地和其他绕组间绝缘电阻值。被测绕组各引线应短路，其余各非被测绕组都短路接地。绝缘电阻换算至同一温度下，与前一次测试结果相比应无明显变化。一般情况下，吸收比（10～30℃）不低于 1.3 或极化指数不低于 1.5。

1．试验步骤

（1）使用2500V绝缘电阻表，摆放绝缘电阻表、绝缘电阻表检查：选择合适位置，将绝缘电阻表水平放稳，试验前对绝缘电阻表本身进行检查。

（2）连接测试线和接地线，套管测量参考试验接线示意图（见图4-1）。

（3）开始测量铁心对地、夹件对地、铁心对夹件的绝缘电阻。

（4）测量导电杆对末屏、末屏对地的绝缘电阻。

（5）运行中铁心接地电流一般不大于0.1A，与以前测试结果相比无显著差别，绝缘电阻一般不低于500MΩ。

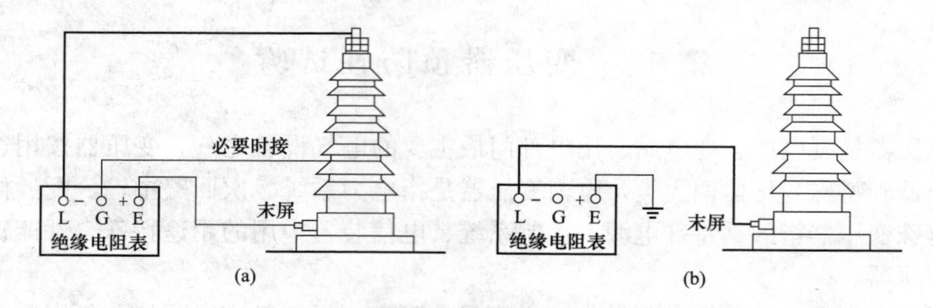

图4-1　套管测量试验接线图

（a）测量套管对末屏的绝缘电阻；（b）测量末屏对地的绝缘电阻

2．数据记录

试验数据记录于表4-1。

表4-1　套管测量数据表

	测量部位	R15s	R60s	吸收比
绕组连同套管的绝缘电阻测量（GΩ）	高压对低压			
	低压对地（铁心夹件）			
	铁心夹件对地			
	上次试验日期		本次试验日期	
	使用仪器型号		使用仪器编号	
	试验人员		试验结论	

3．注意事项

（1）试验过程中高压、中压及低压均短接，非试验相还需短接接地。

（2）试验接线与变压器试验相相连，测量导线与测量相套管尽量成90°。

（3）当空气比较潮湿或变压器套管脏污时采用接屏蔽线法测量绝缘电阻，屏蔽端与变压器需屏蔽套管的屏蔽线相连。

（4）试验过程中各试验连接导线间不能缠绕。

（5）被试套管表面应擦拭干净，末屏小套管也应擦拭干净，必要时在套管上增加屏蔽环，并与绝缘电阻表的屏蔽端子（G）连接。

（6）主绝缘的绝缘电阻一般不应低于下列值：110kV以下5000MΩ，110kV及以上10000MΩ，末屏对地的绝缘电阻不应低于1000MΩ。

（7）试验完成后必须对变压器进行充分放电。

三、直流电阻试验

直流电阻试验主要检测变压器绕组焊接质量，绕组导体或引出线是否存在断股或开路问题，层、匝间有无短路的现象，分接开关接触是否良好（其接线图如图 4-2 所示）。

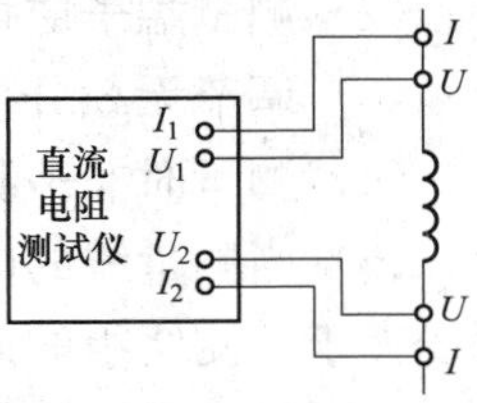

图 4-2　绕组直流电阻测量接线

1. 试验步骤

（1）按图接好试验线路，其他绕组不宜短路。

（2）合上测量仪器电源，选择合适的量程。

（3）按下仪器的启动按钮，开始测量。

（4）待仪器显示的数据稳定后，读取测量数据。

（5）读完数据后，按下复位或放电按钮。

（6）仪器放电结束后，方可进行改接线或拆线。

2. 结果分析

（1）1.6MVA 以上电力变压器，各相绕组电阻相互间差别不应大于三相平均值的 2%。无中性点引出的绕组线间差别不应大于三相平均值的 1%。

（2）1.6MVA 以下电力变压器，相间差别不应大于三相平均值的 4%。线间差别不应大于三相平均值的 2%。

（3）与以前相同部位测量值比较，其变化不应大于 2%。

（4）单相变压器在相同温度环境测量下，与历次结果相比应无明显变化。

不同温度，应进行温度校正 $R_2=R_1(T+t_2)/(T+t_1)$，其中，T 为计算常数，一般铜线取 235，铝线取 225。

3. 数据记录

试验数据记录于表 4-2。

表 4-2　　直流电阻测量数据表

	分接位置	高压绕组			
		UV	VW	UW	不平衡率（%）
绕组直流电阻测量（MΩ）	1				
	2				
	3				
	4				
	5				
	6				
	7				
	8				
	9				
	10				
	11				
	低压绕组（MΩ）	UV	VW	UW	不平衡率（%）
	上次试验日期			本次试验日期	
	使用仪器型号			使用仪器编号	
	试验人员			试验结论	

4. 注意事项

（1）测量前应记录变压器绕组温度和绝缘油温度。

（2）测量端子应接触良好，必要时应打磨测试点表面。

（3）调节无载分接开关时，应来回转动几次触头，使触头接触良好。

（4）测量时非被测绕组不宜短路，各绕组间也不能通过接地开关与大地形成短路。

（5）当测量线的电流引线和电压引线分开时，应将电流引线夹于被测绕组的外侧，电压引线夹于被测绕组的内侧。

（6）仪表准确度等级不能低于 0.5。

（7）记录数据应真实可靠，现场测量过程中至少取 3 组以上有效数据进行平均值计算。

四、交流耐压试验

交流耐压试验能有效发现绝缘中危险的集中性缺陷。在试验之前必须对被试品先进行绝缘电阻吸收比、泄漏电流、介损及绝缘油等项目的试验，若试验结果正常方能进行交流耐压试验。

1. 试验步骤

（1）摆放仪器、接地：选择合适位置将工频耐压装置平稳放置，将接地端可靠接地。

（2）连接高压线、测试线和接地线：参考试验接线示意图（见图 4-3），将试验变压器的高压输出端与被试品连接，将试品另一端接地。

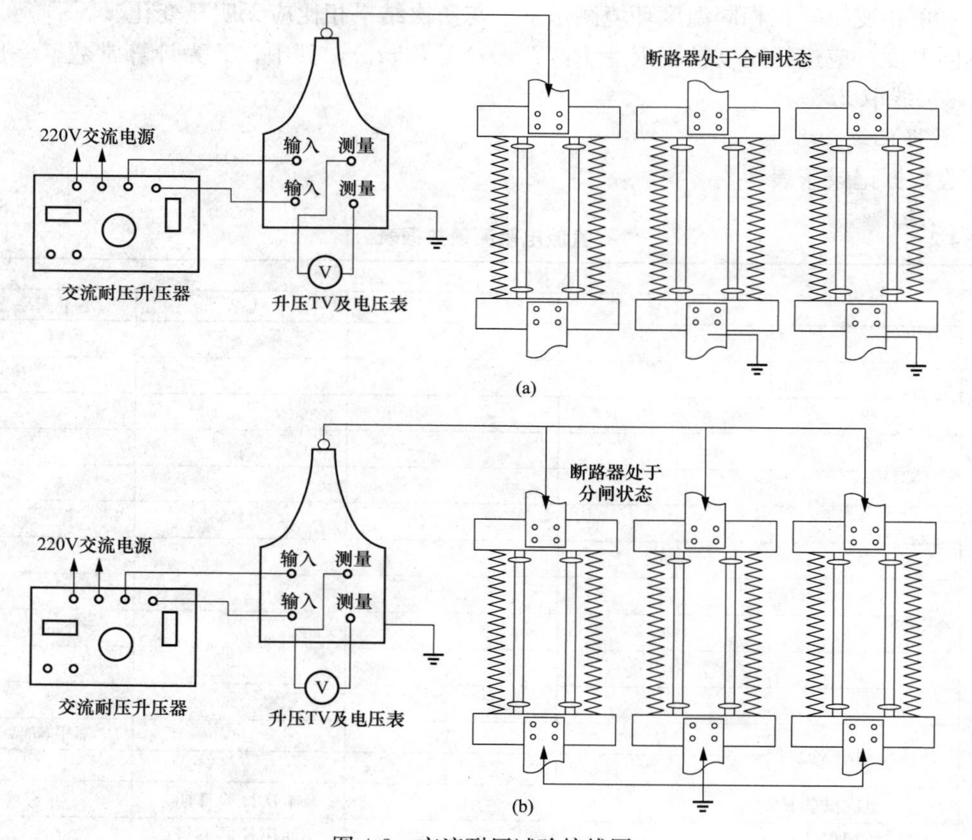

图 4-3 交流耐压试验接线图

（a）主回路对地、相间（分相三次进行试验）；（b）断口试验

（3）施加试验电压：

1）试验过程中应观察仪表变化情况，如试品出现闪络、冒烟、击穿等异常情况，应立即降压，做好安全措施并进行检查，根据检查情况确定重新试验或终止试验，以免损坏被试设备试验。

2）读取并记录测量数据及试验电压、加压时间。

3）停止试验时，先将电压降至零，然后断开电源，对被试品放电接地，再解开试验接线。确保被试品已彻底放电，防止设备、人身伤害。

4）试验电压值按出厂试验电压值的0.8倍，相间、相对地及断口的耐压值相同。

2. 数据记录

试验数据记录于表4-3。

表4-3　交流耐压试验数据记录表

交流耐压试验	试验部位	试验电压		60s试验结果
	一次绕组对地			
	一次绕组对二次绕组			
	二次绕组对地			
	二次绕组对一次绕组			
	上次试验日期		本次试验日期	
	使用仪器型号		使用仪器编号	
	试验人员		试验结论	

3. 注意事项

（1）高压测量引线对地绝缘距离足够，应保持足够的安全距离。

（2）试品内部发生放电，应停止试验，检查试验设备是否损坏，检查试品是否损坏，查找放电点。

（3）判断是否因湿度造成，清抹外绝缘，考虑在湿度相对较小的时段（如午后）进行试验。

（4）进行第二次耐压试验，如试品仍放电，则试验不通过。

第三节　断路器预防性试验

高压断路器（开关）是电力系统重要的控制和保护设备，目前国内变电使用的断路器有多油断路器、少油断路器、真空断路器、SF_6断路器等在电力系统运行中，断路器的可靠性间接反映出电力系统的稳定性。本节主要介绍断路器在一般变电站中常规预防性试验中的导电回路电阻测量、绝缘电阻测量、交流耐压试验。

一、测量导电回路电阻

1. 试验步骤

（1）摆放回路电阻测试仪，连接测试线：将回路电阻测试仪接地端可靠接地，参考试验接线示意图（见图4-4），通过专用引线和被试真空断路器连接，电压测量线应在电流输出线内侧。

（2）开始测量，读取并记录测量结果：启动测试仪开始测量，待测量值稳定，仪器指示无变化时，记录测量电阻值。

（3）停止测量：必须等待测试仪显示已完全放电才能断开测试回路，进行后续工作。

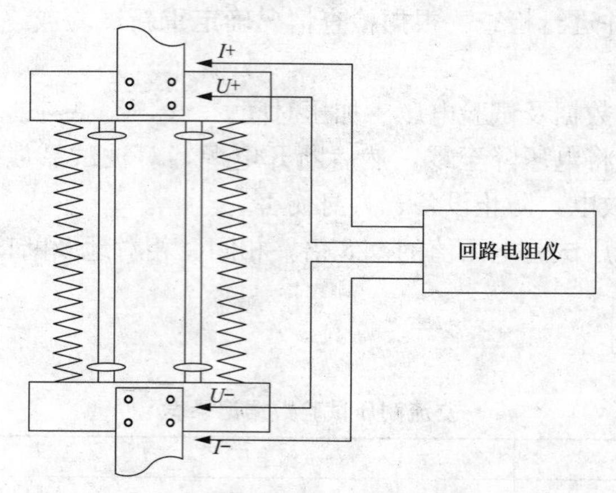

图 4-4 导电回路电阻测量试验接线图

2. 数据记录

试验数据记录于表 4-4。

表 4-4 **导电回路电阻测量数据记录表**

	相别	测试点	测量结果（μΩ）	
导电回路电阻测量	U	接地开关至套管		
	V			
	W			
	上次试验日期		本次试验日期	
	使用仪器型号		使用仪器编号	
	试验人员		试验结论	

3. 注意事项

（1）为保证试验人员和设备的安全，断路器两侧隔离开关的操作控制电源应断开，以防由于干扰或误碰控制按钮使隔离开关误动合闸。

（2）如果用升降机工作时试验人员要系好安全带。

（3）为了防止感应电压的危害，试验时应合上断路器或挂临时接地线，试验仪器外壳要接地，必要时试验人员也要接地并穿屏蔽服。

（4）试验过程中操作高空车时要注意与带电设备保持足够的安全距离，并不能碰及断路器绝缘子。

二、测量绝缘电阻

1. 试验步骤

（1）摆放绝缘电阻表、绝缘电阻表检查：选择合适位置，将绝缘电阻表水平放稳，试验前对绝缘电阻表本身进行检查。

（2）连接测试线和接地线：参考试验接线示意图（见图 4-5），将绝缘电阻表的接地端与被试品的接地端连接，将带屏蔽的连接线接到被试品的高压端（必要时接上屏蔽环）。

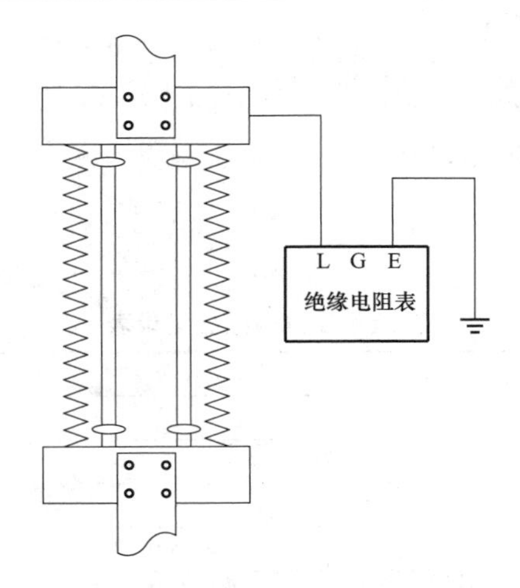

图 4-5　绝缘电阻测量试验接线图

（3）开始测量，读取并记录测量结果：启动绝缘电阻表开始测量，记录 60s 时的测量值。

（4）停止测量，短路放电并接地：停止测量，放电并接地（对带保护的整流电源型绝缘电阻表，否则应先断开接至被试品高压端的连接线，然后停止测量）。

2. 数据记录

试验数据记录于表 4-5。

表 4-5　　绝缘电阻测量数据记录表

	测量部位	绝缘电阻测量结果（MΩ）		
绝缘电阻测量	A-BCE			
	B-ACE			
	C-ABE			
	上次试验日期		本次试验日期	
	使用仪器型号		使用仪器编号	
	试验人员		试验结论	

3. 注意事项

（1）试验前对绝缘电阻表进行“短路”和“开路”测试检查，确保仪器准确。

（2）试验用的导线应使用绝缘护套线或屏蔽线，避免外界磁场环境影响实验结果。

（3）确保已彻底放电，防止充电电荷放电损坏绝缘电阻表、造成人身伤害。

（4）实验应尽量选择晴朗天气，午后进行。避免湿度影响外绝缘对测量结果造成影响。

三、交流耐压试验

1. 试验步骤

（1）摆放仪器、接地：选择合适位置将工频耐压装置平稳放置，将接地端可靠接地。

（2）连接高压线、测试线和接地线：参考试验接线示意图（见图 4-3），正确连接高压引线和接地线。

（3）施加试验电压：

1）试验过程中应观察仪表变化情况，如试品出现闪络、冒烟、击穿等异常情况，应立即降压，做好安全措施并进行检查，根据检查情况确定重新试验或终止试验。

2）读取并记录测量数据及试验电压、加压时间。

（4）停止测量，断开电源，将试验回路的高压端短路放电并接地。

2. 数据记录

试验数据记录于表 4-6。

表 4-6　　交流耐压试验数据记录表

	试验部位	试验电压		试验结果
交流耐压试验	A-BCE			
	B-ACE			
	C-ABE			
	上次试验日期		本次试验日期	
	使用仪器型号		使用仪器编号	
	试验人员		试验结论	

3. 注意事项

（1）试验变压器和高压引线应与周围带电体和接地体保持足够安全距离。

（2）实验过程中，加强安全防护。

（3）选择正确的试验电压，防避免损坏被试设备。

（4）实验结束后，使用专用放电棒，将试验回路高压端放电，并短路接地，方可进行后续工作。

（5）实验应尽量选择晴朗天气，午后进行。避免湿度外绝缘对测量结果造成影响。

第四节　电力电缆预防性试验

电力电缆是用于传输和分配电能的电缆，电力电缆常用于城市地下电网、发电站引出线路、工矿企业内部供电及过江海水下输电线。在电力线路中，电缆所占比重正逐渐增加。电力电缆是在电力系统的主干线路中用以传输和分配大功率电能的电缆产品，包括 1～500kV 及以上各种电压等级，各种绝缘的电力电缆。按电压等级可分为中、低压电力电缆（35kV 及以下）、高压电缆（110kV 以上）、超高压电缆（275～800kV）以及特高压电缆（1000kV 及以上）。按电流制可分为交流电缆和直流电缆。按绝缘材料可分为油浸纸绝缘电力电缆、塑料绝缘电力电缆、橡皮绝缘电力电缆。目前各电压等级广泛使用橡塑绝缘电力电缆的类型分为聚氯乙烯绝缘、胶联聚乙烯绝缘（XLPE）、乙丙橡皮绝缘电力电缆。

电缆线路的薄弱环节是终端和中间接头，这往往由于设计不良或制作工艺、材料不当而带来的缺陷。有的缺陷在施工过程和验收试验中检出，更多的是在运行电压下受电场、热、化学的长期作用而逐渐发展，劣化直至暴露。除电缆头外，电缆本身也会发生一些故障，如机械损伤、铅包腐蚀、过热老化及偶尔有制造缺陷等。所以新敷设电缆时，要在敷设过程中配合试验；在制作终端头或中间头之前应进行试验，电缆竣工时应做交接试验。

电力电缆在电力供电系统中及城市配电系统广泛使用。电力电缆绝缘状况直接影响发电、供电、配电的安全运行。因此必须严格按照《电气设备预防性试验规程》中的规定进行预防性试验，以便及时发现缺陷，保证系统运行稳定性。

电力电缆主要预防性试验包括绝缘电阻测量、铜屏蔽层电阻与导体电阻比测量、电缆主绝缘直流耐压试验。其中铜屏蔽层电阻与导体电阻比测量和电缆主绝缘直流耐压试验投运前交接或者重做终端或接头后做预防性试验，绝缘电阻测量为周期性预防性试验。下面只介绍电力电缆绝缘电阻测量。

电力电缆绝缘电阻测量是检测电力电缆运行状态最简洁的方法。通过测量绝缘电阻，可以检测出电力电缆绝缘老化受潮程度，还可以判别出电力电缆在交流耐压试验时所暴露的绝缘缺陷。电力电缆的绝缘电阻是指相线线芯对电缆外皮及其他相线的绝缘电阻，因此在测量过程中，除被试相线外，其余均应断路接地。电力电缆绝缘电阻与其长度、环境温度、电缆终端头和套管表面污浊与潮湿程度相关，因此测试时应选择合适天气并将电缆终端头表面擦拭干净后进行表面屏蔽。

1. 试验步骤

（1）摆放绝缘电阻表、绝缘电阻表检查：选择合适位置，将绝缘电阻表水平放稳，试验前对绝缘电阻表本身进行检查。

（2）用绝缘电阻表测量电缆绝缘电阻，分别记录 15s、1min 绝缘电阻值。

（3）用接地线对被试电缆三相进行充分放电。

（4）计算吸收比。

自定每千米值不小于 1000MΩ，对比以前的报告无明显的降低。

2. 数据记录

试验数据记录于表 4-7。

表 4-7　　电力电缆绝缘电阻测量数据记录表

<table>
<tr><td rowspan="7">电力电缆绝缘电阻测量</td><td>测量部位</td><td colspan="3">绝缘电阻测量结果（MΩ）</td></tr>
<tr><td>A-BCE</td><td colspan="3"></td></tr>
<tr><td>B-ACE</td><td colspan="3"></td></tr>
<tr><td>C-ABE</td><td colspan="3"></td></tr>
<tr><td>上次试验日期</td><td></td><td>本次试验日期</td><td></td></tr>
<tr><td>使用仪器型号</td><td></td><td>使用仪器编号</td><td></td></tr>
<tr><td>试验人员</td><td></td><td>试验结论</td><td></td></tr>
</table>

3. 注意事项

（1）试验前电缆要充分放电并接地，将电缆导体及电缆金属护套接地。

（2）根据被试电缆额定电压选择适当绝缘电阻表。

（3）在加压之前清理无关人员，同时对工作组成员交代安全注意事项。

若使用手摇式绝缘电阻表，应将绝缘电阻表放置在平稳的地方，不接线空测，在额定转速下指针应指到“∞”；再慢摇绝缘电阻表，将绝缘电阻表 L、E 端用引线短接，绝缘电阻表指针应指零。这样说明绝缘电阻表工作正常。绝缘电阻表有三个接线端子：接地端 E、线路端子 L、屏蔽端子 G。为了测得准确，应在缆芯端部绝缘上或套管部装屏蔽环并接于绝缘电阻表的屏蔽端子 G。应注意线路 L 端子上引线处于高压状态，应悬空，不可拖放在地上。

（4）试验结束后，确认试品已降压、放电、接地后，再进行更换接线工作。

（5）移动绝缘杆和试验引线时，必须加强监护，注意与临近带电体保持足够的安全距离。

第五节 避雷器预防性试验

避雷器是电力系统中重要的保护设备之一。当出现危机或者高电压的情况下，避雷器会将电流导入大地，有效地保护电力设备。其主要防护大气高电压、操作过电压。目前我国电力系统中运行的避雷器按结构类型分为三大类，即普通阀式避雷器、磁吹避雷器、金属氧化物避雷器。

在运行过程中，避雷器常见故障有在生产过程中出现缺陷的避雷器、在运输过程中有缺陷的避雷器、运行中受潮老化出现缺陷的避雷器。避雷器在运行过程中事故屡有发生，因此按照一定周期对避雷器进行预防性试验很有必要。

预防性试验主要检查在运行过程中是否会出现内部瓷碗破裂，并联电阻震断，外部瓷套碰伤，受潮，瓷套端部不平，滚压不严，密封橡胶垫圈老化变硬，瓷套裂纹，计数器不准等安全隐患。

一、检查避雷器放电计数器动作情况

1. 试验步骤

（1）放电计数器校验仪检查放电计数器。

（2）用放电计数器校验仪对放电计数器放电 3～5 次，计数器应可靠动作（计数器试验接线见图 4-6）。

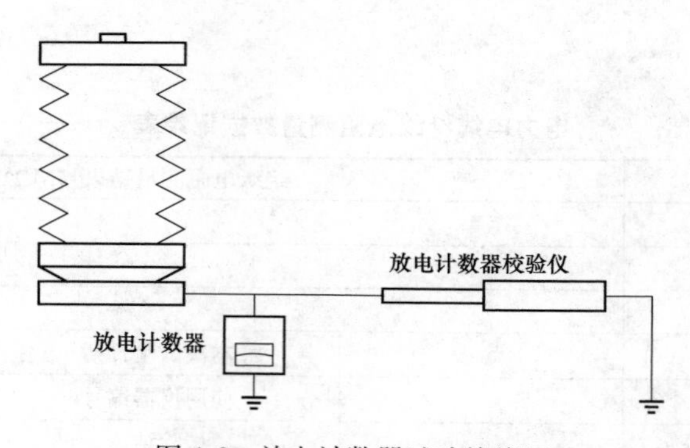

图 4-6 放电计数器试验接线图

（3）停止测量，将测试仪放电完毕后收好，关闭仪器电源并放电保证完全。

（4）测试结束后，判断计数器能正常动作后，计数器指示应调到“0”。

2. 注意事项

（1）在加压之前清理无关人员，同时对工作组成员交代安全注意事项。

（2）绝缘杆应挂牢。高压试验引线必须与被试品连接牢固，与接地体保持足够的安全距离，必要时采用绝缘胶带固定，防止松脱掉下。

（3）移动绝缘杆和试验引线时，必须加强监护，注意与临近带电体保持足够的安全距离。

（4）微安表处于高压端时，应固定牢靠，高压引线要短，应用屏蔽导线，对地保持足够的距离。

（5）试验结束后，确认试品已降压、放电、接地后，再进行更换接线工作。

二、避雷器绝缘电阻测量

1. 试验步骤

（1）将避雷器底座支持绝缘子擦拭干净，将计数器与避雷器的连接断开（绝缘电阻试验接线见图 4-7）。

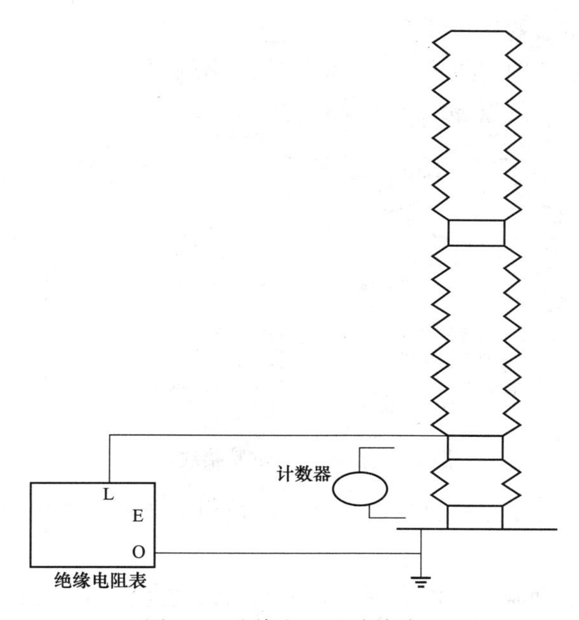

图 4-7 绝缘电阻试验接线图

（2）摆放绝缘电阻表、检查绝缘电阻表，测量时使用 2500V 绝缘电阻表，试验前对绝缘电阻表进行“短路”和“开路”测试检查。

（3）开始测量，读取并记录测量结果，本次试验记录 60s 时的测量值。

（4）停止测量，短路放电，等待仪表显示已放电完毕，将试品短路接地。

2. 数据记录

试验数据记录于表 4-8。

表 4-8 避雷器绝缘电阻测量数据记录表

相别	编号	测量结果（MΩ）	
A 相			
B 相			
C 相			
上次试验日期		本次试验日期	
使用仪器型号		使用仪器编号	
试验人员		试验结论	

3. 注意事项

（1）将现场工作接地端与避雷器接在同一点接地点上。

（2）测量导线与避雷器底座相连，测量导线与避雷器底座尽量成 90°。

（3）在接线过程中注意加压线不能与避雷器金属外壳或周围物品相接触，保持 35cm 以上的距离。

（4）试验过程中各试验连接导线间不能缠绕。

4．测量避雷器直流 1mA 电压 U_{1mA} 及 $0.75U_{1mA}$ 下的泄漏电流

（1）将计数器与避雷器的连接断开。

（2）参照试验接线示意图（见图 4-8）与仪器使用说明书，通过试验专用连接线按相应的试验方法布置试验接线，测量导线与测量套管尽量成 90°。

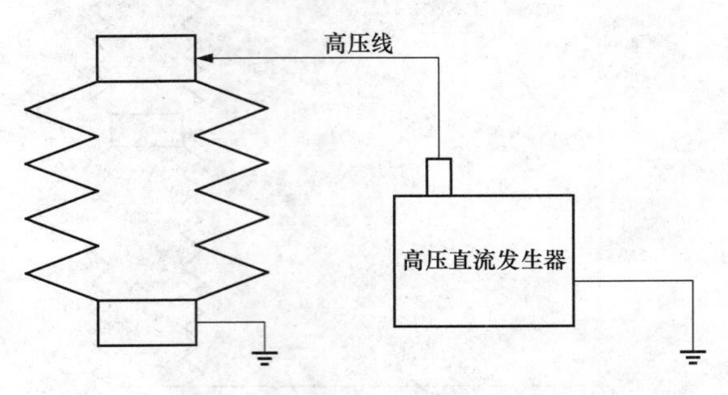

图 4-8 泄漏电流试验接线图

（3）开始测量，读取并记录测量结果。试验过程中，注意升降压速度保持匀速，避免上升过快，电流超量程。

（4）停止测量，断开直流发生器电源，将试验回路的高压端短路放电并接地。

5．数据记录

试验数据记录于表 4-9。

表 4-9 **泄漏电流试验数据记录表**

直流 1mA 电压 U_{1mA} 及 75% U_{1mA} 下的泄漏电流测量	相别	编号	直流参考电压 U_{1mA}（kV）	75% U_{1mA} 下泄漏电流（μA）
	A 相			
	B 相			
	C 相			
	上次试验日期		本次试验日期	
	使用仪器型号		使用仪器编号	
	试验人员		试验结论	

6．注意事项

（1）仪器放置应安全、平稳。

（2）高压引线选用屏蔽线，长度和角度合适，保持与邻近物体和接地部位有足够的绝缘距离。

（3）注意外部的电磁干扰影响测试结果。

（4）试验过程中，确保已彻底放电，防止设备、人身触电受到伤害。

参 考 文 献

[1] 于永源，杨绮雯．电力系统分析．3版．北京：中国电力出版社，2007.
[2] 贾伟．电网运行与管理技术问答．北京：中国电力出版社，2007.
[3] 索春梅．220kV变电站仿真运行．北京：中国电力出版社，2012.
[4] 河北省电力公司组编．35-110kV变电站仿真培训教材．北京：中国电力出版社，2009.
[5] 王月志．电能计量技术．2版．北京：中国电力出版社，2015.
[6] 孟凡利，等．运行中电能计量装置错误接线检测与分析．北京：中国电力出版社，2006.
[7] 刘峰．电能计量实训．北京：中国电力出版社，2009.
[8] 穆习．电能计量装置接线检查实用指南．沈阳：辽宁科学技术出版社，2008.
[9] 河南电力技师学院．抄表核算收费员．北京：中国电力出版社，2007.
[10] 陈家斌．配电计量．北京：中国电力出版社，2006.
[11] 国网浙江省电力公司．营销业务操作手册电能计量．北京：中国电力出版社，2013.
[12] 陶鹏．智能电能表．北京：中国电力出版社，2012.
[13] 国网上海市电力公司．用电信息采集系统仿真培训．北京：中国电力出版社，2014.
[14] 宋文军．电能计量装置接线检查与电能表现场检验．北京：中国电力出版社，2013.
[15] 程海斌．三相三线电能计量装置错接线解析．北京：中国电力出版社，2014.